UG NX 11.0 工程应用精解丛书

# UG NX 11.0 产品设计实例精解

北京兆迪科技有限公司　编著

机 械 工 业 出 版 社

本书是进一步学习 UG NX 11.0 产品设计的高级实例类书籍，共介绍了 32 个产品的设计全过程。书中的实例涉及各个行业和领域，而且是生产一线实际应用中的产品，经典而实用，具有广泛的适用性。

本书在内容上，先针对每一个实例进行概述，说明该实例的特点，使读者对其有一个整体概念的认识，学习也更有针对性；接下来的操作步骤翔实、透彻，图文并茂，引领读者一步步地完成设计，这种讲解方法能使读者更快、更深入地理解 UG 产品设计中一些抽象的概念、重要的设计技巧和复杂的命令及功能，还能使读者较快地进入产品设计实战状态；在写作方式上，本书紧贴 UG NX 11.0 软件的实际操作界面，使初学者能够直观、准确地操作软件进行学习，从而尽快上手应用，提高学习效率。本书附带 1 张多媒体 DVD 学习光盘，盘中含有大量 UG 产品设计技巧和具有针对性的实例教学视频，并进行了详细的语音讲解。此外，盘中还包含本书所有的实例源文件以及已完成的实例文件。

本书内容全面，条理清晰，讲解详细，图文并茂，可作为广大工程技术人员和设计工程师学习 UG 产品设计的自学教程和参考书，也可作为大中专院校学生和各类培训学校学员的 CAD/CAM 课程上课及上机练习的教材。

本书是"UG NX 11.0 工程应用精解丛书"中的一本，读者在阅读本书后，可根据自己工作和专业的需要，抑或为了进一步提高 UG 技能、增加职场竞争力，再购买丛书中的其他书籍。

**图书在版编目（CIP）数据**

UG NX 11.0 产品设计实例精解/北京兆迪科技有限公司编著. —7 版. —北京：机械工业出版社，2017.4
（UG NX 11.0 工程应用精解丛书）
ISBN 978-7-111-56334-1

Ⅰ.①U… Ⅱ.①北… Ⅲ.①工业产品—产品设计—计算机辅助设计—应用软件—教材 Ⅳ.①TB472-39

中国版本图书馆 CIP 数据核字（2017）第 051093 号

机械工业出版社（北京市百万庄大街 22 号 邮政编码 100037）
策划编辑：杨民强 丁 锋 责任编辑：丁 锋
封面设计：张 静 责任校对：樊钟英
责任印制：李 飞
北京铭成印刷有限公司印刷
2017 年 6 月第 7 版第 1 次印刷
184mm×260 mm・20.25 印张・365 千字
0001—3000 册
标准书号：ISBN 978-7-111-56334-1
　　　　　ISBN 978-7-88709-953-2（光盘）
定价：59.90 元（含 1DVD）

凡购本书，如有缺页、倒页、脱页，由本社发行部调换
电话服务 网络服务
服务咨询热线：010-88361066 机工官网：www.cmpbook.com
读者购书热线：010-68326294 机工官博：weibo.com/cmp1952
　　　　　　　010-88379203 金 书 网：www.golden-book.com
**封面无防伪标均为盗版** 教育服务网：www.cmpedu.com

# 丛书介绍与选读

《UG NX 工程应用精解丛书》自出版以来，已经拥有众多读者并赢得了他们的认可和信赖，很多读者每年在软件升级后仍继续选购。UG 是一款功能十分强大的 CAD/CAM/CAE 高端软件，目前在我国工程机械、汽车零配件等行业占有很高的市场份额。近年来，随着 UG 软件功能进一步完善，其市场占有率越来越高。本套 UG 丛书的质量在不断完善，丛书涵盖的模块也不断增加。为了方便广大读者选购这套丛书，下面特对其进行介绍。首先介绍本 UG 丛书的主要特点。

- ☑ 本 UG 丛书是目前市场涵盖 UG 模块功能较多、体系完整、丛书数量（共 20 本）比较多的一套丛书。

- ☑ 本 UG 丛书在编写时充分考虑了读者的阅读习惯，语言简洁，讲解详细，条理清晰，图文并茂。

- ☑ 本 UG 丛书的每一本书都附带 1 张多媒体 DVD 学习光盘，对书中内容进行全程讲解，并且制作了大量 UG 应用技巧和具有针对性的范例教学视频，进行详细的语音讲解，读者可将光盘中语音讲解视频文件复制到个人手机、iPad 等电子工具中随时观看、学习。另外，光盘内还包含了书中所有的素材模型、练习模型、范例模型的原始文件以及配置文件，方便读者学习。

- ☑ 本 UG 丛书的每一本书在写作方式上，紧贴 UG 软件的实际操作界面，采用软件中真实的对话框、操控板和按钮等进行讲解，使初学者能够直观、准确地操作软件进行学习，从而尽快上手，提高学习效率。

本套 UG 丛书的所有 20 本图书全部是由北京兆迪科技有限公司统一组织策划、研发和编写的。当然，在策划和编写这套丛书的过程中，兆迪公司也吸纳了来自其他行业著名公司的顶尖工程师共同参与，将不同行业独特的工程案例及设计技巧、经验融入本套丛书；同时，本套丛书也获得了 UG 厂商的支持，丛书的质量得到了他们的认可。

本套 UG 丛书的优点是，丛书中的每一本书在内容上都是相互独立的，但是在工程案例的应用上又是相互关联、互为一体的；在编写风格上完全一致，因此读者可根据自己目前的需要单独购买丛书中的一本或多本。不过，读者如果以后为了进一步提高 UG 技能还需要购书学习时，建议仍购买本丛书中的其他相关书籍，这样可以保证学习的连续性和良好的学习效果。

《UG NX 11.0 快速入门教程》是学习 UG NX 11.0 中文版的快速入门与提高教程，也是学习 UG 高级或专业模块的基础教程，这些高级或专业模块包括曲面、钣金、工程图、注塑模具、冲压模具、数控加工、运动仿真与分析、管道、电气布线、结构分析和热分析等。如果读者以后根据自己工作和专业的需要，或者是为了增加职场竞争力，需要学习这些专业模块，建议先熟练掌握本套丛书《UG NX 11.0 快速入门教程》中的基础内容，然后再学习高级或专业模块，以提高这些模块的学习效率。

《UG NX 11.0 快速入门教程》内容丰富、讲解详细、价格实惠，相比其他同类型、总页数相近的书籍，价格要便宜 20%~30%，因此《UG NX 4.0 快速入门教程》《UG NX 5.0 快速入门教程》《UG NX 6.0 快速入门教程》《UG NX 6.0 快速入门教程 ( 修订版 )》《UG NX 7.0 快速入门教程》《UG NX 8.0 快速入门教程》《UG NX 8.0 快速入门教程 ( 修订版 )》《UG NX 8.5 快速入门教程》和《UG NX 10.0 快速入门教程》已经累计被我国 100 多所大学本科院校和高等职业院校选为在校学生 CAD/CAM/CAE 等课程的授课教材。《UG NX 11.0 快速入门教程》与以前的版本相比，图书的质量和性价比有了大幅的提高，我们相信会有更多的院校选择此书作为教材。下面对本套 UG 丛书中每一本图书进行简要介绍。

( 1 )《UG NX 11.0 快速入门教程》
  - 内容概要：本书是学习 UG 的快速入门教程，内容包括 UG 功能概述、UG 软件安装方法和过程、软件的环境设置与工作界面的用户定制和各常用模块应用基础。
  - 适用读者：零基础读者，或者作为中高级读者查阅 UG NX 11.0 新功能、新操作之用，抑或作为工具书放在手边以备个别功能不熟或遗忘而查询之用。

( 2 )《UG NX 11.0 产品设计实例精解》
  - 内容概要：本书是学习 UG 产品设计实例类的中高级图书。
  - 适用读者：适合中高级读者提高产品设计能力、掌握更多产品设计技巧。UG 基础不扎实的读者在阅读本书前，建议先选购和阅读本丛书中的《UG NX 11.0 快速入门教程》。

( 3 )《UG NX 11.0 工程图教程》
  - 内容概要：本书是全面、系统学习 UG 工程图设计的中高级图书。
  - 适用读者：适合中高级读者全面精通 UG 工程图设计方法和技巧之用。

( 4 )《UG NX 11.0 曲面设计教程》
  - 内容概要：本书是学习 UG 曲面设计的中高级图书。
  - 适用读者：适合中高级读者全面精通 UG 曲面设计之用。UG 基础不扎实的读者在阅读本书前，建议先选购和阅读本丛书中的《UG NX 11.0 快速入门教程》。

( 5 )《UG NX 11.0 曲面设计实例精解》
  - 内容概要：本书是学习 UG 曲面造型设计实例类的中高级图书。
  - 适用读者：适合中高级读者提高曲面设计能力、掌握更多曲面设计技巧之用。UG 基础不扎实的读者在阅读本书前，建议先选购和阅读本丛书中的《UG NX 11.0 快速入门教程》《UG NX 11.0 曲面设计教程》。

( 6 )《UG NX 11.0 高级应用教程》

- 内容概要：本书是进一步学习 UG 高级功能的图书。
- 适用读者：适合读者进一步提高 UG 应用技能之用。UG 基础不扎实的读者在阅读本书前，建议先选购和阅读本丛书中的《UG NX 11.0 快速入门教程》。

### （7）《UG NX 11.0 钣金设计教程》

- 内容概要：本书是学习 UG 钣金设计的中高级图书。
- 适用读者：适合读者全面精通 UG 钣金设计之用。UG 基础不扎实的读者在阅读本书前，建议先选购和阅读本丛书中的《UG NX 11.0 快速入门教程》。

### （8）《UG NX 11.0 钣金设计实例精解》

- 内容概要：本书是学习 UG 钣金设计实例类的中高级图书。
- 适用读者：适合读者提高钣金设计能力、掌握更多钣金设计技巧之用。UG 基础不扎实的读者在阅读本书前，建议先选购和阅读本丛书中的《UG NX 11.0 快速入门教程》和《UG NX 11.0 钣金设计教程》。

### （9）《钣金展开实用技术手册（UG NX 11.0 版）》

- 内容概要：本书是学习 UG 钣金展开的中高级图书。
- 适用读者：适合读者全面精通 UG 钣金展开技术之用。UG 基础不扎实的读者在阅读本书前，建议先选购和阅读本丛书中的《UG NX 11.0 快速入门教程》和《UG NX 11.0 钣金设计教程》。

### （10）《UG NX 11.0 模具设计教程》

- 内容概要：本书是学习 UG 模具设计的中高级图书。
- 适用读者：适合读者全面精通 UG 模具设计。UG 基础不扎实的读者在阅读本书前，建议选购和阅读本丛书中的《UG NX 11.0 快速入门教程》。

### （11）《UG NX 11.0 模具设计实例精解》

- 内容概要：本书是学习 UG 模具设计实例类的中高级图书。
- 适用读者：适合读者提高模具设计能力、掌握更多模具设计技巧之用。UG 基础不扎实的读者在阅读本书前，建议先选购和阅读本丛书中的《UG NX 11.0 快速入门教程》和《UG NX 11.0 模具设计教程》。

### （12）《UG NX 11.0 冲压模具设计教程》

- 内容概要：本书是学习 UG 冲压模具设计的中高级图书。
- 适用读者：适合读者全面精通 UG 冲压模具设计之用。UG 基础不扎实的读者在阅读本书前，建议先选购和阅读本丛书中的《UG NX 11.0 快速入门教程》。

### （13）《UG NX 11.0 冲压模具设计实例精解》

- 内容概要：本书是学习 UG 冲压模具设计实例类的中高级图书。
- 适用读者：适合读者提高冲压模具设计能力、掌握更多冲压模具设计技巧之用。UG 基础不扎实的读者在阅读本书前，建议先选购和阅读本丛书中的《UG NX

11.0 快速入门教程》和《UG NX 11.0 冲压模具设计教程》。

**（14）《UG NX 11.0 数控加工教程》**

- 内容概要：本书是学习 UG 数控加工与编程的中高级图书。
- 适用读者：适合读者全面精通 UG 数控加工与编程之用。UG 基础不扎实的读者在阅读本书前，建议先选购和阅读本丛书中的《UG NX 11.0 快速入门教程》。

**（15）《UG NX 11.0 数控加工实例精解》**

- 内容概要：本书是学习 UG 数控加工与编程实例类的中高级图书。
- 适用读者：适合读者提高数控加工与编程能力、掌握更多数控加工与编程技巧之用。UG 基础不扎实的读者在阅读本书前，建议先选购和阅读本丛书中的《UG NX 11.0 快速入门教程》和《UG NX 11.0 数控加工教程》。

**（16）《UG NX 11.0 运动仿真与分析教程》**

- 内容概要：本书是学习 UG 运动仿真与分析的中高级图书。
- 适用读者：适合中高级读者全面精通 UG 运动仿真与分析之用。UG 基础不扎实的读者在阅读本书前，建议先选购和阅读本丛书中的《UG NX 11.0 快速入门教程》。

**（17）《UG NX 11.0 管道设计教程》**

- 内容概要：本书是学习 UG 管道设计的中高级图书。
- 适用读者：适合高级产品设计师阅读。UG 基础不扎实的读者在阅读本书前，建议先选购和阅读本丛书中的《UG NX 11.0 快速入门教程》。

**（18）《UG NX 11.0 电气布线设计教程》**

- 内容概要：本书是学习 UG 电气布线设计的中高级图书。
- 适用读者：适合高级产品设计师阅读。UG 基础不扎实的读者在阅读本书前，建议先选购和阅读本丛书中的《UG NX 11.0 快速入门教程》。

**（19）《UG NX 11.0 结构分析教程》**

- 内容概要：本书是学习 UG 结构分析的中高级图书。
- 适用读者：适合高级产品设计师和分析工程师阅读。UG 基础不扎实的读者在阅读本书前，建议先选购和阅读本丛书中的《UG NX 11.0 快速入门教程》。

**（20）《UG NX 11.0 热分析教程》**

- 内容概要：本书是学习 UG 热分析的中高级图书。
- 适用读者：适合高级产品设计师和分析工程师阅读。UG 基础不扎实的读者在阅读本书前，建议先选购和阅读本丛书中的《UG NX 11.0 快速入门教程》。

# 前　言

UG 是由美国 UGS 公司推出的功能强大的三维 CAD/CAM/CAE 软件系统,其内容涵盖了产品从概念设计、工业造型设计、三维模型设计、分析计算、动态模拟与仿真、工程图输出,到生产加工成产品的全过程,应用范围涉及航空航天、汽车、机械、造船、通用机械、数控(NC)加工、医疗器械和电子等诸多领域。由于具有强大而完美的功能,UG 在国外大学里已成为学习工程类专业的必修课程,也成为工程技术人员必备的技术。UG NX 11.0 是目前最新的版本,该版本在易用性、数字化模拟、知识捕捉、可用性和系统工程、模具设计和数控编程等方面进行了创新,对以前版本进行了数百项以客户为中心的改进。

零件建模与设计是产品设计的基础和关键,要熟练掌握使用 UG 对各种零件进行设计,只靠理论学习和少量的练习是远远不够的。编著本书的目的正是为了使读者通过书中的经典实例,迅速掌握各种零件的建模方法、技巧和构思精髓,使读者很快成长为 UG 产品设计的高手。本书是进一步学习 UG NX 11.0 产品设计的实例图书,其特色如下。

- 实例丰富。与其他的同类书籍相比,本书包括了更多的产品设计实例和设计方法。
- 讲解详细,条理清晰。保证自学的读者能够独立学习书中的内容。
- 写法独特。采用 UG NX 11.0 软件中真实的对话框、按钮和图标等进行讲解,使初学者能够直观、准确地操作软件,从而大大提高学习效率。
- 附加值高。本书附带 1 张多媒体 DVD 学习光盘,盘中含有大量 UG 产品设计技巧和具有针对性的实例教学视频,并进行了详细的语音讲解,可以帮助读者轻松、高效地学习。

本书由北京兆迪科技有限公司编著,参加编写的人员有詹友刚、王焕田、刘静、雷保珍、刘海起、魏俊岭、任慧华、詹路、冯元超、刘江波、周涛、段进敏、赵枫、邵为龙、侯俊飞、龙宇、施志杰、詹棋、高政、孙润、李倩倩、黄红霞、尹泉、李行、詹超、尹佩文、赵磊、王晓萍、陈淑童、周攀、吴伟、王海波、高策、冯华超、周思思、黄光辉、党辉、冯峰、詹聪、平迪、管璇、王平、李友荣。本书已经过多次审核,如有疏漏之处,恳请广大读者予以指正。

电子邮箱:zhanygjames@163.com。　　咨询电话:010-82176248,010-82176249。

编　者

**读者购书回馈活动:**

活动一:本书"随书光盘"中含有该"读者意见反馈卡"的电子文档,请认真填写本反馈卡,并 E-mail 给我们。E-mail: 兆迪科技 zhanygjames@163.com,丁锋 fengfener@qq.com。

活动二:扫一扫右侧二维码,关注兆迪科技官方公众微信(或搜索公众号 zhaodikeji),参与互动,也可进行答疑。

凡参加以上活动,即可获得兆迪科技免费奉送的价值 48 元的在线课程一门,同时有机会获得价值 780 元的精品在线课程。

# 本 书 导 读

为了能更高效地学习本书，请读者务必仔细阅读下面的内容。

**写作环境**

本书使用的操作系统为 64 位的 Windows 7，系统主题采用 Windows 经典主题。本书采用的写作蓝本是 UG NX 11.0 中文版。

**光盘使用**

为方便读者练习，特将本书所有素材文件、已完成的实例文件、配置文件和视频语音讲解文件等放入随书附带的光盘中，读者在学习过程中可以打开相应素材文件进行操作和练习。

本书附带 1 张多媒体 DVD 光盘，建议读者在学习本书前，先将光盘中的所有文件复制到计算机硬盘的 D 盘中。D 盘上 ugnx11.5 目录下共有 3 个子目录。

（1）ugnx11_system_file 子目录：包含一些系统文件。

（2）work 子目录：包含本书全部已完成的实例文件。

（3）video 子目录：包含本书讲解中的视频文件。读者学习时，可在该子目录中按顺序查找所需的视频文件。

光盘中带有"ok"扩展名的文件或文件夹表示已完成的实例。

相比于老版本的软件，UG NX 11.0 中文版在功能、界面和操作上变化极小，经过简单的设置后，几乎与老版本完全一样（书中已介绍设置方法）。因此，对于软件新老版本操作完全相同的内容部分，光盘中仍然使用老版本的视频讲解，对于绝大部分读者而言，并不影响软件的学习。

**本书约定**

- 本书中有关鼠标操作的说明如下。
    - ☑ 单击：将鼠标指针移至某位置处，然后按一下鼠标的左键。
    - ☑ 双击：将鼠标指针移至某位置处，然后连续快速地按两次鼠标的左键。
    - ☑ 右击：将鼠标指针移至某位置处，然后按一下鼠标的右键。
    - ☑ 单击中键：将鼠标指针移至某位置处，然后按一下鼠标的中键。
    - ☑ 滚动中键：只是滚动鼠标的中键，而不能按中键。
    - ☑ 选择（选取）某对象：将鼠标指针移至某对象上，单击以选取该对象。
    - ☑ 拖移某对象：将鼠标指针移至某对象上，然后按下鼠标的左键不放，同时移动鼠标，将该对象移动到指定的位置后再松开鼠标的左键。

- 本书中的操作步骤分为 Task、Stage 和 Step 三个级别，说明如下。

  ☑ 对于一般的软件操作，每个操作步骤以 Step 字符开始。

  ☑ 每个 Step 操作视其复杂程度，其下面可含有多级子操作，例如 Step1 下可能包含（1）、（2）、（3）等子操作，（1）子操作下可能包含①、②、③等子操作，①子操作下可能包含 a）、b）、c）等子操作。

  ☑ 如果操作较复杂，需要几个大的操作步骤才能完成，则每个大的操作冠以 Stage1、Stage2、Stage3 等，Stage 级别的操作下再分 Step1、Step2、Step3 等操作。

  ☑ 对于多个任务的操作，则每个任务冠以 Task1、Task2、Task3 等，每个 Task 下则可包含 Stage 和 Step 级别的操作。

- 由于已建议读者将随书光盘中的所有文件复制到计算机硬盘的 D 盘中，所以书中在要求设置工作目录或打开光盘文件时，所述的路径均以"D:\"开始。

**技术支持**

本书主要编写人员来自北京兆迪科技有限公司，该公司专门从事 UG 技术的研究、开发、咨询及产品设计与制造服务，并提供 UG 软件的专业培训及技术咨询。读者在学习本书的过程中如果遇到问题，可通过访问该公司的网站 http://www.zalldy.com 来获得技术支持。

# 目　　录

# 实例 **1** 扳 手

**实例概述：**

本实例介绍了一个简单扳手的设计过程。例中主要讲述拉伸、基准面、边倒圆等特征命令的应用。在创建特征的过程中，必须注意所用到的技巧和注意事项。扳手的零件模型及相应的模型树如图 1.1 所示。

图 1.1 扳手的零件模型及模型树

Step1. 新建文件。选择下拉菜单 文件(F) ➡ 新建(N)... 命令，系统弹出"新建"对话框。在 模型 选项卡的 模板 区域中选取模板类型为 模型，在 名称 文本框中输入文件名称 spanner，单击 确定 按钮，进入建模环境。

Step2. 创建图 1.2 所示的拉伸特征 1。选择下拉菜单 插入(S) ➡ 设计特征(E)▶ ➡ 拉伸(E)... 命令（或单击 按钮）；单击"拉伸"对话框中的"绘制截面"按钮，系统弹出"创建草图"对话框，选取 XY 基准平面为草图平面，单击 确定 按钮，绘制图 1.3 所示的截面草图，然后退出草图环境；在 限制 区域的 结束 下拉列表中选择 对称值 选项，并在其下的 距离 文本框中输入值 32.5；其他参数采用系统默认设置；单击 < 确定 > 按钮，完成拉伸特征 1 的创建。

图 1.2 拉伸特征 1

图 1.3 截面草图

Step3. 创建图 1.4 所示的拉伸特征 2。选择下拉菜单 插入(S) ➡ 设计特征(E)▶ ➡ 拉伸(E)... 命令（或单击 按钮）；单击"拉伸"对话框中的"绘制截面"按钮，系统弹出"创建草图"对话框，选取图 1.5 所示的面为草图平面，单击 确定 按钮，绘制

图 1.6 所示的截面草图，退出草图环境；在"拉伸"对话框 限制 区域的 开始 下拉列表中选择 ⬛ 贯通 选项；在 限制 区域的 结束 下拉列表中选择 ⬛ 贯通 选项，在 布尔 区域的 布尔 下拉列表中选择 ⬛ 减去 选项，其他参数采用系统默认设置；单击 < 确定 > 按钮，完成拉伸特征 2 的创建。

图 1.4 拉伸特征 2　　　　　　　　　　　图 1.5 草图平面

图 1.6 截面草图

**Step4.** 创建图 1.7 所示的拉伸特征 3。选择下拉菜单 插入(S) ➡ 设计特征(E) ▶ ➡ ⬛ 拉伸(E)... 命令（或单击 ⬛ 按钮）；单击"拉伸"对话框中的"绘制截面"按钮 ⬛，系统弹出"创建草图"对话框，选取图 1.8 所示的面为草图平面，单击 确定 按钮，绘制图 1.9 所示的截面草图，退出草图环境；在"拉伸"对话框 限制 区域的 开始 下拉列表中选择 ⬛ 贯通 选项；在 限制 区域的 结束 下拉列表中选择 ⬛ 贯通 选项，在 布尔 区域的 布尔 下拉列表中选择 ⬛ 减去 选项，其他参数采用系统默认设置；单击 < 确定 > 按钮，完成拉伸特征 3 的创建。

图 1.7 拉伸特征 3　　　　　　　　　　　图 1.8 草图平面

图 1.9 截面草图

**Step5.** 创建图 1.10b 所示的边倒圆特征 1。选择下拉菜单 插入(S) ➡ 细节特征(L) ▶

➡ 🔲 边倒圆(E). 命令（或单击 🔳 按钮）；在 边 区域中单击 🔲 按钮，选取图 1.10a 所示的 4 条边为边倒圆参照，并在 半径 1 文本框中输入值 5；单击 〈 确定 〉 按钮，完成边倒圆特征 1 的创建。

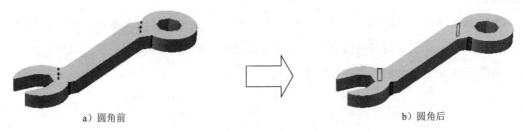

a）圆角前　　　　　　　　　　　　　　b）圆角后

图 1.10　边倒圆特征 1

Step6. 创建边倒圆特征 2。选取图 1.11a 所示的边线为边倒圆参照，其圆角半径值为 20。

a）圆角前　　　　　　　　　　　　　　b）圆角后

图 1.11　边倒圆特征 2

Step7. 创建边倒圆特征 3。选取图 1.12a 所示的边线为边倒圆参照，其圆角半径值为 10。

a）圆角前　　　　　　　　　　　　　　b）圆角后

图 1.12　边倒圆特征 3

Step8. 保存零件模型。选择下拉菜单 文件(F) ➡ 🔲 保存(S) 命令，即可保存零件模型。

# 实例 **2**　机械手部件

**实例概述**：

本实例介绍了一个机械手部件的设计过程。例中主要讲述拉伸、基准面、边倒圆等特征命令的应用。在创建特征的过程中，必须注意所用到的技巧和注意事项。机械手部件的零件模型及相应的模型树如图 2.1 所示。

图 2.1　机械手部件的零件模型及模型树

Step1. 新建文件。选择下拉菜单 文件(F) ➡ 新建(N)... 命令，系统弹出"新建"对话框。在 模型 选项卡的 模板 区域中选取模板类型为 模型，在 名称 文本框中输入文件名称 machine hand，单击 确定 按钮，进入建模环境。

Step2. 创建图 2.2 所示的拉伸特征 1。选择下拉菜单 插入(S) ➡ 设计特征(E)▶ ➡ 拉伸(E)... 命令（或单击 按钮）；单击"拉伸"对话框中的"绘制截面"按钮 ，系统弹出"创建草图"对话框，选取 XY 基准平面为草图平面，单击 确定 按钮，绘制图 2.3 所示的截面草图，退出草图环境；在 限制 区域的 结束 下拉列表中选择 对称值 选项，并在其下的 距离 文本框中输入值-10，其他参数采用系统默认设置；单击 <确定> 按钮，完成拉伸特征 1 的创建。

图 2.2　拉伸特征 1　　　　　　　图 2.3　截面草图

Step3. 创建图 2.4 所示的拉伸特征 2。选择下拉菜单 插入(S) ➡ 设计特征(E)▶ ➡ 拉伸(E)... 命令（或单击 按钮）；单击"拉伸"对话框中的"绘制截面"按钮 ，系统弹出"创建草图"对话框，选取图 2.4 所示的面为草图平面，单击 确定 按钮，绘制图 2.5 所示的截面草图,退出草图环境；在"拉伸"对话框 限制 区域的 开始 下拉列表中选择 值 选项，并在其下的 距离 文本框中输入值 0；在 限制 区域的 结束 下拉列表中选择 贯通 选项，在 布尔 区域的 布尔 下拉列表中选择 减去 选项，其他参数采用系统默认设置；单击 <确定> 按钮，完成拉伸特征 2 的创建。

草图平面

图 2.4 拉伸特征 2

图 2.5 截面草图

Step4. 创建图 2.6 所示的拉伸特征 3。选择下拉菜单 插入(S) ➡ 设计特征(E)▶ ➡ 拉伸(E)... 命令（或单击 按钮）；单击"拉伸"对话框中的"绘制截面"按钮 ，系统弹出"创建草图"对话框，选取 XY 基准平面为草图平面，单击 确定 按钮，绘制图 2.7 所示的截面草图,退出草图环境；在 限制 区域的 结束 下拉列表中选择 对称值 选项，在 布尔 区域的 布尔 下拉列表中选择 合并 选项，其他参数采用系统默认设置；单击 <确定> 按钮，完成拉伸特征 3 的创建。

图 2.6 拉伸特征 3

图 2.7 截面草图

Step5. 创建图 2.8 所示的拉伸特征 4。选择下拉菜单 插入(S) ➡ 设计特征(E)▶ ➡ 拉伸(E)... 命令（或单击 按钮）；单击"拉伸"对话框中的"绘制截面"按钮 ，系统弹出"创建草图"对话框，选取图 2.8 所示的面为草图平面，单击 确定 按钮，绘制图 2.9 所示的截面草图,退出草图环境；在"拉伸"对话框 限制 区域的 开始 下拉列表中选择 直至延伸部分 选项，选择图 2.10 所示的面 1；在 限制 区域的 结束 下拉列表中选择 直至延伸部分 选项，选择图 2.10 所示的面 2；在 布尔 区域的 布尔 下拉列表中选择 合并 选项，其他参数采用系统默认设置；单击 <确定> 按钮，完成拉伸特征 4 的创建。

图 2.8　拉伸特征 4　　　　　　　　　　图 2.9　截面草图

图 2.10　草图平面

Step6. 创建图 2.11b 所示的边倒圆特征 1。选择下拉菜单 插入(S) ➡ 細节特征(L) ▶

➡ 边倒圆(E) 命令（或单击 按钮）；在 边 区域中单击 按钮，选取图 2.11a 所示的
两条边为边倒圆参照，并在 半径 1 文本框中输入值 7；单击 〈 确定 〉 按钮，完成边倒圆特征
1 的创建。

a）圆角前　　　　　　　　　　　　　　　　b）圆角后

图 2.11　边倒圆特征 1

Step7. 创建边倒圆特征 2。选取图 2.12a 所示的边线为边倒圆参照，其圆角半径值为 5。

a）圆角前　　　　　　　　　　　　　　　　　　　　b）圆角后

图 2.12　边倒圆特征 2

Step8. 保存零件模型。选择下拉菜单 文件(F) ➡ 保存(S) 命令，即可保存零件模型。

# 实例 **3** 儿童玩具篮

**实例概述**:

　　本实例介绍了儿童玩具篮的设计过程。此设计主要运用了拉伸特征,通过对本实例的学习,读者能熟练地掌握实体的拉伸、抽壳和倒圆角等特征的应用。儿童玩具篮的零件模型及相应的模型树如图 3.1 所示。

图 3.1　儿童玩具篮的零件模型及模型树

　　**Step1.** 新建文件。选择下拉菜单 文件(F) ➡ 新建(N)... 命令,系统弹出"新建"对话框。在 模型 选项卡的 模板 区域中选择模板类型为 模型 ;在 名称 文本框中输入文件名称 toy_basket;单击 确定 按钮,进入建模环境。

　　**Step2.** 创建图 3.2 所示的拉伸特征 1。选择下拉菜单 插入(S) ➡ 设计特征(E)▶ ➡ 拉伸(E)... 命令(或单击 按钮),系统弹出"拉伸"对话框;单击"拉伸"对话框中的"绘制截面"按钮 ,系统弹出"创建草图"对话框。选取 YZ 基准平面为草图平面,单击 确定 按钮,进入草图环境,绘制图 3.3 所示的截面草图,选择下拉菜单 任务(K) ➡ 完成草图(K) 命令(或单击 完成草图 按钮),退出草图环境;在"拉伸"对话框 限制 区域的 开始 下拉列表中选择 值 选项,并在其下的 距离 文本框中输入值 0;在 限制 区域的 结束 下拉列表中选择 值 选项,并在其下的 距离 文本框中输入值 115,其他参数采用系统默认设置;单击 < 确定 > 按钮,完成拉伸特征 1 的创建。

　　**说明**:系统默认的拉伸方向为 X 轴的正方向。

图 3.2　拉伸特征 1

图 3.3　截面草图

Step3. 创建图 3.4 所示的拉伸特征 2。选择下拉菜单 插入(S) ➡ 设计特征(E)▸ ➡ ⊞ 拉伸(E)... 命令（或单击 ⊞ 按钮），系统弹出"拉伸"对话框；单击"拉伸"对话框中的 "绘制截面"按钮 �⃞，系统弹出"创建草图"对话框。选取图 3.5 所示的模型表面为草图 平面，单击 确定 按钮，进入草图环境，绘制图 3.6 所示的截面草图，选择下拉菜单 任务(K) ➡ ❌ 完成草图(K) 命令（或单击 ❌ 完成草图 按钮），退出草图环境；在"拉伸"对话框 中单击 方向 区域的"反向"按钮 ⤴；在 限制- 区域的 开始 下拉列表中选择 ⤒ 值 选项，并在其 下的 距离 文本框中输入值 0；在 限制- 区域的 结束 下拉列表中选择 ⤒ 值 选项，并在其下的 距离 文 本框中输入值 15；在 布尔 区域的下拉列表中选择 ⬡ 合并 选项，采用系统默认的合并对象；单 击 < 确定 > 按钮，完成拉伸特征 2 的创建。

草图平面

图 3.4　拉伸特征 2　　　　图 3.5　定义草图平面　　　　图 3.6　截面草图

Step4. 创建图 3.7 所示的拉伸特征 3。选择下拉菜单 插入(S) ➡ 设计特征(E)▸ ➡ ⊞ 拉伸(E)... 命令（或单击 ⊞ 按钮），系统弹出"拉伸"对话框；单击"拉伸"对话框中的"绘 制截面"按钮 🔳，系统弹出"创建草图"对话框，选取图 3.8 所示的模型表面为草图平面， 单击 确定 按钮，进入草图环境，绘制图 3.9 所示的截面草图，选择下拉菜单 任务(K) ➡ ❌ 完成草图(K) 命令（或单击 ❌ 完成草图 按钮），退出草图环境；在"拉伸"对话框 限制- 区域的 开始 下拉列表中选择 ⤒ 值 选项，并在其下的 距离 文本框中输入值 0；在 限制- 区域 的 结束 下拉列表中选择 ⤒ 值 选项，并在其下的 距离 文本框中输入值 8，并单击 方向 区域的"反 向"按钮 ⤴；在 布尔 区域的下拉列表中选择 ⬡ 减去 选项，采用系统默认的求差对象；单击 < 确定 > 按钮，完成拉伸特征 3 的创建。

草图平面

图 3.7　拉伸特征 3　　　　图 3.8　定义草图平面　　　　图 3.9　截面草图

Step5. 创建图 3.10b 所示的边倒圆特征 1。选择下拉菜单 插入(S) ➡ 细节特征(L)▸ ➡ ⊿ 边倒圆(E) 命令（或单击 ⊿ 按钮），系统弹出"边倒圆"对话框；在 边 区域中单 击 ⬡ 按钮，选取图 3.10a 所示的 6 条边线为边倒圆参照，并在 半径 1 文本框中输入值 20；单

击 < 确定 > 按钮，完成边倒圆特征 1 的创建。

a）圆角前　　　　　　　　　　b）圆角后

图 3.10　边倒圆特征 1

Step6. 创建图 3.11b 所示的边倒圆特征 2。选择下拉菜单 插入(S) ━━━ 细节特征(L) ▶

━━━ 边倒圆(E). 命令（或单击 按钮），系统弹出"边倒圆"对话框；在 边 区域中单击 按钮，选取图 3.11a 所示的 4 条边线为边倒圆参照，并在 半径 1 文本框中输入值 10；单击 < 确定 > 按钮，完成边倒圆特征 2 的创建。

a）圆角前　　　　　　　　　　b）圆角后

图 3.11　边倒圆特征 2

Step7. 创建边倒圆特征 3。选取图 3.12 所示的边线为边倒圆参照，其圆角半径值为 6。

Step8. 创建边倒圆特征 4。选取图 3.13 所示的边线为边倒圆参照，其圆角半径值为 6。

图 3.12　边倒圆特征 3　　　　　图 3.13　边倒圆特征 4

Step9. 创建边倒圆特征 5。选取图 3.14 所示的两条边线为边倒圆参照，其圆角半径值为 3。

Step10. 创建边倒圆特征 6。选取图 3.15 所示的两条边线为边倒圆参照，其圆角半径值为 3。

图 3.14　边倒圆特征 5　　　　　图 3.15　边倒圆特征 6

Step11. 创建图 3.16 所示的抽壳特征。选择下拉菜单 插入(S) ➡ 偏置/缩放(0) ➡ 抽壳(H)... 命令（或单击 按钮），系统弹出"抽壳"对话框；在 类型 区域的下拉列表中选择 移除面,然后抽壳 选项；在 要穿透的面 区域单击 按钮，选取图 3.17 所示的面为移除面，并在 厚度 文本框中输入值 1.5，采用系统默认方向；单击 < 确定 > 按钮，完成抽壳特征的创建。

图 3.16　抽壳特征

图 3.17　选取移除面

Step12. 创建图 3.18b 所示的边倒圆特征 7。选择下拉菜单 插入(S) ➡ 细节特征(L) ▶ ➡ 边倒圆(E) 命令（或单击 按钮），系统弹出"边倒圆"对话框；在 边 区域中单击 按钮并在 半径 1 文本框中输入值 0.3，选取图 3.18a 所示的两条边线为边倒圆参照；单击 < 确定 > 按钮，完成边倒圆特征 7 的创建。

图 3.18　边倒圆特征 7

Step13. 创建图 3.19b 所示的边倒圆特征 8。选择下拉菜单 插入(S) ➡ 细节特征(L) ▶ ➡ 边倒圆(E) 命令（或单击 按钮），系统弹出"边倒圆"对话框；在 边 区域中单击 按钮，选取图 3.19a 所示的两条边线为边倒圆参照，并在 半径 1 文本框中输入值 0.75；单击 < 确定 > 按钮，完成边倒圆特征 8 的创建。

图 3.19　边倒圆特征 8

Step14. 保存零件模型。选择下拉菜单 文件(F) ➡ 保存(S) 命令，即可保存零件模型。

说明：

● 零件模型创建完成后，如果要对其进行修改，可直接在图形区（或模型树）双击某个特征，在系统弹出的相应特征对话框中修改参数即可。

● 在产品设计过程中，对于影响产品壁厚的圆角特征必须在抽壳特征之后创建。例如本例 Step5 的边倒圆特征 1 放在抽壳后的情况，如图 3.20 所示。

放大图

图 3.20　抽壳后圆角

# 实例 **4** 下水软管

**实例概述**:

　　本实例介绍了下水软管的设计过程。通过学习本实例，读者可对实体的旋转、抽壳和合并等特征的创建方法有比较深入地了解。下水软管的零件模型及相应的模型树如图 4.1 所示。

图 4.1　下水软管的零件模型及模型树

　　Step1. 新建文件。选择下拉菜单 文件(F) ➡ 新建(N)... 命令，系统弹出"新建"对话框。在 模型 选项卡的 模板 区域中选取类型为 模型 的模板，在 名称 文本框中输入文件名称 air_pipe，单击 确定 按钮，进入建模环境。

　　Step2. 创建图 4.2 所示的旋转特征 1。选择 插入(S) ➡ 设计特征(E) ➡ 旋转(R)... 命令（或单击 按钮），系统弹出"旋转"对话框；单击 截面 区域中的 按钮，系统弹出"创建草图"对话框，选取 XY 基准平面为草图平面，单击 确定 按钮，进入草图环境，绘制图 4.3 所示的截面草图，选择下拉菜单 任务(K) ➡ 完成草图(K) 命令（或单击 完成草图 按钮），退出草图环境；在绘图区域选取 YC 基准轴为旋转轴；在"旋转"对话框 限制 区域的 开始 下拉列表中选择 值 选项，并在其下的 角度 文本框中输入值 0，在 结束 下拉列表中选择 值 选项，并在其下的 角度 文本框中输入值 360，其他采用系统默认设置；单击 < 确定 > 按钮，完成旋转特征 1 的创建。

图 4.2　旋转特征 1

图 4.3　截面草图

　　Step3. 创建图 4.4 所示的旋转特征 2。选择 插入(S) ➡ 设计特征(E) ➡ 旋转(R)... 命令（或单击 按钮），系统弹出"旋转"对话框；单击 截面 区域中的 按钮，系统弹出"创建草图"对话框，选取 XY 基准平面为草图平面，单击 确定 按钮，进入草图环境，绘制图 4.5 所示的截面草图，选择下拉菜单 任务(K) ➡️ 🏁 完成草图(K) 命令（或单击 🏁 完成草图 按钮），退出草图环境；在绘图区域中选取 YC 基准轴为旋转轴；在"旋转"对话框 限制 区域的 开始 下拉列表中选择 🔳 值 选项，并在其下的 角度 文本框中输入值 0，在 结束 下拉列表中选择 🔳 值 选项，并在其下的 角度 文本框中输入值 360，在 布尔 区域中选择 🔳 合并 选项，采用系统默认的合并对象；单击 < 确定 > 按钮，完成旋转特征 2 的创建。

Step4. 创建图 4.6 所示的阵列特征。选择下拉菜单 插入(S) ➡️ 关联复制(A)▶ ➡️ 🔷 阵列特征(A)... 命令（或单击 🔷 按钮），系统弹出"阵列特征"对话框；在绘图区选取 Step3 所创建的旋转特征 2；在"阵列特征"对话框 阵列定义 区域的 布局 下拉列表中选择 🔳 线性 选项；在 方向 1 区域中激活 * 指定矢量，指定 YC 基准轴为指定矢量；在"阵列特征"对话框的 间距 下拉列表中选择 数量和间隔 选项，在 数量 文本框中输入值 15，在 节距 文本框中输入值 7，取消方向 2 的阵列；单击"阵列特征"对话框中的 确定 按钮，完成阵列特征的创建。

图 4.4 旋转特征 2

图 4.5 截面草图

图 4.6 阵列特征

Step5. 创建图 4.7 所示的旋转特征 3。选择 插入(S) ➡️ 设计特征(E) ➡️ 🔷 旋转(R)... 命令（或单击 🔷 按钮），系统弹出"旋转"对话框；单击 截面 区域中的 🔳 按钮，系统弹出"创建草图"对话框，选取 XY 基准平面为草图平面，单击 确定 按钮，进入草图环境，绘制图 4.8 所示的截面草图，选择下拉菜单 任务(K) ➡️ 🏁 完成草图(K) 命令（或单击 🏁 完成草图 按钮），退出草图环境；在绘图区域中选取 YC 基准轴为旋转轴，并选取原点为指定点；在"旋转"对话框 限制 区域的 开始 下拉列表中选择 🔳 值 选项，并在其下的 角度 文本框中输入值 0，在 结束 下拉列表中选择 🔳 值 选项，并在其下的 角度 文本框中输入值 360，在 布尔 区域中选择 🔳 合并 选项，其他参数采用系统默认设置；单击 < 确定 > 按钮，完成旋转特征 3 的创建。

图 4.7 旋转特征 3

图 4.8 截面草图

Step6. 创建图 4.9 所示的抽壳特征。选择下拉菜单 插入(S) ➜ 偏置/缩放(O) ▶ ➜
🗔 抽壳(H)... 命令（或单击 🗔 按钮），系统弹出"抽壳"对话框；在 要穿透的面 区域中单击 🗔 按
钮，选择图 4.10 所示的两个面为要移除的面，并在 厚度 文本框中输入值 1.2，采用系统默认
方向；单击 < 确定 > 按钮，完成抽壳特征的创建。

图 4.9　抽壳特征

图 4.10　选取移除面

Step7. 保存零件模型。选择下拉菜单 文件(F) ➜ 💾 保存(S) 命令，即可保存零件模型。

# 实例 5 箱 体

**实例概述**:

本实例介绍了一个简单箱体的设计过程。该实例主要讲述拉伸、基准面、边倒圆等特征命令的应用。在创建特征的过程中，需要注意所用到的技巧和注意事项。箱体的零件模型及相应的模型树如图 5.1 所示。

图 5.1 箱体的零件模型及模型树

Step1. 新建文件。选择下拉菜单 文件(F) ➡ 新建(N)... 命令，系统弹出"新建"对话框。在 模型 选项卡的 模板 区域中选取模板类型为 模型，在 名称 文本框中输入文件名称 box，单击 确定 按钮，进入建模环境。

Step2. 创建图 5.2 所示的拉伸特征 1。选择下拉菜单 插入(S) ➡ 设计特征(E)▶ ➡ 拉伸(E)... 命令（或单击 按钮），系统弹出"拉伸"对话框；单击"拉伸"对话框中的"绘制截面"按钮 ，系统弹出"创建草图"对话框。选取 YZ 基准平面为草图平面，单击 确定 按钮，进入草图环境，绘制图 5.3 所示的截面草图，选择下拉菜单 任务(K) ➡ 完成草图(K) 命令（或单击 完成草图 按钮），退出草图环境；在"拉伸"对话框 限制-区域的 开始 下拉列表中选择 值 选项，并在其下的 距离 文本框中输入值-40；在 限制-区域的 结束 下拉列表中选择 值 选项，并在其下的 距离 文本框中输入值 40，其他参数采用系统默认设置；单击 < 确定 > 按钮，完成拉伸特征 1 的创建。

图 5.2 拉伸特征 1

图 5.3 截面草图

Step3. 创建图 5.4 所示的抽壳特征。选择下拉菜单 插入(S) ➡ 偏置/缩放(0) ➡ 抽壳(H)... 命令（或单击 按钮），系统弹出"抽壳"对话框；在 要穿透的面 区域单击 按钮，选取图 5.5 所示的面为移除面，并在 厚度 文本框中输入值 10，采用系统默认方向；单击 〈 确定 〉 按钮，完成抽壳特征的创建。

图 5.4 抽壳特征

此面为要移除的面

图 5.5 定义移除面

Step4. 创建图 5.6 所示的拉伸特征 2。选择下拉菜单 插入(S) ➡ 设计特征(E)▶ ➡ 拉伸(E)... 命令（或单击 按钮），系统弹出"拉伸"对话框；单击"拉伸"对话框中的"绘制截面"按钮 ，系统弹出"创建草图"对话框，选取 XY 基准平面为草图平面，单击 确定 按钮，进入草图环境，绘制图 5.7 所示的截面草图，选择下拉菜单 任务(K) ➡ 完成草图(K) 命令（或单击 完成草图 按钮），退出草图环境；在 限制-区域的 开始 下拉列表中选择 值 选项，并在其下的 距离 文本框中输入值 0；在 限制-区域的 结束 下拉列表中选择 值 选项，并在其下的 距离 文本框中输入值 10；在 布尔 区域中选择 合并 选项，采用系统默认的合并对象；单击"拉伸"对话框中的 〈 确定 〉 按钮，完成拉伸特征 2 的创建。

图 5.6 拉伸特征 2

图 5.7 截面草图

Step5. 创建图 5.8 所示的拉伸特征 3。选择下拉菜单 插入(S) ➡ 设计特征(E)▶ ➡ 拉伸(E)... 命令，选取图 5.9 所示的平面为草图平面，绘制图 5.10 所示的截面草图；在 限制-区域的 开始 下拉列表中选择 值 选项，并在其下的 距离 文本框中输入值 0；在 限制-区域的 结束 下拉列表中选择 值 选项，并在其下的 距离 文本框中输入值 8；在 布尔 区域的下拉列表中选择 合并 选项，采用系统默认的合并对象。

图 5.8 拉伸特征 3

此面为草图平面

图 5.9 定义草图平面

图 5.10 截面草图

Step6. 创建图 5.11 所示的拉伸特征 4。选择下拉菜单 插入(S) ➡ 设计特征(E)▶ ➡ 拉伸(E)... 命令（或单击 按钮），系统弹出"拉伸"对话框；单击"拉伸"对话框中的"绘制截面"按钮 ，系统弹出"创建草图"对话框。选取图 5.12 所示的平面为草图平面，进入草图环境，绘制图 5.13 所示的截面草图，选择下拉菜单 任务(K) ➡ 完成草图(K) 命令（或单击 完成草图 按钮），退出草图环境；在 限制-区域的 开始 下拉列表中选择 值 选项，并在其下的 距离 文本框中输入值 0；在 限制-区域的 结束 下拉列表中选择 直至下一个 选项，并单击 方向 区域的"反向"按钮 ；在 布尔 区域的下拉列表中选择 减去 选项，采用系统默认的求差对象；单击"拉伸"对话框中的 < 确定 > 按钮，完成拉伸特征 4 的创建。

图 5.11　拉伸特征 4　　　　　图 5.12　定义草图平面　　　　　图 5.13　截面草图

Step7. 创建图 5.14 所示的基准平面。选择下拉菜单 插入(S) ➡ 基准/点(D) ➡ 基准平面(D)... 命令（或单击 按钮），系统弹出"基准平面"对话框；在 类型 区域的下拉列表中选择 相切 选项，在 子类型 的下拉列表中选择 通过线条 选项，在 参考几何体 区域中单击 * 选择相切面 (0) 区域，选取图 5.15 所示的面为相切面，然后单击 * 选择线性对象 (0) 区域，选取图 5.15 所示的边线为基准平面所通过的边线；在"基准平面"对话框中单击 < 确定 > 按钮，完成基准平面的创建。

图 5.14　基准平面　　　　　　　　　　图 5.15　基准平面参照

Step8. 创建图 5.16 所示的拉伸特征 5。选择下拉菜单 插入(S) ➡ 设计特征(E) ➡ 拉伸(E)... 命令，选取基准平面为草图平面，绘制图 5.17 所示的截面草图；在"拉伸"对话框 限制 区域的 开始 下拉列表中选择 值 选项，并在其下的 距离 文本框中输入值 0；在 限制-区域的 结束 下拉列表中选择 直至选定 选项，选取图 5.18 所示的面为拉伸终止面；在 布尔 区域的下拉列表中选择 减去 选项，采用系统默认的求差对象；单击 < 确定 > 按钮，完成拉伸特征 5 的创建。

Step9. 创建图 5.19b 所示的边倒圆特征 1。选择下拉菜单 插入(S) ➡ 细节特征(L) ➡ 边倒圆(E) 命令（或单击 按钮），系统弹出"边倒圆"对话框；在 边 区域中单击 按钮，选取图 5.19a 所示的 4 条边为边倒圆参照，并在 半径 1 文本框中输入值 5；单击

<确定> 按钮,完成边倒圆特征 1 的创建。

图 5.16　拉伸特征 5　　　　图 5.17　截面草图　　　　图 5.18　定义拉伸终止面

a) 圆角前　　　　　　　　　　　　　　　　　　　b) 圆角后

图 5.19　边倒圆特征 1

Step10. 创建边倒圆特征 2。选取图 5.20a 所示的 3 条边为边倒圆参照,其圆角半径值为 2。

a) 圆角前　　　　　　　　　　　　　　　　　b) 圆角后

图 5.20　边倒圆特征 2

Step11. 创建边倒圆特征 3。选取图 5.21 所示的边线为边倒圆参照,其圆角半径值为 5。

Step12. 创建边倒圆特征 4。选取图 5.22 所示的边线为边倒圆参照,其圆角半径值为 2。

图 5.21　选取边倒圆参照　　　　　　　　图 5.22　选取边倒圆参照

Step13. 创建图 5.23 所示的拉伸特征 6。选择下拉菜单 插入(S) ➡ 设计特征(E)▶ ➡ 拉伸(E)... 命令,选取 XY 基准平面为草图平面,绘制图 5.24 所示的截面草图;在 限制-区域的 开始 下拉列表中选择 值 选项,并在其下的 距离 文本框中输入值 0;在 限制-区域的 结束 下拉列表中选择 贯通 选项;在 布尔 区域的下拉列表中选择 减去 选项,采用系统默认的求差对象。

图 5.23 拉伸特征 6

图 5.24 截面草图

Step14. 保存零件模型。选择下拉菜单 文件(F) ➡ 保存(S) 命令,即可保存零件模型。

# 实例 6　塑 料 垫 片

**实例概述:**

　　在本实例的设计过程中，镜像特征的运用较为巧妙，在镜像时应注意镜像基准面的选择。塑料垫片的零件模型和模型树如图 6.1 所示。

图 6.1　塑料垫片的零件模型及模型树

　　Step1. 新建文件。选择下拉菜单 文件(F) ➡ 新建(N)... 命令，系统弹出"新建"对话框。在 模型 选项卡的 模板 区域中选取模板类型为 模型，在 名称 文本框中输入文件名称 GAME，单击 确定 按钮，进入建模环境。

　　Step2. 创建图 6.2 所示的旋转特征 1。选择 插入(S) ➡ 设计特征(E) ➡ 旋转(R)... 命令（或单击 按钮），单击 截面 区域中的 按钮，在绘图区选取 XZ 基准平面为草图平面，绘制图 6.3 所示的截面草图。在绘图区中选取 Z 轴为旋转轴。在"旋转"对话框 限制 区域的 开始 下拉列表中选择 值 选项，并在 角度 文本框中输入值 0，在 结束 下拉列表中选择 值 选项，并在 角度 文本框中输入值 360；单击 < 确定 > 按钮，完成旋转特征 1 的创建。

图 6.2　旋转特征 1

图 6.3　截面草图

　　Step3. 创建图 6.4 所示的基准平面 1。选择 插入(S) ➡ 基准/点(D) ➡ 基准平面(D)... 命令（或单击 按钮），系统弹出"基准平面"对话框。在 类型 区域的下拉列表中选择 按某一距离 选项，在绘图区选取 XY 基准平面，输入偏移值 6。单击 < 确定 > 按钮，完成基准平面 1 的创建。

　　Step4. 创建图 6.5 所示的基准平面 2。选择 插入(S) ➡ 基准/点(D) ➡ 基准平面(D)... 命令（或单击 按钮），系统弹出"基准平面"对话框。在 类型 区域的下拉列表中选择

成一角度 选项，在绘图区选取 YZ 基准平面，在 通过轴 区域选择 ZC 轴，输入角度值 30。单击 < 确定 > 按钮，完成基准平面 2 的创建。

图 6.4　基准平面 1　　　　　　　　　　图 6.5　基准平面 2

Step5. 创建图 6.6 所示的拉伸特征 1。选择下拉菜单 插入(S) ➡ 设计特征(E) ➡ 拉伸(E)... 命令，系统弹出"拉伸"对话框。选取基准平面 1 为草图平面，绘制图 6.7 所示的截面草图；在 指定矢量 下拉列表中选择 ZC↓ 选项；在 限制 区域的 开始 下拉列表中选择 值 选项，并在其下的 距离 文本框中输入值 0，在 限制 区域的 结束 下拉列表中选择 值 选项，并在其下的 距离 文本框中输入值 2；在 布尔 区域的下拉列表中选择 减去 选项，采用系统默认的求差对象。单击 < 确定 > 按钮，完成拉伸特征 1 的创建。

图 6.6　拉伸特征 1　　　　　　　　　　图 6.7　截面草图

Step6. 创建图 6.8 所示的旋转特征 2。选择 插入(S) ➡ 设计特征(E) ➡ 旋转(R)... 命令（或单击 按钮），单击 截面 区域中的 按钮，在绘图区选取 YZ 基准平面为草图平面，绘制图 6.9 所示的截面草图。在绘图区中选取 Z 轴为旋转轴。在"旋转"对话框 限制 区域的 开始 下拉列表中选择 值 选项，并在 角度 文本框中输入值 0，在 结束 下拉列表中选择 值 选项，并在 角度 文本框中输入值 360；在 布尔 区域的下拉列表中选择 减去 选项，采用系统默认的求差对象。单击 < 确定 > 按钮，完成旋转特征 2 的创建。

图 6.8　旋转特征 2　　　　　　　　　　图 6.9　截面草图

Step7. 创建图 6.10 所示的拉伸特征 2。选择下拉菜单 插入(S) ➡ 设计特征(E) ➡ 拉伸(E)... 命令，系统弹出"拉伸"对话框。选取 XY 基准平面为草图平面，绘制图 6.11 所示的截面草图；在 指定矢量 下拉列表中选择 ZC↑ 选项；在 限制 区域的 开始 下拉列表中选择

█值选项，并在其下的距离文本框中输入值 0，在限制区域的结束下拉列表中选择█值选项，并在其下的距离文本框中输入值 5；在布尔区域的下拉列表中选择█减去选项，采用系统默认的求差对象。单击〈确定〉按钮，完成拉伸特征 2 的创建。

图 6.10　拉伸特征 2

图 6.11　截面草图

Step8. 创建图 6.12 所示的拉伸特征 3。选择下拉菜单 插入(S) ➡ 设计特征(E) ➡ ██ 拉伸(E)...命令，系统弹出"拉伸"对话框。选取基准平面 2 为草图平面，绘制图 6.13 所示的截面草图；在 ✔指定矢量 下拉列表中选择 ⬇ 选项，单击图形区的基准平面 2；在限制区域的开始下拉列表中选择██对称值选项，并在其下的距离文本框中输入值 2.5；在布尔区域的下拉列表中选择██合并选项，采用系统默认的合并对象。单击〈确定〉按钮，完成拉伸特征 3 的创建。

图 6.12　拉伸特征 3　　　　　　　　　　图 6.13　截面草图

Step9. 创建图 6.14 所示的拉伸特征 4。选择下拉菜单 插入(S) ➡ 设计特征(E) ➡ ██ 拉伸(E)...命令，系统弹出"拉伸"对话框。选取基准平面 2 为草图平面，绘制图 6.15 所示的截面草图；在 ✔指定矢量 下拉列表中选择 ⬇ 选项，单击图形区的基准平面 2；在限制区域的开始下拉列表中选择██对称值选项，并在其下的距离文本框中输入值 0.25，在偏置下拉列表中选择两侧选项，在开始文本框中输入值 1，在结束文本框中输入值 0；在布尔区域的下拉列表中选择██合并选项，采用系统默认的合并对象。单击〈确定〉按钮，完成拉伸特征 4 的创建。

图 6.14　拉伸特征 4　　　　　　　　　　图 6.15　截面草图

Step10. 创建图 6.16 所示的镜像特征 1。选择下拉菜单 插入(S) ➡ 关联复制(A)▶ ➡

[镜像特征(M)...]命令,在绘图区中选取图 6.12 所示的拉伸特征 3 和图 6.14 所示的拉伸特征 4 为要镜像的特征。在[镜像平面]区域中单击[□]按钮,在绘图区中选取 YZ 基准平面作为镜像平面。单击[< 确定 >]按钮,完成镜像特征 1 的创建。

Step11. 创建图 6.17 所示的镜像特征 2。选择下拉菜单[插入(S)] ➡️ [关联复制(A)▸] ➡️ [镜像特征(M)...]命令,在绘图区中选取图 6.16 所示的镜像特征 1、图 6.12 所示的拉伸特征 3 和图 6.14 所示的拉伸特征 4 为要镜像的特征。在[镜像平面]区域中单击[□]按钮,在绘图区中选取 XZ 基准平面作为镜像平面。单击[< 确定 >]按钮,完成镜像特征 2 的创建。

图 6.16 镜像特征 1        图 6.17 镜像特征 2

Step12. 后面的详细操作过程请参见随书光盘中 video\ch06\reference\文件下的语音视频讲解文件 GAME-r01.exe。

# 实例 **7** 支 架

**实例概述**:

本实例介绍了支架的设计过程，通过学习本实例，读者可以对拉伸、孔、边倒圆和基准平面等特征的创建方法有进一步的了解。支架的零件模型及相应的模型树如图 7.1 所示。

图 7.1 支架的零件模型及模型树

**Step1.** 新建文件。选择下拉菜单 文件(F) ➡ 新建(N)... 命令，系统弹出"新建"对话框。在 模型 选项卡的 模板 区域中选取类型为 模型 的模板，在 名称 文本框中输入文件名称 pole，单击 确定 按钮，进入建模环境。

**Step2.** 创建图 7.2 所示的拉伸特征 1。选择下拉菜单 插入(S) ➡ 设计特征(E) ➡ 拉伸(E)... 命令（或单击 按钮），系统弹出"拉伸"对话框；单击"拉伸"对话框中的"绘制截面"按钮，系统弹出"创建草图"对话框。选取 XY 基准平面为草图平面，单击 确定 按钮，进入草图环境，绘制图 7.3 所示的截面草图，选择下拉菜单 任务(K) ➡ 完成草图(K) 命令（或单击 完成草图 按钮），退出草图环境；在"拉伸"对话框 限制 区域的 开始 下拉列表中选择 值 选项，并在其下的 距离 文本框中输入值 0；在 限制 区域的 结束 下拉列表中选择 值 选项，并在其下的 距离 文本框中输入值 25，其他参数采用系统默认设置值；单击 〈确定〉 按钮，完成拉伸特征 1 的创建。

图 7.2 拉伸特征 1

图 7.3 截面草图

**Step3.** 创建图 7.4 所示的拉伸特征 2。选择下拉菜单 插入(S) ➡ 设计特征(E) ➡ 拉伸(E)... 命令（或单击 按钮），系统弹出"拉伸"对话框；单击"拉伸"对话框中的

"绘制截面"按钮![icon]，系统弹出"创建草图"对话框；单击![icon]按钮，选取 XY 基准平面为草图平面，单击![确定]按钮，进入草图环境，绘制图 7.5 所示的截面草图，选择下拉菜单![任务(K)] ➡ ![完成草图(K)]命令（或单击![完成草图]按钮），退出草图环境；在"拉伸"对话框![限制]区域的![开始]下拉列表中选择![值]选项，并在其下的![距离]文本框中输入值 0；在![限制]区域的![结束]下拉列表中选择![值]选项，并在其下的![距离]文本框中输入值 11，其他参数采用系统默认设置值；单击![<确定>]按钮，完成拉伸特征 2 的创建。

图 7.4　拉伸特征 2

图 7.5　截面草图

**Step4.** 创建图 7.6 所示的拉伸特征 3。选择下拉菜单![插入(S)] ➡ ![设计特征(E)] ➡ ![拉伸(E)]...命令（或单击![icon]按钮），系统弹出"拉伸"对话框；单击"拉伸"对话框中的"绘制截面"按钮![icon]，系统弹出"创建草图"对话框。单击![icon]按钮，选取 XY 基准平面为草图平面，单击![确定]按钮，进入草图环境，绘制图 7.7 所示的截面草图，选择下拉菜单![任务(K)] ➡ ![完成草图(K)]命令（或单击![完成草图]按钮），退出草图环境；在"拉伸"对话框![限制]区域的![开始]下拉列表中选择![值]选项，并在其下的![距离]文本框中输入值 3；在![限制]区域的![结束]下拉列表中选择![值]选项，并在其下的![距离]文本框中输入值 8；在![布尔]区域的下拉列表中选择![合并]选项，单击![icon]按钮，在绘图区选取 Step2 所创建的拉伸特征 1 为合并目标体；单击![<确定>]按钮，完成拉伸特征 3 的创建。

图 7.6　拉伸特征 3

图 7.7　截面草图

**Step5.** 合并操作 1。选择下拉菜单![插入(S)] ➡ ![组合(B)] ▶ ➡ ![合并(U)]...命令（或单击![icon]按钮），系统弹出"合并"对话框；选取图 7.8 所示的特征为目标体，选取图 7.9 所示的实体为工具体，单击![<确定>]按钮，完成合并操作 1。

此实体为目标体

图 7.8　目标体

此实体为工具体

图 7.9　工具体

**Step6.** 创建图 7.10 所示的拉伸特征 4。选择下拉菜单![插入(S)] ➡ ![设计特征(E)] ➡

🔲 拉伸(E)... 命令（或单击 🔲 按钮），系统弹出"拉伸"对话框；单击"拉伸"对话框中的"绘制截面"按钮 🖼️，系统弹出"创建草图"对话框。单击 ⊕ 按钮，选取 XY 基准平面为草图平面，单击 [ 确定 ] 按钮，进入草图环境，绘制图 7.11 所示的截面草图，选择下拉菜单 任务(K) ➡ 🏁 完成草图(K) 命令（或单击 🏁 完成草图 按钮），退出草图环境；在"拉伸"对话框 限制-区域的 开始 下拉列表中选择 🔲 值 选项，并在其下的 距离 文本框中输入值 12；在 限制-区域的 结束 下拉列表中选择 🔲 值 选项，并在其下的 距离 文本框中输入值 27，在 布尔 区域的下拉列表中选择 ✳ 无 选项，其他参数采用系统默认设置值；单击 < 确定 > 按钮，完成拉伸特征 4 的创建。

图 7.10　拉伸特征 4

图 7.11　截面草图

**Step7.** 创建图 7.12 所示的拉伸特征 5。选择下拉菜单 插入(S) ➡ 设计特征(E) ➡ 🔲 拉伸(E)... 命令（或单击 🔲 按钮），系统弹出"拉伸"对话框；单击"拉伸"对话框中的"绘制截面"按钮 🖼️，系统弹出"创建草图"对话框，单击 ⊕ 按钮，选取 XY 基准平面为草图平面，单击 [ 确定 ] 按钮，进入草图环境，绘制图 7.13 所示的截面草图，选择下拉菜单 任务(K) ➡ 🏁 完成草图(K) 命令（或单击 🏁 完成草图 按钮），退出草图环境；在"拉伸"对话框 限制-区域的 开始 下拉列表中选择 🔲 值 选项，并在其下的 距离 文本框中输入值 18；在限制-区域的 结束 下拉列表中选择 🔲 值 选项，并在其下的 距离 文本框中输入值 23；在 布尔 区域的下拉列表中选择 🔲 合并 选项，单击 🔲 按钮，在绘图区选取 Step6 所创建的拉伸特征 4 为合并目标体；单击 < 确定 > 按钮，完成拉伸特征 5 的创建。

图 7.12　拉伸特征 5

图 7.13　截面草图

**Step8.** 合并操作 2。选择下拉菜单 插入(S) ➡ 组合(B) ▶ ➡ 🔲 合并(U)... 命令（或单击 🔲 按钮），系统弹出"合并"对话框；选取图 7.14 所示的实体为目标体，选取图 7.15 所示的实体为工具体，单击 < 确定 > 按钮，完成合并操作 2。

此实体为目标体

图 7.14　目标体

此实体为工具体

图 7.15　工具体

Step9. 创建图 7.16 所示的拉伸特征 6。选择下拉菜单 插入(S) ➡ 设计特征(E) ➡ 拉伸(E)... 命令（或单击 按钮），系统弹出"拉伸"对话框；单击"拉伸"对话框中的 "绘制截面"按钮 ，系统弹出"创建草图"对话框。单击 按钮，选取 ZX 基准平面为草图平面，单击 确定 按钮，进入草图环境，绘制图 7.17 所示的截面草图，选择下拉菜单 任务(K) ➡ 完成草图(K) 命令（或单击 完成草图 按钮），退出草图环境；在"拉伸"对话框 限制-区域的 开始 下拉列表中选择 对称值 选项，并在其下的 距离 文本框中输入值 2；在 布尔 区域的下拉列表中选择 合并 选项，采用系统默认的合并对象；单击 〈确定〉 按钮，完成拉伸特征 6 的创建。

图 7.16 拉伸特征 6

图 7.17 截面草图

Step10. 创建图 7.18 所示的基准平面 1。选择下拉菜单 插入(S) ➡ 基准/点(D) ▶ ➡ 基准平面(D)... 命令（或单击 按钮），系统弹出"基准平面"对话框；在 平面参考 区域中单击 按钮，在 类型 区域的下拉列表中选择 成一角度 选项；在绘图区选取基准平面 ZX；在 通过轴 区域中单击 按钮，在绘图区选取基准轴 Z；在 角度 区域的 角度选项 下拉列表中选择 值 选项，在 角度 文本框中输入值 45；在"基准平面"对话框中单击 〈确定〉 按钮，完成基准平面 1 的创建。

Step11. 创建图 7.19 所示的拉伸特征 7。选择下拉菜单 插入(S) ➡ 设计特征(E) ➡ 拉伸(E)... 命令（或单击 按钮），系统弹出"拉伸"对话框；单击"拉伸"对话框中的 "绘制截面"按钮 ，系统弹出"创建草图"对话框，单击 按钮，选取 Step10 所创建的基准平面 1 为草图平面，单击 确定 按钮，进入草图环境，绘制图 7.20 所示的截面草图，选择下拉菜单 任务(K) ➡ 完成草图(K) 命令（或单击 完成草图 按钮），退出草图环境；在"拉伸"对话框 限制-区域的 开始 下拉列表中选择 值 选项，并在其下的 距离 文本框中输入值-2；在 限制-区域的 结束 下拉列表中选择 值 选项，并在其下的 距离 文本框中输入值 2；在 布尔 区域的下拉列表中选择 合并 选项，采用系统默认的合并对象；单击 〈确定〉 按钮，完成拉伸特征 7 的创建。

图 7.18 基准平面 1

图 7.19 拉伸特征 7

图 7.20 截面草图

Step12. 创建图 7.21 所示的基准平面 2。选择下拉菜单 插入(S) ➡ 基准/点(D)▶ ➡ 基准平面(D)... 命令（或单击 按钮），系统弹出"基准平面"对话框；在 类型 区域的下拉列表中选择 成一角度 选项；在 平面参考 区域中单击 按钮，在绘图区选取 Step10 所创建的基准平面 1；在 通过轴 区域中单击 按钮，在绘图区选取 ZC 基准轴；在 角度 区域的 角度选项 下拉列表中选择 值 选项，在 角度 文本框中输入值 90；在"基准平面"对话框中单击 ＜确定＞ 按钮，完成基准平面 2 的创建。

Step13. 创建图 7.22 所示的拉伸特征 8。选择下拉菜单 插入(S) ➡ 设计特征(E) ➡ 拉伸(E)... 命令（或单击 按钮），系统弹出"拉伸"对话框；单击"拉伸"对话框中的"绘制截面"按钮 ，系统弹出"创建草图"对话框。单击 按钮，选取 Step12 所创建的基准平面 2 为草图平面，单击 确定 按钮，进入草图环境，绘制图 7.23 所示的截面草图，选择下拉菜单 任务(K) ➡ 完成草图(K) 命令（或单击 完成草图 按钮），退出草图环境；在"拉伸"对话框 限制 区域的 开始 下拉列表中选择 直至选定 选项，单击 按钮，选取 Step6 所创建的拉伸特征 4；在 限制 区域的 结束 下拉列表中选择 值 选项，并在其下的 距离 文本框中输入值 60；在 布尔 区域的下拉列表中选择 合并 选项，采用系统默认的合并对象；单击 ＜确定＞ 按钮，完成拉伸特征 8 的创建。

图 7.21 基准平面 2　　　图 7.22 拉伸特征 8　　　图 7.23 截面草图

Step14. 创建图 7.24 所示的孔特征。选择下拉菜单 插入(S) ➡ 设计特征(E) ➡ 孔(H)... 命令（或单击 按钮），系统弹出"孔"对话框；在 类型 下拉列表中选择 常规孔 选项，单击"孔"对话框中的"绘制截面"按钮 ，然后在绘图区域中选取图 7.25 所示的孔的放置面，单击 确定 按钮，系统自动弹出"草图点"对话框；在"草图点"对话框中单击 按钮，在系统弹出的"点"对话框的 类型 下拉列表中选择 圆弧中心/椭圆中心/球心 选项，选取图 7.26 所示的圆弧为孔的放置参照；在 成形 下拉列表中选择 简单 选项，在 直径 文本框中输入值 10，在 深度 文本框中输入值 15，在 顶锥角 文本框中输入值 0，其余参数采用系统默认设置值；单击 ＜确定＞ 按钮，完成孔的创建。

图 7.24 孔特征　　　图 7.25 定义孔放置面　　　图 7.26 孔定位

Step15. 创建图 7.27 所示的拉伸特征 9。选择下拉菜单 插入(S) ➡ 设计特征(E) ➡

⬛ 拉伸(E)... 命令（或单击 ⬛ 按钮），系统弹出"拉伸"对话框；单击"拉伸"对话框中的

"绘制截面"按钮 🔲，系统弹出"创建草图"对话框。单击 ✛ 按钮，选取图 7.28 所示的平

面为草图平面，单击 确定 按钮，进入草图环境，绘制图 7.29 所示的截面草图，选择下

拉菜单 任务(K) ➡ 🏁 完成草图(K) 命令（或单击 🏁 完成草图 按钮），退出草图环境；在"拉伸"对

话框 限制-区域的 开始 下拉列表中选择 ⬛ 值 选项，并在其下的 距离 文本框中输入值 0；在 限制-

区域的 结束 下拉列表中选择 ⬛ 直至下一个 选项，并单击"反向"按钮 ✗；在 布尔 区域的下拉列

表中选择 ⬛ 减去 选项，采用系统默认的求差对象；单击"拉伸"对话框中的 <确定> 按钮，

完成拉伸特征 9 的创建。

图 7.27  拉伸特征 9

图 7.28  选取草图平面

图 7.29  截面草图

Step16. 创建图 7.30b 所示的边倒圆特征 1。选择下拉菜单 插入(S) ➡ 细节特征(L) ▶

➡ 🧊 边倒圆(E) 命令（或单击 🧊 按钮），系统弹出"边倒圆"对话框；在 边 区域中单

击 🔲 按钮，选择图 7.30a 所示的 8 条边线为边倒圆参照，并在 半径 1 文本框中输入值 1.5；

单击 <确定> 按钮，完成边倒圆特征 1 的创建。

a）圆角前

b）圆角后

图 7.30  边倒圆特征 1

Step17. 创建边倒圆特征 2。选取图 7.31 所示的边线为边倒圆参照，其圆角半径值为 1。

Step18. 创建边倒圆特征 3。选取图 7.32 所示的边线为边倒圆参照，其圆角半径值为 1。

图 7.31  边倒圆特征 2

图 7.32  边倒圆特征 3

Step19. 创建边倒圆特征 4。选取图 7.33 所示的边线为边倒圆参照，其圆角半径值为 1。

Step20. 创建边倒圆特征 5。选取图 7.34 所示的边线为边倒圆参照，其圆角半径值为 1。

图 7.33　边倒圆特征 4

图 7.34　边倒圆特征 5

Step21. 设置隐藏。选择下拉菜单 编辑(E) ➡ 显示和隐藏 (H) ▶ ➡ 隐藏(H)... 命令（或单击 按钮），系统弹出"类选择"对话框；单击"类选择"对话框 过滤器 区域中的 按钮，系统弹出"根据类型选择"对话框，按住 Ctrl 键，选择对话框列表中的 草图 和 基准 选项，单击 确定 按钮。系统再次弹出"类选择"对话框，单击对话框 对象 区域中的"全选"按钮 ；单击 确定 按钮，完成对设置对象的隐藏。

Step22. 保存零件模型。选择下拉菜单 文件(F) ➡ 保存(S) 命令，即可保存零件模型。

# 实例 **8** 剃须刀盖

## 8.1 实例概述

本实例介绍了剃须刀盖的设计过程。通过学习本实例，读者可以对实体的拉伸、镜像、边倒圆、抽壳和扫掠等特征有更为深入的了解。需要注意创建扫掠特征过程中的一些技巧。剃须刀盖的零件模型及模型树如图 8.1.1 所示。

图 8.1.1　零件模型及模型树

## 8.2 详细设计过程

Step1. 新建文件。选取下拉菜单 文件(F) ➡ 新建(N)...命令（或单击 按钮），系统弹出"新建"对话框。在 模型 选项卡的 模板 区域中选取模板类型为 模型，在 名称 文本框中输入文件名称 cover，单击 确定 按钮，进入建模环境。

Step2. 创建图 8.2.1 所示的零件基础特征——拉伸特征 1。

（1）选取命令。选取下拉菜单 插入(S) ➡ 设计特征(E) ➡ 拉伸(E)...命令（或单击 按钮），系统弹出"拉伸"对话框。

（2）单击"拉伸"对话框中的"绘制截面"按钮 ，系统弹出"创建草图"对话框。

① 定义草图平面。单击 按钮，选取 XY 平面为草图平面，单击 确定 按钮。

② 进入草图环境，绘制图 8.2.2 所示的截面草图。

③ 单击 完成草图 按钮，退出草图环境。

（3）确定拉伸开始值和结束值。在 限制 区域的 开始 下拉列表中选取 值 选项，并在其下的 距离 文本框中输入值 0；在 限制 区域的 结束 下拉列表中选取 值 选项，并在其下的 距离 文本框中输入值 18，其他参数采用系统默认设置值。

（4）单击"拉伸"对话框中的 <确定> 按钮，完成拉伸特征 1 的创建。

图 8.2.1　拉伸特征 1

图 8.2.2　截面草图

Step3. 创建图 8.2.3 所示的零件特征——拉伸特征 2。选取下拉菜单 插入(S) ➡
设计特征(E) ➡ 拉伸(E). 命令（或单击 按钮），系统弹出"拉伸"对话框。选取图
8.2.4 所示的平面为草图平面，绘制图 8.2.5 所示的截面草图。在 指定矢量 下拉列表中选择 zc↑
选项；在 限制 区域的 开始 下拉列表中选取 值 选项，并在其下的 距离 文本框中输入值 0；在 限制
区域的 结束 下拉列表中选取 值 选项，并在其下的 距离 文本框中输入值 2；在 布尔 区域的下
拉列表中选取 合并 选项，采用系统默认的合并对象。单击 <确定> 按钮，完成拉伸特征 2
的创建。

图 8.2.3　拉伸特征 2

图 8.2.4　定义草图平面

图 8.2.5　截面草图

Step4. 创建图 8.2.6b 所示的边倒圆特征 1。

（1）选取命令。选取下拉菜单 插入(S) ➡ 细节特征(L) ▶ ➡ 边倒圆(E). 命令（或
单击 按钮），系统弹出"边倒圆"对话框。

（2）在 边 区域中单击 按钮，选取图 8.2.6a 所示的边链为边倒圆参照，并在
半径 1 文本框中输入值 2。

（3）单击 <确定> 按钮，完成边倒圆特征 1 的创建。

a）圆角前

b）圆角后

图 8.2.6　边倒圆特征 1

Step5. 创建图 8.2.7b 所示的边倒圆特征 2。

（1）选取命令。选取下拉菜单 插入(S) ➡ 细节特征(L) ▶ ➡ 边倒圆(E). 命令（或
单击 按钮），系统弹出"边倒圆"对话框。

（2）在 边 区域中单击 按钮，选取图 8.2.7a 所示的边链为边倒圆参照，并在 半径 1 文本框中输入值 2，完成边倒圆特征 2 的创建。

a）圆角前　　　　　　　　　　　　　　　　　　b）圆角后

图 8.2.7　边倒圆特征 2

Step6. 创建图 8.2.8c 所示的边倒圆特征 3。

（1）选取命令。选取下拉菜单 插入(S) ➡ 细节特征(L) ▶ ➡ 边倒圆(E) 命令（或单击 按钮），系统弹出"边倒圆"对话框。

（2）在 边 区域中单击 按钮，选取图 8.2.8a 所示的圆弧为边倒圆参照，并在 半径 1 文本框中输入值 1。

（3）在 变半径 区域中单击 指定新的位置 按钮，单击图 8.2.8b 所示边线的第 1 点，在系统弹出的 V 半径 文本框中输入值 1，在 弧长百分比 文本框中输入值 50；单击图 8.2.8b 所示边线的第 2 点，在系统弹出的 V 半径 文本框中输入值 3，在 弧长百分比 文本框中输入值 50；单击图 8.2.8b 所示边线的第 3 点，在系统弹出的 V 半径 文本框中输入值 1，在 弧长百分比 文本框中输入值 50；单击图 8.2.8b 所示边线的第 4 点，在系统弹出的 V 半径 文本框中输入值 3，在 弧长百分比 文本框中输入值 50。

（4）单击 < 确定 > 按钮，完成边倒圆特征 3 的创建。

a）圆角前　　　　　　　　　b）可变半径　　　　　　　　c）圆角后

图 8.2.8　边倒圆特征 3

Step7. 创建图 8.2.9 所示的零件特征——抽壳特征。

（1）选取命令。选取下拉菜单 插入(S) ➡ 偏置/缩放(O) ➡ 抽壳(H)... 命令（或单击 按钮），系统弹出"抽壳"对话框。

（2）在 类型 下拉列表中选择 移除面，然后抽壳。在 要穿透的面 区域中单击 按钮，选取图 8.2.10 所示的面为移除面，并在 厚度 文本框中输入值 1。

（3）单击 < 确定 > 按钮，完成抽壳特征的创建。

Step8. 创建图 8.2.11 所示的零件特征——拉伸特征 3。选取下拉菜单 插入(S) ➡ 设计特征(E) ➡ 拉伸(E)... 命令（或单击 按钮），系统弹出"拉伸"对话框。选取基准平面 YZ 为草图平面，绘制图 8.2.12 所示的截面草图。在 ✔ 指定矢量 下拉列表中选择 XC 选项；在 限制 区域的 开始 下拉列表中选取 📎 贯通 选项，在 限制 区域的 结束 下拉列表中选取 📎 贯通 选项，在 布尔 区域的下拉列表中选取 💠 减去 选项，采用系统默认的求差对象。单击 < 确定 > 按钮。

图 8.2.9　抽壳特征

此面为要移除的面

图 8.2.10　要移除的面

图 8.2.11　拉伸特征 3

图 8.2.12　截面草图

Step9. 创建图 8.2.13 所示的草图 1。

（1）选取命令。选取下拉菜单 插入(S) ➡ 📇 在任务环境中绘制草图(V)... 命令，系统弹出"创建草图"对话框。

（2）定义草图平面。选取图 8.2.14 所示的平面为草图平面，选取 X 轴为草图水平参考方向，单击"创建草图"对话框中的 确定 按钮。

① 进入草图环境，绘制图 8.2.13 所示的草图。

② 单击 📇 完成草图 按钮，退出草图环境。

放大图

图 8.2.13　草图 1

选取此平面

放大图

图 8.2.14　定义草图平面

Step10. 创建图 8.2.15 所示的草图 2。选取下拉菜单 插入(S) ➡ 📇 在任务环境中绘制草图(V)... 命令，系统弹出"创建草图"对话框；选取基准平面 ZX 为草图平面，选取 X 轴为草图水平参考方向，单击"创建草图"对话框中的 确定 按钮，进入草图环境，单击 📇 完成草图 按钮，退出草图环境。

说明：选取下拉菜单 插入(S) ➡ 处方曲线(U) ▶ ➡ 🔗 相交曲线(U)... 命令，做草图平面 ZX 与拉伸特征 1 的交线，使其与所绘的草图相切。

Step11. 创建图 8.2.16 所示的零件特征——扫掠特征 1。

（1）选取命令。选取下拉菜单 插入(S) ➡ 扫掠(W) ➡ 沿引导线扫掠(G)... 命令，系统弹出"沿引导线扫掠"对话框。

（2）定义截面线串。在绘图区选取草图 1 为扫掠的截面线串。

（3）定义引导线串。在绘图区选取草图 2 为扫掠的引导线串。

（4）定义扫掠布尔运算。在布尔区域的下拉列表中选择 合并 选项，单击"沿引导线扫掠"对话框中的 <确定> 按钮。

图 8.2.15 草图 2      图 8.2.16 扫掠特征 1

Step12. 创建图 8.2.17 所示的草图 3。选取下拉菜单 插入(S) ➡ 在任务环境中绘制草图(V)... 命令，选取图 8.2.18 所示的平面为草图平面，绘制图 8.2.17 所示的草图 3。

图 8.2.17 草图 3

图 8.2.18 定义草图平面

Step13. 创建图 8.2.19 所示的草图 4。选取下拉菜单 插入(S) ➡ 在任务环境中绘制草图(V)... 命令，选取基准平面 ZX 为草图平面，选取 X 轴为草图水平参考方向，绘制图 8.2.19 所示的草图 4。

Step14. 创建图 8.2.20 所示的扫掠特征 2。

（1）选取命令。选取下拉菜单 插入(S) ➡ 扫掠(W) ➡ 沿引导线扫掠(G)... 命令，系统弹出"沿引导线扫掠"对话框。

（2）定义截面线串。在绘图区选取草图 3 为扫掠的截面线串。

（3）定义引导线串。在绘图区选取草图 4 为扫掠的引导线串。

（4）定义布尔运算。在布尔区域的下拉列表中选择 减去 选项，单击"沿引导线扫掠"对话框中的 <确定> 按钮。

图 8.2.19 草图 4      图 8.2.20 扫掠特征 2

Step15. 创建图 8.2.21b 所示的零件特征——镜像特征。

（1）选取命令。选取下拉菜单 插入(S) ➡ 关联复制(A)▶ ➡ 镜像特征(M)... 命令（或单击 按钮），系统弹出"镜像特征"对话框。

（2）定义镜像特征。在绘图区选取图 8.2.21a 所示的实体特征为镜像特征。

（3）定义镜像平面。在镜像平面区域中单击 按钮，在绘图区选取 YZ 基准平面作为镜像平面。

（4）单击"镜像特征"对话框中的 确定 按钮，完成镜像特征的创建。

a) 镜像前 　　　　　　　　　　　　　　　　　　　　b) 镜像后

图 8.2.21　镜像特征

Step16. 创建图 8.2.22 所示的零件特征——拉伸特征 4。选取下拉菜单 插入(S) ➡ 设计特征(E) ➡ 拉伸(E)... 命令，系统弹出"拉伸"对话框。选取 ZX 基准平面为草图平面，单击 确定 按钮。绘制图 8.2.23 所示的截面草图。在 指定矢量 下拉列表中选择 YC 选项；在 限制 区域的 开始 下拉列表中选取 值 选项，并在其下的 距离 文本框中输入值 0，在 限制 区域的 结束 下拉列表中选取 贯通 选项，在 布尔 区域的下拉列表中选取 减去 选项，采用系统默认的求差对象。单击 < 确定 > 按钮。

图 8.2.22　拉伸特征 4

图 8.2.23　截面草图

Step17. 后面的详细操作过程请参见随书光盘中 video\ch08\reference\文件下的语音视频讲解文件 cover-r01.exe。

# 实例 **9** 托 架

**实例概述**:

　　本实例介绍了托架的设计过程。通过学习本实例，读者可以掌握实体拉伸特征、孔以及边倒圆特征的应用，其中孔特征的创建方法较为巧妙，需要读者用心体会。托架的零件模型及相应的模型树如图 9.1 所示。

图 9.1　托架的零件模型及模型树

　　Step1. 新建文件。选择下拉菜单 文件(F) ➡ 新建(N)... 命令，系统弹出"新建"对话框。在 模型 选项卡的 模板 区域中选取模板类型为 模型，在 名称 文本框中输入文件名称 bracket，单击 确定 按钮，进入建模环境。

　　Step2. 创建图 9.2 所示的拉伸特征 1。选择下拉菜单 插入(S) ➡ 设计特征(E)▶ ➡ 拉伸(E)... 命令（或单击 按钮），系统弹出"拉伸"对话框；单击"拉伸"对话框中的"绘制截面"按钮，系统弹出"创建草图"对话框。选取 ZX 基准平面为草图平面，单击 确定 按钮，进入草图环境，绘制图 9.3 所示的截面草图，选择下拉菜单 任务(K) ➡ 完成草图(K) 命令（或单击 完成草图 按钮），退出草图环境；在"拉伸"对话框 限制 区域的 开始 下拉列表中选择 值 选项，并在其下的 距离 文本框中输入值 0；在 限制 区域的 结束 下拉列表中选择 值 选项，并在其下的 距离 文本框中输入值 165，其他参数采用系统默认设置值；单击 〈 确定 〉 按钮，完成拉伸特征 1 的创建。

图 9.2　拉伸特征 1

图 9.3　截面草图

　　Step3. 创建图 9.4 所示的拉伸特征 2。选择下拉菜单 插入(S) ➡ 设计特征(E)▶ ➡

 拉伸(E)... 命令，选取 XY 基准平面为草图平面，绘制图 9.5 所示的截面草图；在"拉伸"对话框 限制-区域的 开始 下拉列表中选择 值 选项，并在其下的 距离 文本框中输入值 0；在 限制-区域的 结束 下拉列表中选择 值 选项，并在其下的 距离 文本框中输入值 12；在布尔区域的下拉列表中选择 合并 选项，采用系统默认的合并对象。

图 9.4　拉伸特征 2

图 9.5　截面草图

Step4. 创建图 9.6 所示的拉伸特征 3。选择下拉菜单 插入(S) ➡ 设计特征(E)▶ ➡

 拉伸(E)... 命令，选取图 9.7 所示的平面为草图平面，绘制图 9.8 所示的截面草图；在"拉伸"对话框 限制-区域的 开始 下拉列表中选择 值 选项，并在其下的 距离 文本框中输入值 0；在 限制-区域的 结束 下拉列表中选择 值 选项，并在其下的 距离 文本框中输入值 28；在布尔区域的下拉列表中选择 合并 选项，采用系统默认的合并对象。

图 9.6　拉伸特征 3

图 9.7　定义草图平面

图 9.8　截面草图

Step5. 创建图 9.9 所示的拉伸特征 4。选择下拉菜单 插入(S) ➡ 设计特征(E)▶ ➡

 拉伸(E)... 命令，选取图 9.10 所示的平面为草图平面，绘制图 9.11 所示的截面草图；在"拉伸"对话框 限制-区域的 开始 下拉列表中选择 值 选项，并在其下的 距离 文本框中输入值 0；在 限制-区域的 结束 下拉列表中选择 值 选项，并在其下的 距离 文本框中输入值 3；在布尔区域的下拉列表中选择 合并 选项，采用系统默认的合并对象。

图 9.9　拉伸特征 4

图 9.10　定义草图平面

图 9.11　截面草图

Step6. 创建图 9.12 所示的拉伸特征 5。选择下拉菜单 插入(S) ➡ 设计特征(E)▶ ➡

■ 拉伸(E)... 命令，选取图 9.13 所示的平面为草图平面，绘制图 9.14 所示的截面草图。在"拉伸"对话框 限制-区域的 开始 下拉列表中选择 ⊞ 值 选项，并在其下的 距离 文本框中输入值 0；在 限制-区域的 结束 下拉列表中选择 ● 贯通 选项，并单击 方向 区域的 ⬈ 按钮；在 布尔 区域的下拉列表中选择 ● 减去 选项，采用系统默认的求差对象。

图 9.12　拉伸特征 5

此平面为草图平面
图 9.13　定义草图平面

7.5
图 9.14　截面草图

Step7. 创建图 9.15 所示的孔特征 1。选择下拉菜单 插入(S) ➡ 设计特征(E)▸ ➡ ◈ 孔(H)... 命令（或单击 ◈ 按钮），系统弹出"孔"对话框；在 类型 下拉列表中选择 ▌ 常规孔 选项，选取图 9.16 所示的圆弧为孔的放置参照；在 成形 下拉列表中选择 ▌ 简单 选项，在 直径 文本框中输入值 20，在 深度 文本框中输入值 12，在 顶锥角 文本框中输入值 0，其余参数采用系统默认设置值。单击 ＜ 确定 ＞ 按钮，完成孔特征 1 的创建。

图 9.15　孔特征 1

选取此边线
图 9.16　孔定位

Step8. 创建图 9.17 所示的孔特征 2。选择下拉菜单 插入(S) ➡ 设计特征(E)▸ ➡ ◈ 孔(H)... 命令（或单击 ◈ 按钮），系统弹出"孔"对话框；在 类型 下拉列表中选择 ▌ 常规孔 选项，选取图 9.18 所示的圆弧为孔的放置参照；在 深度限制 下拉列表中选择 贯通体 选项，其余参数采用系统默认设置值。单击 ＜ 确定 ＞ 按钮，完成孔特征 2 的创建。

图 9.17　孔特征 2

选取此边线
图 9.18　定义孔位置

Step9. 创建图 9.19 所示的孔特征 3。选择下拉菜单 插入(S) ➡ 设计特征(E)▸ ➡ ◈ 孔(H)... 命令（或单击 ◈ 按钮），系统弹出"孔"对话框；在 类型 下拉列表中选择 ▌ 常规孔 选项，单击"孔"对话框中的"绘制截面"按钮 ⬚，然后在模型中选取图 9.20 所示的平面为孔的放置面，单击 确定 按钮，进入草图环境；系统自动弹出"草图点"对话框，在"草图点"对话框中的下拉列表中选择 ┼ 选项，然后在图 9.20 所示的孔的放置面上单击，单击

关闭 按钮，退出"草图点"对话框；标注图 9.21 所示的尺寸；单击 完成草图 按钮，退出草图环境；在 成形 下拉列表中选择 沉头 选项，在 沉头直径 文本框中输入值 16，在 沉头深度 文本框中输入值 5，在 直径 文本框中输入值 8，在 深度限制 下拉列表中选择 贯通体 选项，其余参数采用系统默认设置值；单击 < 确定 > 按钮，完成孔特征 3 的创建。

此平面为孔放置面

图 9.19　孔特征 3　　　　图 9.20　定义孔放置面　　　　图 9.21　定义孔位置

Step10. 创建图 9.22 所示的孔特征 4。参照前面孔特征 3 的操作步骤，孔位置尺寸如图 9.22 所示，完成孔特征 4 的创建。

图 9.22　孔特征 4 及孔位置

Step11. 创建图 9.23 所示的基准平面。选择下拉菜单 插入(S) ➡ 基准/点(D) ➡ 基准平面(D)... 命令（或单击 按钮），系统弹出"基准平面"对话框；在 类型 区域的下拉列表中选择 通过对象 选项，将鼠标指针移动到图 9.24 所示的孔的内表面处，选择图形区出现的孔轴线，采用系统默认方向；单击 < 确定 > 按钮，完成基准平面的创建。

选取此内孔轴线

图 9.23　基准平面　　　　图 9.24　定义基准平面参照

Step12. 创建图 9.25 所示的拉伸特征 6。选择下拉菜单 插入(S) ➡ 设计特征(E) ➡ 拉伸(E)... 命令，选取基准平面为草图平面，绘制图 9.26 所示的截面草图。在"拉伸"对话框 限制-区域的 开始 下拉列表中选择 值 选项，并在其下的 距离 文本框中输入值-6；在 限制-区域的 结束 下拉列表中选择 值 选项，并在其下的 距离 文本框中输入值 6；在 布尔区域的下拉列表中选择 合并 选项，采用系统默认的合并对象，完成拉伸特征 6 的创建。

图 9.25　拉伸特征 6

图 9.26　截面草图

Step13. 创建图 9.27b 所示的边倒圆特征 1。选择下拉菜单 插入(S) ➡ 细节特征(L) ▶

➡ 边倒圆(E). 命令（或单击 按钮），系统弹出"边倒圆"对话框；在 边 区域中单击 按钮，选取图 9.27a 所示的边线为边倒圆参照，并在 半径 1 文本框中输入值 2；单击 〈确定〉 按钮，完成边倒圆特征 1 的创建。

此边线为边倒圆参照

放大图

a）圆角前

放大图

b）圆角后

图 9.27　边倒圆特征 1

Step14. 创建边倒圆特征 2。操作步骤参照 Step13，选取图 9.28 所示的边线为边倒圆参照，其圆角半径值为 2。

Step15. 创建边倒圆特征 3。选取图 9.29 所示的边线为边倒圆参照，其圆角半径值为 1.5。

Step16. 创建边倒圆特征 4。选取图 9.30 所示的边线为边倒圆参照，其圆角半径值为 1。

这些边线为边倒圆参照

这些边线为边倒圆参照

此边线为边倒圆参照

图 9.28　边倒圆特征 2

图 9.29　边倒圆特征 3

图 9.30　边倒圆特征 4

Step17. 创建边倒圆特征 5。选取图 9.31 所示的边线为边倒圆参照，其圆角半径值为 1.5。

Step18. 创建边倒圆特征 6。选取图 9.32 所示的边线为边倒圆参照，其圆角半径值为 3。

这两条边线为边倒圆参照

此边线为边倒圆参照

图 9.31　边倒圆特征 5

图 9.32　边倒圆特征 6

Step19. 创建图 9.33b 所示的倒斜角特征。选择下拉菜单 插入(S) ➡ 细节特征(L) ▶
➡ 倒斜角(C)... 命令（或单击 □ 按钮），系统弹出"倒斜角"对话框；在 边 区域中单击 □
按钮，选择图 9.33a 所示的边线为倒斜角参照，在 偏置 区域的 横截面 下拉列表中选择 对称 选
项，并在 距离 文本框中输入值 1；单击 〈 确定 〉 按钮，完成倒斜角特征的创建。

a）倒斜角前          b）倒斜角后

图 9.33   倒斜角特征

Step20. 保存零件模型。选择下拉菜单 文件(F) ➡ □ 保存(S) 命令，即可保存零件模型。

# 实例 **10**  把　　手

## 10.1　实 例 概 述

本实例在进行设计的过程中充分利用了创建的曲面，主要运用了拉伸、镜像、偏置曲面等特征命令。把手的零件模型及模型树如图 10.1.1 所示。

图 10.1.1　把手的零件模型及模型树

## 10.2　详细设计过程

**说明：**本实例前面的详细操作过程请参见随书光盘中 video\ch10\reference\文件下的语音视频讲解文件 HANDLE-r01.exe。

Step1. 打开文件 D:\ugnx11.5\work\ch10\HANDLE_ex.prt。

Step2. 创建图 10.2.1 所示的零件特征——拉伸特征 1。选择下拉菜单 插入(S) ➡ 设计特征(E) ➡ 拉伸(E).. 命令，系统弹出"拉伸"对话框。选取图 10.2.2 所示的平面为草图平面，绘制图 10.2.3 所示的截面草图；在 指定矢量 下拉列表中选择 ZC↑ 选项；在 限制 区域的 开始 下拉列表中选择 值 选项，并在其下的 距离 文本框中输入值 0，在 限制 区域的 结束 下拉列表中选择 直至选定 选项，选取图 10.2.2 所示的曲面为拉伸终止面。在 布尔 区域的下拉列表中选择 减去 选项，选取拉伸特征 1 为求差对象。单击 确定 按钮，完成拉伸特征 4 的创建。

图 10.2.1　拉伸特征 1　　　图 10.2.2　定义草图平面

图 10.2.3　截面草图

Step3. 创建图 10.2.4 所示的零件特征——拉伸特征 2。选择下拉菜单 插入(S) ➡ 设计特征(E) ➡ 拉伸(E)...命令，系统弹出"拉伸"对话框。选取图 10.2.2 所示的平面为草图平面，绘制图 10.2.5 所示的截面草图；在 ✓指定矢量 下拉列表中选择 ZC↑ 选项；在 限制 区域的 开始 下拉列表中选择 值 选项，并在其下的 距离 文本框中输入值 0，在 限制 区域的 结束 下拉列表中选择 值 选项，并在其下的 距离 文本框中输入值 59，在 布尔 区域的下拉列表中选择 减去 选项，采用系统默认的求差对象。单击 <确定> 按钮，完成拉伸特征 2 的创建。

图 10.2.4　拉伸特征 2　　　　　　　　图 10.2.5　截面草图

Step4. 创建图 10.2.6 所示的偏置曲面。选择下拉菜单 插入(S) ➡ 偏置/缩放(O)▶ ➡ 偏置曲面(O)...命令，系统弹出"偏置曲面"对话框。选择图 10.2.7 所示的曲面为偏置曲面。在 偏置 1 文本框中输入值 2；单击 ⤢ 按钮，调整偏置方向为 Z 基准轴负向；其他参数采用系统默认设置值。单击 <确定> 按钮，完成偏置曲面的创建。

放大图

选取该曲面

图 10.2.6　偏置曲面　　　　　　　　　图 10.2.7　定义参照面

Step5. 创建图 10.2.8 所示的零件特征——拉伸特征 3。选择下拉菜单 插入(S) ➡ 设计特征(E) ➡ 拉伸(E)...命令，系统弹出"拉伸"对话框。选取图 10.2.9 所示的平面为草图平面，绘制图 10.2.10 所示的截面草图；在 ✓指定矢量 下拉列表中选择 ZC↑ 选项；在 限制 区域的 开始 下拉列表中选择 值 选项，并在其下的 距离 文本框中输入值 0，在 限制 区域的 结束 下拉列表中选择 直至选定 选项，在 布尔 区域的下拉列表中选择 减去 选项，选取拉伸特征 1 为求差对象。单击 <确定> 按钮，完成拉伸特征 3 的创建。

说明：偏置曲面为拉伸直至选定的对象。

Step6. 创建图 10.2.11 所示的拔模特征。选择下拉菜单 插入(S) ➡ 细节特征(L)▶ ➡ 拔模(T)命令，在 脱模方向 区域中指定矢量为 Z 轴的负方向，在 拔模参考 区域中选择图 10.2.12 所示的面为拔模固定面，在 要拔模的面 区域选择图 10.2.13 所示的面为参照，并在 角度 1 文本框中输入值 8。单击 <确定> 按钮，完成拔模特征的创建。

图 10.2.8　拉伸特征 3

图 10.2.9　定义草图平面

此平面为草图平面

图 10.2.10　截面草图

图 10.2.11　拔模特征

选取该面为拔模固定面

图 10.2.12　定义拔模固定面

要拔模的曲面

图 10.2.13　定义拔模面

Step7. 创建图 10.2.14 所示的零件特征——拉伸特征 4。选择下拉菜单 插入(S) ➡️
设计特征(E) ➡️ 📖拉伸(E).. 命令，系统弹出"拉伸"对话框。选取图 10.2.15 所示的平面
为草图平面，绘制图 10.2.16 所示的截面草图；在 ✔️指定矢量 下拉列表中选择 ZC↑ 选项；在 偏置
区域的 偏置 下拉列表中选取 两侧 选项，在 开始 文本框中输入值 0，在 结束 文本框中输入值 1；
在 限制 区域的 开始 下拉列表中选择 ◈直至延伸部分 选项，选取拉伸特征 3 创建的片体，在 限制 区
域的 结束 下拉列表中选择 ◈直至选定 选项，选取偏置曲面为选定对象，在 布尔 区域的下拉列
表中选择 🔲合并 选项，采用系统默认的合并对象。单击 <确定> 按钮，完成拉伸特征 4 的创
建。

图 10.2.14　拉伸特征 4

图 10.2.15　草图平面

草图平面

图 10.2.16　截面草图

Step8. 创建图 10.2.17 所示的零件特征——拉伸特征 5。选择下拉菜单 插入(S) ➡ 设计特征(E) ➡ 🔳 拉伸(E).. 命令，系统弹出"拉伸"对话框。选取图 10.2.18 所示的平面为草图平面，绘制图 10.2.19 所示的截面草图；在 ✔ 指定矢量 下拉列表中选择 ZC↑ 选项；在 偏置 区域的 偏置 下拉列表中选取 两侧 选项，在 开始 文本框中输入值 0，在 结束 文本框中输入值 1；在 限制 区域的 开始 下拉列表中选择 ◇ 直至延伸部分 选项，选取拉伸特征 3 创建的片体，在 限制 区域的 结束 下拉列表中选择 ◇ 直至选定 选项，选取偏置曲面为选定对象，在 布尔 区域的下拉列表中选择 ◆ 合并 选项，采用系统默认的合并对象。单击 < 确定 > 按钮，完成拉伸特征 5 的创建。

图 10.2.17　拉伸特征 5　　　　　　图 10.2.18　草图平面

图 10.2.19　截面草图

Step9. 创建边倒圆特征 1。选择下拉菜单 插入(S) ➡ 细节特征(L) ▶ ➡ 边倒圆(E). 命令，在 边 区域中单击 按钮，选择图 10.2.20a 所示的边线为边倒圆参照，并在 半径 1 文本框中输入值 3。单击 < 确定 > 按钮，完成边倒圆特征 1 的创建。

此四条边线为边倒圆参照

a) 圆角前　　　　　　　　　　　　　　　　b) 圆角后

图 10.2.20　边倒圆特征 1

Step10. 创建边倒圆特征 2。选择图 10.2.21a 所示的边线为边倒圆参照，并在 半径 1 文本框中输入值 2。单击 < 确定 > 按钮，完成边倒圆特征 2 的创建。

放大图　　　　　　　　　　　　　　　　放大图

此六条边线为边倒圆参照

a) 圆角前　　　　　　　　　　　　　　　　b) 圆角后

图 10.2.21　边倒圆特征 2

Step11. 创建边倒圆特征 3。选择图 10.2.22a 所示的边线为边倒圆参照，并在 半径 1 文本框中输入值 0.5。单击 < 确定 > 按钮，完成边倒圆特征 3 的创建。

此两条边线为边倒圆参照
放大图
a）圆角前
放大图
b）圆角后

图 10.2.22　边倒圆特征 3

Step12. 创建边倒圆特征 4。选择图 10.2.23a 所示的边线为边倒圆参照，并在 半径 1 文本框中输入值 0.5。单击 < 确定 > 按钮，完成边倒圆特征 4 的创建。

放大图
a）圆角前
此三条边线为边倒圆参照
放大图
b）圆角后

图 10.2.23　边倒圆特征 4

Step13. 创建边倒圆特征 5。选择图 10.2.24a 所示的边线为边倒圆参照，并在 半径 1 文本框中输入值 2。单击 < 确定 > 按钮，完成边倒圆特征 5 的创建。

这两条边线为边倒圆参照
a）圆角前
b）圆角后

图 10.2.24　边倒圆特征 5

Step14. 创建图 10.2.25 所示的基准平面 1。选择下拉菜单 插入(S) ➡ 基准/点(D) ➡ □ 基准平面(D)... 命令（或单击 □ 按钮），系统弹出"基准平面"对话框。在 类型 区域的下拉列表中选择 按某一距离 选项，在绘图区选取 XZ 基准平面，输入偏移值 2。单击 < 确定 > 按钮，完成基准平面 1 的创建。

图 10.2.25　基准平面 1

Step15. 创建图 10.2.26 所示的零件特征——拉伸特征 6。选择下拉菜单 插入(S) ➡ 设计特征(E) ➡ 拉伸(E)... 命令，系统弹出"拉伸"对话框。选取图 10.2.27 所示的平面为草图平面，绘制图 10.2.28 所示的截面草图；在 指定矢量 下拉列表中选择 ZC 选项；在 限制

区域的 开始 下拉列表中选择 值 选项，并在其下的 距离 文本框中输入值 0，在 限制 区域的 结束 下拉列表中选择 直至延伸部分 选项，在 布尔 区域的下拉列表中选择 减去 选项，采用系统默认的求差对象。单击 < 确定 > 按钮，完成拉伸特征 6 的创建。

说明：偏置曲面为拉伸时直至延伸部分。

图 10.2.26　拉伸特征 6　　　　图 10.2.27　草图平面

图 10.2.28　截面草图

Step16. 创建图 10.2.29 所示的零件特征——拉伸特征 7。选择下拉菜单 插入(S) ➡ 设计特征(E) ➡ 拉伸(E)... 命令，系统弹出"拉伸"对话框。选取图 10.2.30 所示的平面为草图平面，绘制图 10.2.31 所示的截面草图；在 指定矢量 下拉列表中选择 ZC↑ 选项；在 限制 区域的 开始 下拉列表中选择 值 选项，并在其下的 距离 文本框中输入值 0；在 限制 区域的 结束 下拉列表中选择 直至选定对象 选项，在 布尔 区域的下拉列表中选择 合并 选项，采用系统默认的合并对象。单击 < 确定 > 按钮，完成拉伸特征 7 的创建。

说明：偏置曲面为拉伸时直至选定对象。

图 10.2.29　拉伸特征 7　　　　图 10.2.30　草图平面

图 10.2.31　截面草图

Step17. 创建图 10.2.32 所示的零件特征——拉伸特征 8。选择下拉菜单 插入(S) ➡ 设计特征(E) ➡ 拉伸(E)... 命令，系统弹出"拉伸"对话框。选取基准平面 1 为草图平面，绘制图 10.2.33 所示的截面草图；在 指定矢量 下拉列表中选择 -YC 选项；在 限制 区域的 开始 下拉列表中选择 对称值 选项，并在其下的 距离 文本框中输入值 1，在 布尔 区域的下拉列表中选择 合并 选项，采用系统默认的合并对象。单击 < 确定 > 按钮，完成拉伸特征 8 的创建。

图 10.2.32　拉伸特征 8

图 10.2.33　截面草图

**Step18.** 创建图 10.2.34 所示的基准平面 2。选择下拉菜单 插入(S) ➡ 基准/点(D) ➡ 基准平面(D)… 命令，系统弹出"基准平面"对话框。在 类型 区域的下拉列表中选择 成一角度 选项，选取 YZ 基准平面为参照，在绘图区选取图 10.2.34 所示的轴。在 角度 区域的 角度 文本框中输入值 0。单击 确定 按钮，完成基准平面 2 的创建。

选择此轴为参考

图 10.2.34　基准平面 2

**Step19.** 创建图 10.2.35 所示的零件特征——拉伸特征 9。选择下拉菜单 插入(S) ➡ 设计特征(E) ➡ 拉伸(E)… 命令，系统弹出"拉伸"对话框。选取基准平面 2 为草图平面，绘制图 10.2.36 所示的截面草图；在 指定矢量 下拉列表中选择 XC 选项；在 限制 区域的 开始 下拉列表中选择 对称值 选项，并在其下的 距离 文本框中输入值 1，在 布尔 区域的下拉列表中选择 合并 选项，采用系统默认的合并对象。单击 确定 按钮，完成拉伸特征 9 的创建。

图 10.2.35　拉伸特征 9

图 10.2.36　截面草图

**Step20.** 创建图 10.2.37 所示的孔特征。选择下拉菜单 插入(S) ➡ 设计特征(E)▶ ➡ 孔(H)… 命令。在 类型 下拉列表中选择 螺纹孔 选项，选取图 10.2.38 所示圆弧的中心为定位点，在"孔"对话框 螺纹尺寸 区域的 大小 下拉列表中选择 M5×0.8 选项，在 螺纹深度 文本框中输入值 15，在 尺寸 区域的 深度 文本框中输入值 15，在 布尔 区域的下拉列表中选择 减去选项，采用系统默认的求差对象，其他参数设置保持系统默认。单击<u>< 确定 ></u>按钮，完成孔特征的创建。

图 10.2.37　孔特征　　　　　　　　图 10.2.38　定位点

Step21. 创建边倒圆特征 6。选择图 10.2.39a 所示的边线为边倒圆参照，并在<u>半径 1</u>文本框中输入值 0.5。单击<u>< 确定 ></u>按钮，完成边倒圆特征 6 的创建。

此两条边线
为边倒圆参照

a）圆角前　　　　　　　　　　　　　b）圆角后

图 10.2.39　边倒圆特征 6

Step22. 创建图 10.2.40 所示的零件特征——镜像特征。选择下拉菜单<u>插入(S)</u> ➡ <u>关联复制(A)▸</u> ➡ <u>镜像特征 (M)...</u>命令，在绘图区中选取图 10.2.26 所示的拉伸特征 6、图 10.2.29 所示的拉伸特征 7、图 10.2.32 所示的拉伸特征 8、图 10.2.35 所示的拉伸特征 9、图 10.2.37 所示的孔特征和图 10.2.39 所示的边倒圆特征 6 为要镜像的特征。在<u>镜像平面</u>区域中单击<u>▢</u>按钮，在绘图区中选取 YZ 基准平面作为镜像平面。单击<u>< 确定 ></u>按钮，完成镜像特征的创建。

图 10.2.40　镜像特征

Step23. 保存零件模型。选择下拉菜单<u>文件(F)</u> ➡ <u>▣保存(S)</u>命令，即可保存零件模型。

# 实例 **11** 手 柄

**实例概述**：

本实例介绍了手柄的设计过程。读者在学习本实例后，可以熟练掌握拉伸特征、旋转特征、圆角特征、倒斜角特征和镜像特征的创建。手柄的零件模型及相应的模型树如图 11.1 所示。

从 A 向查看

图 11.1 手柄的零件模型及模型树

Step1. 新建文件。选择下拉菜单 文件(F) ➡ 新建(N)... 命令，系统弹出"新建"对话框。在 模型 选项卡的 模板 区域中选取模板类型为 模型，在 名称 文本框中输入文件名称 handle_body，单击 确定 按钮，进入建模环境。

Step2. 创建图 11.2 所示的拉伸特征 1。选择下拉菜单 插入(S) ➡ 设计特征(E)▶ ➡ 拉伸(E)... 命令（或单击 按钮），系统弹出"拉伸"对话框；单击"拉伸"对话框中的"绘制截面"按钮，系统弹出"创建草图"对话框。单击 按钮，选取 XY 基准平面为草图平面，单击 确定 按钮，进入草图环境，绘制图 11.3 所示的截面草图，选择下拉菜单 任务(K) ➡ 完成草图(K) 命令（或单击 完成草图 按钮），退出草图环境；在"拉伸"对话框 限制-区域的 开始 下拉列表中选择 值 选项，并在其下的 距离 文本框中输入值 0；在 限制-区域的 结束 下拉列表中选择 值 选项，并在其下的 距离 文本框中输入值 2，其他参数采用系统默认设置值；单击 <确定> 按钮，完成拉伸特征 1 的创建。

Step3. 创建图 11.4 所示的拉伸特征 2。选择下拉菜单 插入(S) ➡ 设计特征(E)▶ ➡ 拉伸(E)... 命令（或单击 按钮），选取图 11.5 所示的平面为草图平面，绘制图 11.6 所示的截面草图。在"拉伸"对话框 限制-区域的 开始 下拉列表中选择 值 选项，并在其下的 距离 文本框中输入值 0；在 限制-区域的 结束 下拉列表中选择 值 选项，并在其下的 距离 文本框中输入值 10，在 布尔 区域的下拉列表中选择 合并 选项，采用系统默认的合并对象。单击 确定 按钮，完成拉伸特征 2 的创建。

图 11.2 拉伸特征 1　　　　　　　　　　　　图 11.3 截面草图

图 11.4 拉伸特征 2　　　　图 11.5 定义草图平面　　　　图 11.6 截面草图

Step4. 创建图 11.7 所示的拉伸特征 3。选择下拉菜单 插入(S) ➡ 设计特征(E)▸ ➡ 拉伸(E)... 命令，选取图 11.8 所示的平面为草图平面，绘制图 11.9 所示的截面草图。在"拉伸"对话框 限制 区域的 开始 下拉列表中选择 值 选项，并在其下的 距离 文本框中输入值 0；在 限制 区域的 结束 下拉列表中选择 值 选项，并在其下的 距离 文本框中输入值 8，在 布尔 区域的下拉列表中选择 合并 选项，采用系统默认的合并对象。

图 11.7 拉伸特征 3　　　图 11.8 定义草图平面　　　图 11.9 截面草图

Step5. 创建图 11.10b 所示的镜像特征 1。选择下拉菜单 插入(S) ➡ 关联复制(A)▸ ➡ 镜像特征(M)... 命令，系统弹出"镜像特征"对话框；在 镜像平面 区域的 平面 列表框中选择 现有平面 选项，单击 按钮，在绘图区域中选取 YZ 基准平面为镜像平面；在绘图区域中选取 Step4 所创建的拉伸特征 3 为镜像特征；单击"镜像特征"对话框中的 确定 按钮，完成镜像特征 1 的创建。

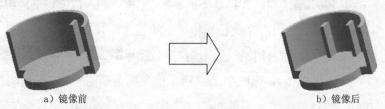

a）镜像前　　　　　　　　　　　　b）镜像后

图 11.10 镜像特征 1

Step6. 创建图 11.11 所示的拉伸特征 4。选择下拉菜单 插入(S) ➡ 设计特征(E)▸ ➡

拉伸(E)... 命令，选取图 11.12 所示的平面为草图平面，绘制图 11.13 所示的截面草图。在"拉伸"对话框 限制 区域的 开始 下拉列表中选择 值 选项，并在其下的 距离 文本框中输入值 0；在 限制 区域的 结束 下拉列表中选择 值 选项，并在其下的 距离 文本框中输入值 1，在 布尔 区域中选择 合并 选项，采用系统默认的合并对象。

图 11.11 拉伸特征 4

此平面为草图平面

图 11.12 定义草图平面

图 11.13 截面草图

Step7. 创建图 11.14 所示的拉伸特征 5。选择下拉菜单 插入(S) → 设计特征(E)▶ →

拉伸(E)... 命令，选取图 11.15 所示的平面为草图平面，绘制图 11.16 所示的截面草图。在"拉伸"对话框 限制 区域的 开始 下拉列表中选择 值 选项，并在其下的 距离 文本框中输入值 0；在 限制 区域的 结束 下拉列表中选择 值 选项，并在其下的 距离 文本框中输入值 1.5，单击"反向"按钮 ，定义 Z 轴的负方向为拉伸方向；在 布尔 区域的下拉列表中选择 合并 选项，采用系统默认的合并对象。

图 11.14 拉伸特征 5

此平面为草图平面

图 11.15 定义草图平面

放大图

图 11.16 截面草图

Step8. 创建图 11.17 所示的拉伸特征 6。选择下拉菜单 插入(S) → 设计特征(E)▶ →

拉伸(E)... 命令，选取图 11.18 所示的平面为草图平面，绘制图 11.19 所示的截面草图在"拉伸"对话框 限制 区域的 开始 下拉列表中选择 值 选项，并在其下的 距离 文本框中输入值 0；在 限制 区域的 结束 下拉列表中选择 值 选项，并在其下的 距离 文本框中输入值 0.5；在 布尔 区域的下拉列表中选择 合并 选项，采用系统默认的合并对象。

图 11.17 拉伸特征 6

此平面为草图平面

图 11.18 定义草图平面

图 11.19 截面草图

Step9. 创建图 11.20 所示的拉伸特征 7。选择下拉菜单 插入(S) → 设计特征(E)▶ →

命令,选取图 11.21 所示的平面为草图平面,绘制图 11.22 所示的截面草图。在"拉伸"对话框区域的下拉列表中选择选项,并在其下的文本框中输入值 0;在区域的下拉列表中选择选项,并在其下的文本框中输入值 9;在布尔区域中选择合并选项,采用系统默认的合并对象。

图 11.20 拉伸特征 7

图 11.21 定义草图平面

图 11.22 截面草图

Step10. 创建图 11.23 所示的拉伸特征 8。选择下拉菜单 插入(S) ➡ 设计特征(E) ➡ 拉伸(E)... 命令,选取与基准平面 XY 重合的模型表面为草图平面,绘制图 11.24 所示的截面草图。在"拉伸"对话框限制-区域的开始下拉列表中选择 值 选项,并在其下的距离文本框中输入值 0;在限制-区域的结束下拉列表中选择 值 选项,并在其下的距离文本框中输入值 5,定义 ZC 基准轴的反方向为拉伸方向;在布尔区域的下拉列表中选择 合并选项,采用系统默认的合并对象。

图 11.23 拉伸特征 8

图 11.24 截面草图

Step11. 创建图 11.25 所示的拉伸特征 9。选择下拉菜单 插入(S) ➡ 设计特征(E) ➡ 拉伸(E)... 命令,选取与基准平面 XY 重合的模型表面为草图平面,绘制图 11.26 所示的截面草图,在"拉伸"对话框限制-区域的开始下拉列表中选择 值 选项,并在其下的距离文本框中输入值 0;在限制-区域的结束下拉列表中选择 值 选项,并在其下的距离文本框中输入值 12,单击"反向"按钮,定义 ZC 基准轴的反方向为拉伸方向;在布尔区域的下拉列表中选择 合并选项,采用系统默认的合并对象。

图 11.25 拉伸特征 9

图 11.26 截面草图

Step12. 创建图 11.27 所示的旋转特征 1。选择 插入(S) ➡ 设计特征(E) ➡ 旋转(R)...

命令（或单击 🔧 按钮），系统弹出"旋转"对话框；单击 截面 区域中的 📐 按钮，系统弹出"创建草图"对话框，选取 YZ 基准平面为草图平面，单击 确定 按钮，进入草图环境，绘制图 11.28 所示的截面草图，选择下拉菜单 任务(K) ➡ 🏁 完成草图(K) 命令（或单击 🏁 完成草图 按钮），退出草图环境；在绘图区域中选取图 11.28 所示的直线为旋转轴；在"旋转"对话框 限制 区域的 开始 下拉列表中选择 📏 值 选项，并在其下的 角度 文本框中输入值 0，在 结束 下拉列表中选择 📏 值 选项，并在其下的 角度 文本框中输入值 360，在 布尔 区域的 布尔 下拉列表中选择 🚫 无 选项，其他参数采用系统默认设置；单击 < 确定 > 按钮，完成旋转特征 1 的创建。

图 11.27 旋转特征 1

图 11.28 截面草图

Step13. 创建图 11.29 所示的拉伸特征 10。选择下拉菜单 插入(S) ➡ 设计特征(E)▸ ➡ 🔲 拉伸(E)... 命令，选取图 11.30 所示的平面为草图平面，绘制图 11.31 所示的截面草图。在"拉伸"对话框 限制 区域的 开始 下拉列表中选择 📏 值 选项，并在其下的 距离 文本框中输入值 0；在 限制 区域的 结束 下拉列表中选择 🔲 直至选定 选项，选取图 11.32 所示的面为拉伸终止面；在 布尔 区域的下拉列表中选择 🔲 合并 选项，选取图 11.33 所示的实体为合并对象。

图 11.29 拉伸特征 10          图 11.30 选取草图平面          图 11.31 截面草图

图 11.32 选取拉伸终止面          图 11.33 合并对象

Step14. 对实体进行合并操作。选择下拉菜单 插入(S) ➡ 组合(B)▸ ➡ 🔲 合并(U)... 命令（或单击 🔲 按钮），系统弹出"合并"对话框；选取图 11.34 所示的实体为目标体，选取图 11.35 所示的实体为工具体，单击 < 确定 > 按钮，完成该布尔操作。

Step15. 创建图 11.36 所示的基准轴。选择下拉菜单 插入(S) ➡ 基准/点(D)▶ ➡
↑ 基准轴(A)... 命令（或单击工具条上的 ↑ 按钮），系统弹出"基准轴"对话框；在类型区
域选择 曲线/面轴 选项，单击 ⊕ 按钮后，在绘图区域中选取图 11.37 所示的圆柱面；单击
< 确定 > 按钮，完成基准轴的创建。

图 11.34　定义目标体

图 11.35　定义工具体

图 11.36　基准轴

图 11.37　定义基准轴

Step16. 创建图 11.38 所示的旋转特征 2。选择 插入(S) ➡ 设计特征(E) ➡ 旋转(R)...
命令（或单击 按钮），系统弹出"旋转"对话框；单击 截面 区域中的 按钮，系统弹出"创
建草图"对话框，选取 YZ 基准平面为草图平面，单击 确定 按钮，进入草图环境，绘
制图 11.39 所示的截面草图，选择下拉菜单 任务(K) ➡ 完成草图(K) 命令（或单击 完成草图 按
钮），退出草图环境；在绘图区域选取 Step15 所创建的基准轴为旋转轴；在"旋转"对话
框 限制 区域的 开始 下拉列表中选择 值 选项，并在其下的 角度 文本框中输入值 0，在 终点 下
拉列表中选择 值 选项，并在其下的 角度 文本框中输入值 360；在 布尔 区域的下拉列表中选
择 减去 选项，采用系统默认的求差对象；单击 < 确定 > 按钮，完成旋转特征 2 的创建。

Step17. 创建图 11.40 所示的阵列特征。选择下拉菜单 插入(S) ➡ 关联复制(A)▶ ➡
阵列特征(A)... 命令（或单击 按钮），系统弹出"阵列特征"对话框；在绘图区选取 Step16
所创建的旋转特征 2；在"阵列特征"对话框 阵列定义 区域的 布局 下拉列表中选择 线性 选
项；在 方向 1 区域中激活 * 指定矢量，指定 YC 基准轴为指定矢量；在"阵列特征"对话框的
间距 下拉列表中选择 数量和间隔 选项，在 数量 文本框中输入值 3，在 节距 文本框中输入值 1；
单击"阵列特征"对话框中的 < 确定 > 按钮，完成阵列特征的创建。

图 11.38　旋转特征 2

图 11.39　截面草图

图 11.40　阵列特征

Step18. 创建图 11.41 所示的拉伸特征 11。选择下拉菜单 插入(S) ➡ 设计特征(E)▶ ➡

▣ 拉伸(E)... 命令（或单击 ▣ 按钮），选取图 11.42 所示的平面为草图平面，绘制图 11.43 所示的截面草图。在"拉伸"对话框 限制-区域的 开始 下拉列表中选择 ⊞ 值 选项，并在其下的 距离 文本框中输入值 0；在 限制-区域的 结束 下拉列表中选择 ⊞ 值 选项，并在其下的 距离 文本框中输入值 6，单击"反向"按钮 ⫟，定义 Z 基准轴的反方向为拉伸方向；在 布尔 区域的下拉列表中选择 ▯ 减去 选项，采用系统默认的求差对象。

此平面为草图平面

φ3

图 11.41  拉伸特征 11 　　　　图 11.42  选取草图平面 　　　　图 11.43  截面草图

Step19. 创建图 11.44 所示的拉伸特征 12。选择下拉菜单 插入(S) ➡ 设计特征(E)▶ ➡
▣ 拉伸(E)... 命令（或单击 ▣ 按钮），选取图 11.45 所示的平面为草图平面，绘制图 11.46 所示的截面草图。在"拉伸"对话框 限制-区域的 开始 下拉列表中选择 ⊞ 值 选项，并在其下的 距离 文本框中输入值 0；在 限制-区域的 结束 下拉列表中选择 ➡ 贯通 选项，单击"反向"按钮 ⫟，定义 ZC 基准轴的反方向为拉伸方向；在 布尔 区域的下拉列表中选择 ▯ 减去 选项，采用系统默认的求差对象。

此面为草图平面

放大图
8.5
R1.5
RT
7

图 11.44  拉伸特征 12 　　　　图 11.45  选取草图平面 　　　　图 11.46  截面草图

Step20. 创建图 11.47 所示的基准平面。选择下拉菜单 插入(S) ➡ 基准/点(D)▶ ➡
▢ 基准平面(D)... 命令（或单击 ▢ 按钮），系统弹出"基准平面"对话框；在 类型 区域的下拉列表中选择 ▯ 成一角度 选项，在绘图区选取 YZ 基准平面和 Step15 所创建的基准轴，在 角度 文本框中输入值 90；在"基准平面"对话框中单击 ＜ 确定 ＞ 按钮，完成基准平面的创建。

Step21. 创建图 11.48 所示的拉伸特征 13。选择下拉菜单 插入(S) ➡ 设计特征(E)▶ ➡
▣ 拉伸(E)... 命令（或单击 ▣ 按钮），系统弹出"拉伸"对话框；单击"拉伸"对话框中的"绘制截面"按钮 ▣，系统弹出"创建草图"对话框。单击 ✛ 按钮，选取 Step20 所创建的基准平面为草图平面，单击 确定 按钮，进入草图环境，绘制图 11.49 所示的截面草图，选择下拉菜单 任务(K) ➡ ✖ 完成草图(K) 命令（或单击 ✖ 完成草图 按钮），退出草图环境；在"拉伸"对话框 限制 区域的 开始 下拉列表中选择 ▯ 对称值 选项，并在其下的 距离 文本框中输入值 0.4；在 布尔 区域的下拉列表中选择 合并 选项，采用系统默认的合并对象；单击 确定 按钮，完成拉伸特征 13 的创建。

图 11.47　基准平面　　图 11.48　拉伸特征 13　　　　　　图 11.49　截面草图

Step22. 创建图 11.50 所示的镜像特征 2。选择下拉菜单 插入(S) ➡ 关联复制(A)▶ ➡ 镜像特征(M)... 命令（或单击 按钮），系统弹出"镜像特征"对话框；在镜像平面区域中单击 按钮，在绘图区域中选取基准平面 YZ 作为镜像平面；在绘图区域中选取 Step21 所创建的拉伸特征 13 为镜像特征；单击"镜像特征"对话框中的 确定 按钮，完成镜像特征 2 的创建。

Step23. 创建图 11.51b 所示的边倒圆特征 1。选择下拉菜单 插入(S) ➡ 细节特征(L)▶ ➡ 边倒圆(E). 命令（或单击 按钮），系统弹出"边倒圆"对话框；在 边 区域中单击 按钮，选取图 11.51a 所示的边线为边倒圆参照，并在 半径 1 文本框中输入值 2；单击 确定 按钮，完成边倒圆特征 1 的创建。

图 11.50　镜像特征 2　　　　　　a）圆角前　　　　　　b）圆角后
　　　　　　　　　　　　　　　　　图 11.51　边倒圆特征 1

Step24. 创建图 11.52b 所示的边倒圆特征 2。选择下拉菜单 插入(S) ➡ 细节特征(L)▶ ➡ 边倒圆(E) 命令（或单击 按钮），系统弹出"边倒圆"对话框；在 边 区域中单击 按钮，选取图 11.52a 所示的 6 条边线为边倒圆参照，并在 半径 1 文本框中输入值 0.1；单击 确定 按钮，完成边倒圆特征 2 的创建。

a）圆角前　　　　　　　　b）圆角后
图 11.52　边倒圆特征 2

Step25. 创建边倒圆特征 3。选取图 11.53 所示的边线为边倒圆特征 3 的参照，其圆角半径值为 1。

Step26. 创建边倒圆特征 4。选取图 11.54 所示的 3 条边线为边倒圆特征 4 的参照，其圆角半径值为 0.5。

图 11.53　选取边倒圆特征 3 的参照　　　　图 11.54　选取边倒圆特征 4 的参照

Step27. 创建图 11.55b 所示的倒斜角特征。选择下拉菜单 插入(S) ➡ 细节特征(L) ▶ ➡ 倒斜角(C)... 命令（或单击 按钮），系统弹出"倒斜角"对话框；在 边 区域中单击 按钮，选择图 11.55a 所示的边线为倒斜角参照，在 偏置 区域的 横截面 下拉列表中选择 对称 选项，并在 距离 文本框中输入值 0.5；单击 ＜确定＞ 按钮，完成倒斜角特征的创建。

a）倒斜角前　　　　　　　　　　　　　　　b）倒斜角后

图 11.55　倒斜角特征

Step28. 创建图 11.56b 所示的边倒圆特征 5。选择下拉菜单 插入(S) ➡ 细节特征(L) ▶ ➡ 边倒圆(E) 命令（或单击 按钮），系统弹出"边倒圆"对话框；在 边 区域中单击 按钮，选取图 11.56a 所示的边线为边倒圆参照，并在 半径 1 文本框中输入值 5；单击 ＜确定＞ 按钮，完成边倒圆特征 5 的创建。

　　　　　　　　这两条边线为边倒圆参照

a）圆角前　　　　　　　　　　　　　　　　b）圆角后

图 11.56　边倒圆特征 5

Step29. 创建边倒圆特征 6。选取图 11.57 所示的边线为边倒圆特征 6 的参照，其圆角半径值为 0.2。

Step30. 创建边倒圆特征 7。选取图 11.58 所示的边线为边倒圆特征 7 的参照，其圆角半径值为 0.3。

图 11.57 选取边倒圆特征 6 的参照          图 11.58 选取边倒圆特征 7 的参照

Step31. 设置隐藏。选择下拉菜单 编辑(E) ➡ 显示和隐藏(H) ▶ ➡ 隐藏(H)... 命令（或单击 按钮），系统弹出"类选择"对话框；单击"类选择"对话框 过滤器 区域中的 按钮，系统弹出"根据类型选择"对话框，按住 Ctrl 键，选择对话框列表中的 草图 和 基准 选项，单击 确定 按钮。系统再次弹出"类选择"对话框，单击对话框 对象 区域中的"全选"按钮 ；单击对话框中的 确定 按钮，完成对设置对象的隐藏。

Step32. 保存零件模型。选择下拉菜单 文件(F) ➡ 保存(S) 命令，即可保存零件模型。

# 实例 **12**　箱　　壳

**实例概述**：

　　本实例介绍了箱壳的设计过程。此例是对前面几个实例以及相关命令的总结性练习，模型本身虽然是一个很单纯的机械零件，但是通过学习本例，读者可以熟练掌握拉伸特征、孔特征、边倒圆特征及扫掠特征的应用。箱壳的零件模型及相应的模型树如图 12.1 所示。

图 12.1　箱壳的零件模型及模型树

　　Step1. 新建文件。选择下拉菜单 文件(F) ➡ 新建(N)... 命令，系统弹出"新建"对话框。在 模型 选项卡的 模板 区域中选择模板类型为 模型 ，在 名称 文本框中输入文件名称 tank_shell，单击 确定 按钮，进入建模环境。

　　Step2. 创建图 12.2 所示的拉伸特征 1。选择下拉菜单 插入(S) ➡ 设计特征(E)▶ ➡ 拉伸(E)... 命令（或单击 按钮），系统弹出"拉伸"对话框；单击"拉伸"对话框中的"绘制截面"按钮 ，系统弹出"创建草图"对话框。单击 ⊕ 按钮，选取 XY 基准平面为草图平面，单击 确定 按钮，进入草图环境，绘制图 12.3 所示的截面草图，选择下拉菜单 任务(K) ➡ 完成草图(K) 命令（或单击 完成草图 按钮），退出草图环境；在"拉伸"对话框 限制-区域的 开始 下拉列表中选择 值 选项，并在其下的 距离 文本框中输入值 0；在 限制-区域的 结束 下拉列表中选择 值 选项，并在其下的 距离 文本框中输入值 20，其他参数采用系统默认设置值；单击 < 确定 > 按钮，完成拉伸特征 1 的创建。

　　Step3. 创建图 12.4 所示的拉伸特征 2。选择下拉菜单 插入(S) ➡ 设计特征(E)▶ ➡ 拉伸(E)... 命令（或单击 按钮），系统弹出"拉伸"对话框。选取图 12.5 所示的平面为草图平面，绘制图 12.6 所示的截面草图。在"拉伸"对话框 限制-区域的 开始 下拉列表中

选择 值 选项，并在其下的 距离 文本框中输入值 0；在 限制 -区域的 结束 下拉列表中选择 值 选项，并在其下的 距离 文本框中输入值 120；在 布尔 区域的下拉列表中选择 合并 选项，采用系统默认的合并对象。

图 12.2　拉伸特征 1

图 12.3　截面草图

图 12.4　拉伸特征 2

图 12.5　定义草图平面

图 12.6　截面草图

Step4. 创建图 12.7 所示的拉伸特征 3。选择下拉菜单 插入(S) ➡ 设计特征(E) ➡ 拉伸(E)... 命令（或单击 按钮），系统弹出"拉伸"对话框。选取 XY 基准平面为草图平面，绘制图 12.8 所示的截面草图。在"拉伸"对话框 限制 -区域的 开始 下拉列表中选择 值 选项，并在其下的 距离 文本框中输入值 0；在 限制 -区域的 结束 下拉列表中选择 值 选项，并在其下的 距离 文本框中输入值 110；在 布尔 区域的下拉列表中选择 减去 选项，采用系统默认的求差对象。

图 12.7　拉伸特征 3

图 12.8　截面草图

Step5. 创建图 12.9 所示的拉伸特征 4。选择下拉菜单 插入(S) ➡ 设计特征(E) ➡ 拉伸(E)... 命令（或单击 按钮），系统弹出"拉伸"对话框。选取 XY 基准平面为草图平面，绘制图 12.10 所示的截面草图。在"拉伸"对话框 限制 -区域的 开始 下拉列表中选择 值 选项，并在其下的 距离 文本框中输入值 0；在 限制 -区域的 结束 下拉列表中选择 值 选项，并在其下的 距离 文本框中输入值 50；在 布尔 区域的下拉列表中选择 合并 选项，采用系统默认的合并对象。

图 12.9 拉伸特征 4

图 12.10 截面草图

Step6. 创建图 12.11 所示的拉伸特征 5。选择下拉菜单 插入(S) ➡️ 设计特征(E)▸ ➡️ 🗔 拉伸(E)... 命令（或单击🗔按钮），系统弹出"拉伸"对话框；选取图 12.12 所示的平面为草图平面，绘制图 12.13 所示的截面草图。在"拉伸"对话框 限制 区域的 开始 下拉列表中选择 值 选项，并在其下的 距离 文本框中输入值 0；在 限制 区域的 结束 下拉列表中选择 值 选项，并在其下的 距离 文本框中输入值 10；在 布尔 区域的下拉列表中选择 合并 选项，采用系统默认的合并对象。

图 12.11 拉伸特征 5

图 12.12 定义草图平面

图 12.13 截面草图

Step7. 创建图 12.14b 所示的边倒圆特征 1。选择下拉菜单 插入(S) ➡️ 细节特征(L)▸ ➡️ 🗔 边倒圆(E). 命令（或单击🗔按钮），系统弹出"边倒圆"对话框；在 边 区域中单击🗔按钮，选取图 12.14a 所示的边线为边倒圆参照，并在 半径 1 文本框中输入值 10；单击 ＜确定＞ 按钮，完成边倒圆特征 1 的创建。

a）圆角前

图 12.14 边倒圆特征 1

b）圆角后

Step8. 创建图 12.15 所示的拉伸特征 6。选择下拉菜单 插入(S) ➡️ 设计特征(E)▸ ➡️ 🗔 拉伸(E)... 命令（或单击🗔按钮），系统弹出"拉伸"对话框。选取图 12.16 所示的平面为草图平面，绘制图 12.17 所示的截面草图。在"拉伸"对话框 限制 区域的 开始 下拉列表中选择 值 选项，并在其下的 距离 文本框中输入值 0；在 限制 区域的 结束 下拉列表中选择 值 选项，并在其下的 距离 文本框中输入值 14；在 布尔 区域的下拉列表中选择 合并 选项，采用系统默认的合并对象。

图 12.15 拉伸特征 6

图 12.16 定义草图平面

图 12.17 截面草图

Step9. 创建边倒圆特征 2。操作步骤参照 Step7，选取图 12.18 所示的两条边为边倒圆参照，圆角半径值为 20。

Step10. 创建边倒圆特征 3。选取图 12.19 所示的边线为边倒圆参照，圆角半径值为 3。

图 12.18 边倒圆特征 2

图 12.19 边倒圆特征 3

Step11. 创建边倒圆特征 4。选取图 12.20 所示的边线为边倒圆参照，圆角半径值为 2。

Step12. 创建边倒圆特征 5。选取图 12.21 所示的 12 条边为边倒圆参照，圆角半径值为 10。

图 12.20 边倒圆特征 4

图 12.21 边倒圆特征 5

Step13. 创建边倒圆特征 6。选取图 12.22 所示的 8 条边线为边倒圆参照，圆角半径值为 10。

Step14. 创建边倒圆特征 7。选取图 12.23 所示的 6 条边线为边倒圆参照，圆角半径值为 5。

Step15. 创建边倒圆特征 8。选取图 12.24 所示的边线为边倒圆参照，圆角半径值为 5。

图 12.22 边倒圆特征 6

图 12.23 边倒圆特征 7

图 12.24 边倒圆特征 8

Step16. 创建图 12.25 所示的孔特征 1。选择下拉菜单 插入(S)  设计特征(E)

▦ 孔(H)... 命令（或单击 ▣ 按钮），系统弹出"孔"对话框；在 类型 下拉列表中选择 常规孔 选项，确认"选择条"工具条中的 ⊙ 按钮被激活，选取图 12.26 所示的 6 条圆弧边线为孔的放置参照；在 成形 下拉列表中选择 ▮ 简单 选项，在 直径 文本框中输入值 26，在 深度限制 下拉列表中选择 贯通体 选项，其余参数按系统默认设置值，完成孔特征 1 的创建。

选取 6 条圆弧边线

图 12.25  孔特征 1 　　　　　　　图 12.26  孔定位

Step17. 创建边倒圆特征 9。选取图 12.27a 所示的 6 条边线为边倒圆参照，圆角半径值为 5。

放大图

这 6 条边线为边倒圆参照

a）圆角前

b）圆角后

图 12.27  选取边倒圆参照

Step18. 创建图 12.28 所示的拉伸特征 7。选择下拉菜单 插入(S) ➡ 设计特征(E)▶ ➡ ▥ 拉伸(E)... 命令（或单击 ▥ 按钮），系统弹出"拉伸"对话框。选取图 12.29 所示的平面为草图平面，绘制图 12.30 所示的截面草图。在"拉伸"对话框 限制-区域的 开始 下拉列表中选择 ▧ 值 选项，并在其下的 距离 文本框中输入值 0；在 限制-区域的 结束 下拉列表中选择 ▧ 值 选项，并在其下的 距离 文本框中输入值 14；在 布尔 区域的下拉列表中选择 ▧ 合并 选项，采用系统默认的合并对象。

此平面为草图平面

Φ100

图 12.28  拉伸特征 7 　　　　图 12.29  定义截面草图 　　　　图 12.30  截面草图

Step19. 创建边倒圆特征 10。选取图 12.31 所示的边线为边倒圆参照，圆角半径值为 2。

Step20. 创建边倒圆特征 11。选取图 12.32 所示的边线为边倒圆参照，圆角半径值为 3。

放大图

此边为边倒圆参照

图 12.31  边倒圆特征 10

放大图

此边为边倒圆参照

图 12.32  边倒圆特征 11

Step21. 创建图 12.33 所示的拉伸特征 8。选择下拉菜单 插入(S) ➡ 设计特征(E) ➡ 拉伸(E)... 命令，系统弹出"拉伸"对话框。选取图 12.34 所示的平面为草图平面，绘制图 12.35 所示的截面草图；在"拉伸"对话框 限制-区域的 开始 下拉列表中选择 值 选项，并在其下的 距离 文本框中输入值 0；在 限制-区域的 结束 下拉列表中选择 值 选项，并在其下的 距离 文本框中输入值 10；在 布尔 区域的下拉列表中选择 合并 选项，采用系统默认的合并对象，其他参数采用系统默认设置；单击 < 确定 > 按钮，完成拉伸特征 8 的创建。

图 12.33　拉伸特征 8

图 12.34　定义草图平面

图 12.35　截面草图

Step22. 创建图 12.36 所示的拉伸特征 9。选择下拉菜单 插入(S) ➡ 设计特征(E) ➡ 拉伸(E)... 命令，系统弹出"拉伸"对话框。选取图 12.37 所示的平面为草图平面，绘制图 12.38 所示的截面草图；在"拉伸"对话框 限制-区域的 开始 下拉列表中选择 值 选项，并在其下的 距离 文本框中输入值 0；在 限制-区域的 结束 下拉列表中选择 值 选项，并在其下的 距离 文本框中输入值 15；在 布尔 区域的下拉列表中选择 减去 选项，系统将自动与模型中唯一个体进行布尔求差运算，其他参数采用系统默认设置；单击 < 确定 > 按钮，完成拉伸特征 9 的创建。

图 12.36　拉伸特征 9

图 12.37　定义草图平面

图 12.38　截面草图

Step23. 创建边倒圆特征 12。选取图 12.39 所示的 4 条边线为边倒圆参照，圆角半径值为 2。

图 12.39　边倒圆特征 12

Step24. 创建图 12.40 所示的孔特征 2。选择下拉菜单 插入(S) ➡ 设计特征(E) ➡ 孔(H)... 命令（或单击 按钮），系统弹出"孔"对话框；在类型下拉列表中选择 常规孔选项，单击"孔"对话框中的"绘制截面"按钮，然后在模型中选取图 12.41 所示的孔的放置面，单击 确定 按钮，进入草图环境，系统弹出"草图点"对话框；在"草图点"对话框的下拉列表中选择 ╪ 选项，然后在图 12.41 所示的孔的放置面上单击，单击 关闭 按钮，退出"草图点"对话框；标注图 12.42 所示的尺寸；单击 完成草图 按钮，退出草图环境；选取草图点，在 成形 下拉列表中选择 沉头 选项，在 沉头直径 文本框中输入值 160，在 沉头深度 文本框中输入值 25，在 直径 文本框中输入值 140，在 深度限制 下拉列表中选择 贯通体 选项，其余参数采用系统默认设置；单击 < 确定 > 按钮，完成孔特征 2 的创建。

图 12.40　孔特征 2

图 12.41　定义孔的放置面

图 12.42　孔的位置尺寸

Step25. 创建图 12.43 所示的草图 1。选择下拉菜单 插入(S) ➡ 在任务环境中绘制草图(V)... 命令，系统弹出"创建草图"对话框；选取图 12.44 所示的平面为草图平面，单击"创建草图"对话框中的 确定 按钮；进入草图环境，绘制图 12.45 所示的草图 1；选择下拉菜单 任务(K) ➡ 完成草图(K) 命令（或单击 完成草图 按钮），退出草图环境。

图 12.43　草图 1（建模环境下）

图 12.44　定义草图平面

图 12.45　草图 1

Step26. 创建图 12.46 所示的基准平面。选择下拉菜单 插入(S) ➡ 基准/点(D) ➡ 基准平面(D)... 命令（或单击 按钮），系统弹出"基准平面"对话框；在 类型 区域的下拉列表中选择 曲线上 选项，在绘图区选取图 12.47 所示的草图 1 中的直线，在 弧长 文本框中输入值 0；在"基准平面"对话框中单击 < 确定 > 按钮，完成基准平面的创建。

图 12.46　基准平面

图 12.47　定义基准平面

Step27. 创建图 12.48 所示的草图 2。选择下拉菜单 插入(S) ➡ 在任务环境中绘制草图(V)...

命令，系统弹出"创建草图"对话框；选取 Step26 所创建的基准平面为草图平面，单击"创建草图"对话框中的 确定 按钮；进入草图环境，绘制图 12.48 所示的草图 2；选择下拉菜单 任务(K) ➡ 完成草图(K) 命令（或单击 完成草图 按钮），退出草图环境。

图 12.48 草图 2

Step28 创建图 12.49 所示的扫掠特征。选择下拉菜单 插入(S) ➡ 扫掠(W) ➡ 扫掠(S)… 命令，系统弹出"扫掠"对话框；在 截面 区域中单击 按钮，在绘图区域中选取 Step27 所创建的草图 2；在 引导线 区域中单击 按钮，在绘图区域中选取 Step25 所创建的草图 1；单击"扫掠"对话框中的 < 确定 > 按钮，完成扫掠特征的创建。

图 12.49 扫掠特征

Step29. 对实体进行求差操作。选择下拉菜单 插入(S) ➡ 组合(B) ▶ ➡ 减去(S) 命令，系统弹出"减去"对话框；选取箱壳实体为目标体，选取扫掠特征为工具体，单击 < 确定 > 按钮，完成布尔求差操作。

Step30. 保存零件模型。选择下拉菜单 文件(F) ➡ 保存(S) 命令，即可保存零件模型。

# 实例 **13**  钻　　头

**实例概述**:

本实例介绍了钻头的设计过程。主要讲解了实体旋转、创建基准面、螺旋线、桥接曲线和扫掠等特征命令的应用。在本例中曲线的桥接看似平常，但是用桥接曲线创建扫掠特征，从而使螺纹尾部特征得以巧妙处理是非常重要的。钻头的零件模型及相应的模型树如图 13.1 所示。

图 13.1　钻头的零件模型及模型树

Step1. 新建文件。选择下拉菜单 文件(F) ➡ 新建(N)... 命令，系统弹出"新建"对话框。在 模型 选项卡的 模板 区域中选取模板类型为 模型 ，在 名称 文本框中输入文件名称 driller，单击 确定 按钮，进入建模环境。

Step2. 创建图 13.2 所示的旋转特征。选择下拉菜单 插入(S) ➡ 设计特征(E) ➡ 旋转(R)... 命令（或单击 按钮），系统弹出"旋转"对话框；单击截面区域中的 按钮，系统弹出"创建草图"对话框，选取 YZ 基准平面为草图平面，单击 确定 按钮，进入草图环境，绘制图 13.3 所示的截面草图，选择下拉菜单 任务(K) ➡ 完成草图(K) 命令（或单击 完成草图 按钮），退出草图环境；在绘图区域中选取 ZC 基准轴为旋转轴；在"旋转"对话框 限制 区域的 开始 下拉列表中选择 值 选项，并在其下的 角度 文本框中输入值 0，在 结束 下拉列表中选择 值 选项，并在其下的 角度 文本框中输入值 360，其他参数采用系统默认设置；单击 < 确定 > 按钮，完成旋转特征的创建。

图 13.2　旋转特征

图 13.3　截面草图

Step3. 创建图 13.4 所示的螺旋线特征。选择下拉菜单 插入(S) ➡ 曲线(C) ➡ 🔩 螺旋线(X)... 命令，系统弹出"螺旋线"对话框；在"螺旋线"对话框的 类型 下拉列表中选择 沿矢量 选项，单击 方位 区域的"CSYS 对话框"按钮 🔩，系统弹出"CSYS"对话框，在"CSYS"对话框的 类型 下拉列表中选择 绝对 CSYS 选项，单击对话框中的 确定 按钮，系统返回到"螺旋线"对话框；在"螺旋线"对话框的 大小 区域中选中 ⊙ 直径 单选项，在 规律类型 下拉列表中选择 恒定 选项，然后输入直径值 12；在"螺旋线"对话框 螺距 区域的 规律类型 下拉列表中选择 恒定 选项，然后输入螺距值 25；在"螺旋线"对话框 长度 区域的 方法 下拉列表中选择 圈数 选项，在 圈数 文本框中输入值 3；在"螺旋线"对话框 设置 区域的 旋转方向 下拉列表中选择 右手 选项；单击"螺旋线"对话框中的 < 确定 > 按钮，完成螺旋线特征的创建。

Step4. 创建图 13.5 所示的基准平面 1。选择下拉菜单 插入(S) ➡ 基准/点(D)▶ ➡ ☐ 基准平面(D)... 命令（或单击 ☐ 按钮），系统弹出"基准平面"对话框；在 类型 区域的下拉列表中选择 曲线上 选项；在绘图区域选取图 13.6 所示的螺旋线的端点，其他参数采用系统默认设置；在"基准平面"对话框中单击 < 确定 > 按钮，完成基准平面 1 的创建。

图 13.4　螺旋线特征　　　　图 13.5　基准平面 1　　　　图 13.6　定义基准平面

Step5. 创建图 13.7 所示的草图 1。选择下拉菜单 插入(S) ➡ 🔲 在任务环境中绘制草图(V)... 命令，系统弹出"创建草图"对话框，选取基准平面 1 为草图平面，单击"创建草图"对话框中的 确定 按钮；进入草图环境，绘制图 13.7 所示的草图 1；选择下拉菜单 任务(K) ➡ 🔲 完成草图(K) 命令（或单击 🔲 完成草图 按钮），退出草图环境。

说明：图 13.7 所示的截面草图圆心与螺旋线的端点重合。

Step6. 创建图 13.8 所示的基准平面 2。选择下拉菜单 插入(S) ➡ 基准/点(D)▶ ➡ ☐ 基准平面(D)... 命令（或单击 ☐ 按钮），系统弹出"基准平面"对话框；在 类型 区域的下拉列表中选择 按某一距离 选项，在绘图区选取图 13.8 所示的平面，在 距离 文本框中输入值-10；在"基准平面"对话框中单击 < 确定 > 按钮，完成基准平面 2 的创建。

图 13.7　草图 1　　　　　　图 13.8　基准平面 2

Step7. 创建图 13.9 所示的草图 2。选择下拉菜单 插入(S) ➡ 🔲 在任务环境中绘制草图(V)... 命令，选取基准平面 2 为草图平面，绘制图 13.9 所示的草图 2，单击 完成草图 按钮，退出草图环境。

Step8. 创建图 13.10b 所示的桥接曲线特征。选择下拉菜单 插入(S) ➡ 派生曲线(U) ➡ 桥接(B)... 命令（或单击 按钮），系统弹出"桥接曲线"对话框；选取 Step7 所创建的草图 2 为起始对象，选取 Step3 所创建的螺旋线特征为终止对象，在 连接性 区域中单击 开始 选项卡，在 位置 下拉列表中选择 弧长百分比 选项，在 % 文本框中输入值 30；单击 结束 选项卡，在 位置 下拉列表中选择 弧长百分比 选项，在 % 文本框中输入值 0；单击"桥接曲线"对话框中的 〈确定〉 按钮，完成桥接曲线特征的创建。

　　图 13.9　草图 2　　　　a）桥接前　　　　图 13.10　桥接曲线特征　　b）桥接后

Step9. 创建图 13.11 所示的扫掠特征。选择下拉菜单 插入(S) ➡ 扫掠(W)▶ ➡ 沿引导线扫掠(G)... 命令（或单击工具栏中的 按钮），系统弹出"沿引导线扫掠"对话框；在 截面 区域中单击 按钮，在绘图区选取 Step5 所创建的草图 1 为扫掠的截面曲线串；在 引导线 区域中单击 按钮，在绘图区选取 Step3 所创建的螺旋线特征为扫掠的引导线串；将 偏置 区域中的 第一偏置 和 第二偏置 都设为 0，在 布尔 区域的下拉列表中选择 减去 选项，采用系统默认目标体。单击 〈确定〉 按钮，完成扫掠特征的创建。

Step10. 创建图 13.12 所示的阵列特征。选择下拉菜单 插入(S) ➡ 关联复制(A)▶ ➡ 阵列特征(A)... 命令（或单击 按钮），系统弹出"阵列特征"对话框；在绘图区选取 Step9 所创建的扫掠特征；在"阵列特征"对话框 阵列定义 区域的 布局 下拉列表中选择 圆形 选项；在 方向1 区域中激活 *指定矢量，指定 ZC 基准轴为指定矢量；在"阵列特征"对话框的 间距 下拉列表中选择 数量和间隔 选项，在 数量 文本框中输入值 2，在 节距角 文本框中输入值 180；单击"阵列特征"对话框中的 确定 按钮，完成阵列特征的创建。

　　图 13.11　扫掠特征　　　　　　　　图 13.12　阵列特征

Step11. 保存零件模型。选择下拉菜单 文件(F) ➡ 保存(S) 命令，即可保存零件模型。

# 实例 **14** 机 盖

**实例概述**：

本实例介绍了机盖的设计过程。通过学习本例，读者可以掌握拔模、扫掠、边倒圆等特征命令的应用。机盖的零件模型及相应的模型树如图 14.1 所示。

图 14.1 机盖的零件模型及模型树

**说明**：本应用前面的详细操作过程请参见随书光盘中 video\ch14\reference\文件下的语音视频讲解文件 upper_cap-r01.exe。

Step1. 打开文件 D:\ugnx11.5\work\ch14\upper_cap_ex.prt。

Step2. 创建图 14.2b 所示的边倒圆特征 1。选择下拉菜单 插入(S) ➡ 细节特征(L) ▶ ➡ 边倒圆(E) 命令（或单击 按钮），系统弹出"边倒圆"对话框；在 边 区域中单击 按钮，选取图 14.2a 所示的两条边线为边倒圆参照，并在 半径 1 文本框中输入值 20；单击 < 确定 > 按钮，完成边倒圆特征 1 的创建。

这两条边线为边倒圆参照

a) 圆角前                                    b) 圆角后

图 14.2 边倒圆特征 1

Step3. 创建图 14.3 所示的草图。选择下拉菜单 插入(S) ➡ 在任务环境中绘制草图(V)... 命令，系统弹出"创建草图"对话框；选取图 14.4 所示的平面为草图平面，单击"创建草图"对话框中的 确定 按钮；进入草图环境，绘制图 14.3 所示的草图；选择下拉菜单 任务(K) ➡ 完成草图(K) 命令（或单击 完成草图 按钮），退出草图环境。

图 14.3　草图

图 14.4　定义草图平面

Step4. 创建图 14.5 所示的扫掠特征。选择下拉菜单 插入(S) ➡ 扫掠(W) ➡ ◇ 扫掠(S)… 命令，系统弹出"扫掠"对话框；在 截面 区域中单击 按钮，在绘图区域中选取 Step3 所创建的草图；在 引导线 区域中单击 按钮，在绘图区域中选取图 14.6 所示的边线；单击"扫掠"对话框中的 <确定> 按钮，完成扫掠特征的创建。

说明：在选取扫掠截面线串时，在选取扫掠截面时应先在"选择"工具条下拉列表中选择 相连曲线 选项，在绘图区域中选取曲线 1 后，必须单击中键确认，并在绘图区域中选取曲线 2；在选取扫掠引导线时应先在"选择"工具条下拉列表中选择 相切曲线 选项，再选取图 14.6 所示的边线。

图 14.5　扫掠特征

此边线为扫掠引导线　曲线 1
曲线 2

图 14.6　定义截面线串/引导线串

Step5. 对实体进行合并操作。选择下拉菜单 插入(S) ➡ 组合(B) ➡ 合并 命令（或单击 按钮），系统弹出"合并"对话框；选取 Step4 所创建的扫掠特征为目标体，选取除此之外的其余实体为刀具体，单击 <确定> 按钮，完成该布尔合并操作。

Step6. 创建图 14.7 所示的拔模特征。选择下拉菜单 插入(S) ➡ 细节特征(L) ➡ 拔模(T)… 命令（或单击 按钮），系统弹出"拔模"对话框；在 类型 区域中选择 面 选项，在"拔模方向"区域的 下拉列表中选择 ZC 为拔模方向。选择图 14.4 所示的表面为固定平面，单击鼠标中键确认，选取图 14.8 所示的平面为要拔模的面，在 角度 1 文本框中输入拔模角度值 4；单击"拔模"对话框中的 <确定> 按钮，完成拔模特征的创建。

图 14.7　拔模特征

这两个面为拔模面

图 14.8　定义拔模面

Step7. 创建图 14.9b 所示的边倒圆特征 2。选择下拉菜单 插入(S) ➡ 细节特征(L) ▸

➡ █ 边倒圆(E) 命令（或单击 █ 按钮），系统弹出"边倒圆"对话框；在 边 区域中单击 █ 按钮，选取图 14.9a 所示的 6 条边线为边倒圆参照，并在 半径 1 文本框中输入值 20；单击 < 确定 > 按钮，完成边倒圆特征 2 的创建。

这 6 条边线为边倒圆参照

a) 圆角前      b) 圆角后

图 14.9 边倒圆特征 2

Step8. 创建边倒圆特征 3。选取图 14.10 所示的两条边线为边倒圆参照，其圆角半径值为 10。

Step9. 创建边倒圆特征 4。选取图 14.11 所示的边线为边倒圆参照，其圆角半径值为 15。

这两条边线为边倒圆参照

此边线为边倒圆参照

图 14.10 边倒圆特征 3      图 14.11 边倒圆特征 4

Step10. 创建图 14.12 所示的抽壳特征。选择下拉菜单 插入(S) ➡ 偏置/缩放(O) ➡ █ 抽壳(H)... 命令（或单击 █ 按钮），系统弹出"抽壳"对话框；在 要穿透的面 区域中单击 █ 按钮，选取图 14.13 所示的面为移除面，并在 厚度 文本框中输入值 5，采用系统默认的抽壳方向；单击 < 确定 > 按钮，完成抽壳特征的创建。

此平面为移除面

图 14.12 抽壳特征      图 14.13 定义抽壳特征

Step11. 设置隐藏。选择下拉菜单 编辑(E) ➡ 显示和隐藏(H) ➡ █ 隐藏(H)... 命令（或单击 █ 按钮），系统弹出"类选择"对话框；单击"类选择"对话框 过滤器 区域的 ✚ 按钮，系统弹出"根据类型选择"对话框，按住 Ctrl 键，选择对话框列表中的 草图 和 基准 选项，单击 确定 按钮。系统再次弹出"类选择"对话框，单击对话框 对象 区域的"全选"按钮 ✚；单击对话框中的 确定 按钮，完成对设置对象的隐藏。

Step12. 保存零件模型。选择下拉菜单 文件(F) ➡ █ 保存(S) 命令，即可保存零件模型。

# 实例 **15** 泵 体

**实例概述**:

本实例介绍了泵体的设计过程。通过对本例的学习，读者可以对拉伸、孔、螺纹和阵列等特征的应用有更为深入的理解。在创建特征的过程中，需要注意在特征定位过程中用到的技巧和某些注意事项。泵体的零件模型及相应的模型树如图15.1所示。

图15.1 泵体的零件模型及模型树

Step1. 新建文件。选择下拉菜单 文件(F) ➡ 新建(N)...命令，系统弹出"新建"对话框。在 模型 选项卡的 模板 区域中选取模板类型为 模型；在 名称 文本框中输入文件名称 pump；单击 确定 按钮，进入建模环境。

Step2. 创建图 15.2 所示的拉伸特征 1。选择下拉菜单 插入(S) ➡ 设计特征(E) ➡ 拉伸(E)...命令（或单击 按钮），系统弹出"拉伸"对话框；单击"拉伸"对话框中的"绘制截面"按钮，系统弹出"创建草图"对话框。单击 按钮，选取 ZX 基准平面为草图平面，单击 确定 按钮，进入草图环境，绘制图 15.3 所示的截面草图 1，选择下拉菜单 任务(K) ➡ 完成草图(K) 命令（或单击 完成草图 按钮），退出草图环境；在"拉伸"对话框 限制 区域的 开始 下拉列表中选择 对称值 选项，并在其下的 距离 文本框中输入值 52.5，其他参数采用系统默认设置；单击 〈确定〉 按钮，完成拉伸特征 1 的创建。

图 15.2　拉伸特征 1　　　　　　　　　　　　图 15.3　截面草图 1

Step3. 创建图 15.4 所示的基准平面。选择下拉菜单 插入(S) ➡ 基准/点(D)▶ ➡

□ 基准平面(D)...命令（或单击 □ 按钮），系统弹出"基准平面"对话框；在 类型 区域的下拉列表中选择 自动判断 选项，在绘图区域中选取图 15.4 所示的平面，在 距离 文本框中输入值 55，并单击"反向"按钮 ，定义 X 基准轴的负方向为参考方向；在"基准平面"对话框中单击 < 确定 > 按钮，完成基准平面的创建。

Step4. 创建图 15.5 所示的拉伸特征 2。选择下拉菜单 插入(S) ➡ 设计特征(E) ➡

Ⅲ 拉伸(E)...命令（或单击 Ⅲ 按钮），系统弹出"拉伸"对话框；单击"拉伸"对话框中的"绘制截面"按钮 ，系统弹出"创建草图"对话框。单击 中 按钮，选取基准平面为草图平面，单击 确定 按钮，进入草图环境，绘制图 15.6 所示的截面草图 2，选择下拉菜单 任务(K) ➡ 完成草图(K)命令（或单击 完成草图 按钮），退出草图环境；在"拉伸"对话框 限制-区域的 开始 下拉列表中选择 值 选项，并在其下的 距离 文本框中输入值-10；在 限制-区域的 结束 下拉列表中选择 值 选项，并在其下的 距离 文本框中输入值 48，其他参数采用系统默认设置；单击 < 确定 > 按钮，完成拉伸特征 2 的创建。

图 15.4　基准平面　　　　图 15.5　拉伸特征 2　　　　图 15.6　截面草图 2

Step5. 创建图 15.7 所示的拉伸特征 3。选择下拉菜单 插入(S) ➡ 设计特征(E) ➡

Ⅲ 拉伸(E)...命令（或单击 Ⅲ 按钮），系统弹出"拉伸"对话框；单击"拉伸"对话框中的"绘制截面"按钮 ，系统弹出"创建草图"对话框。单击 中 按钮，选取图 15.8 所示的平面为草图平面，单击 确定 按钮，进入草图环境，绘制图 15.9 所示的截面草图 3，选择下拉菜单 任务(K) ➡ 完成草图(K)命令（或单击 完成草图 按钮），退出草图环境；在"拉伸"对话框 限制-区域的 开始 下拉列表中选择 值 选项，并在其下的 距离 文本框中输入值 0；在 限制-区域的 结束 下拉列表中选择 直至延伸部分 选项，在绘图区选取草图平面的对侧面为延伸对象，在 布尔 区域中选择 合并 选项，选取拉伸特征 2 为求和目标体；单击 < 确定 > 按钮，完成拉伸特征 3 的创建。`

图 15.7 拉伸特征 3　　　图 15.8 定义草图平面　　　图 15.9 截面草图 3

Step6. 对实体进行求和操作。选择下拉菜单 插入(S) ➡ 组合(B) ▸ ➡ 合并(U)... 命令（或单击 按钮），系统弹出"合并"对话框；选取图 15.10 所示的特征为目标体，选取图 15.11 所示的特征为工具体，单击 〈确定〉 按钮，完成求和操作。

图 15.10 选取目标体　　　图 15.11 选取工具体

Step7. 创建图 15.12 所示的拉伸特征 4。选择下拉菜单 插入(S) ➡ 设计特征(E) ➡ 拉伸(E)... 命令（或单击 按钮），系统弹出"拉伸"对话框；单击"拉伸"对话框中的"绘制截面"按钮，系统弹出"创建草图"对话框。单击 按钮，选取图 15.13 所示的平面为草图平面，单击 确定 按钮，进入草图环境，绘制图 15.14 所示的截面草图 4，选择下拉菜单 任务(K) ➡ 完成草图(K)命令（或单击 完成草图 按钮），退出草图环境；在"拉伸"对话框 限制 区域的 开始 下拉列表中选择 值 选项，并在其下的 距离 文本框中输入值 0；在 限制 区域的 结束 下拉列表中选择 值 选项，并在其下的 距离 文本框中输入值 5，在 布尔 区域中选择 合并 选项，采用系统默认的求和对象；单击 〈确定〉 按钮，完成拉伸特征 4 的创建。

图 15.12 拉伸特征 4　　　图 15.13 定义草图平面　　　图 15.14 截面草图 4

Step8. 创建图 15.15 所示的孔特征 1。选择下拉菜单 插入(S) ➡ 设计特征(E) ➡ 孔(H)... 命令（或单击 按钮），系统弹出"孔"对话框；在 类型 下拉列表中选择 常规孔 选项，确认"选择条"工具条中的 按钮被按下，在绘图区域中选取图 15.16 所示的圆弧边线来捕捉圆心点；在 成形 下拉列表中选择 简单 选项，在 直径 文本框中输入值 18，在 深度 文本框中输入值 96，在 顶锥角 文本框中输入值 118，其余参数按系统默认设置。单击按钮，完成孔特征 1 的创建。

选取此边线

图 15.15　孔特征 1　　　　　　　图 15.16　定义孔位置

Step9. 创建图 15.17 所示的螺纹特征 1。选择下拉菜单 插入(S) ➡ 设计特征(E) ➡
📦 螺纹(T)... 命令，系统弹出"螺纹"对话框；选中 ⦿ 符号 单选项，在绘图区选取 Step8 所创
建的孔特征 1；在"螺纹"对话框中选中 ☑ 手工输入 复选框，输入数值如图 15.18 所示；单
击 确定 按钮，完成螺纹特征 1 的创建。

Step10. 创建图 15.19b 所示的倒斜角特征 1。选择下拉菜单 插入(S) ➡ 细节特征(L) ▸
➡ 🔲 倒斜角(C)... 命令（或单击 🔲 按钮），系统弹出"倒斜角"对话框；在"倒斜角"对
话框的 边 区域中单击 🔲 按钮，选择图 15.19a 所示的边线为倒斜角参照，在 偏置 区域的 横截面
下拉列表中选择 对称 选项，并在 距离 文本框中输入值 1；单击 确定 按钮，完成倒斜
角特征 1 的创建。

此边线为倒斜角参照

放大图

a）倒斜角前

放大图

b）倒斜角后

图 15.17　螺纹特征 1　　　　　图 15.18　"螺纹"对话框　　　　图 15.19　倒斜角特征 1

Step11. 创建图 15.20 所示的拉伸特征 5。选择下拉菜单 插入(S) ➡ 设计特征(E) ➡
🔲 拉伸(E)... 命令（或单击 🔲 按钮），系统弹出"拉伸"对话框；单击"拉伸"对话框中的
"绘制截面"按钮 🔲，系统弹出"创建草图"对话框。单击 🔲 按钮，选取图 15.21 所示的

平面为草图平面，单击 确定 按钮，进入草图环境，绘制图 15.22 所示的截面草图 5，选择下拉菜单 任务(K) ➡ 完成草图(K) 命令（或单击 完成草图 按钮），退出草图环境；在"拉伸"对话框 限制-区域的 开始 下拉列表中选择 值 选项，并在其后的 距离 文本框中输入值 0；在 限制-区域的 结束 下拉列表中选择 值 选项，并在其后的 距离 文本框中输入值 9，在 布尔 区域中选择 合并 选项，采用系统默认的求和对象；单击 <确定> 按钮，完成拉伸特征 5 的创建。

图 15.20　拉伸特征 5

图 15.21　定义草图平面

图 15.22　截面草图 5

Step12. 创建图 15.23 所示的拔模特征 1。选择下拉菜单 插入(S) ➡ 细节特征(L) ▸ ➡ 拔模(T)... 命令（或单击 按钮，系统弹出"拔模"对话框；在 类型 区域中选择 面 选项，在拔模方向区域中单击 按钮，在绘图区域中选取 XC 基准轴，并单击"反方向"按钮 。选择图 15.24 所示的平面为固定平面，选取图 15.25 所示的面为要拔模的面，输入拔模角度值 8；单击"拔模"对话框中的 <确定> 按钮，完成拔模特征 1 的创建。

图 15.23　拔模特征 1

图 15.24　定义固定平面

图 15.25　定义拔模面

Step13. 创建图 15.26 所示的拉伸特征 6。选择下拉菜单 插入(S) ➡ 设计特征(E) ➡ 拉伸(E)... 命令（或单击 按钮），系统弹出"拉伸"对话框，选取图 15.27 所示的平面为草图平面，绘制图 15.28 所示的截面草图 6；在"拉伸"对话框 限制-区域的 开始 下拉列表中选择 值 选项，并在其下的 距离 文本框中输入值 0；在 限制-区域的 结束 下拉列表中选择 值 选项，并在其下的 距离 文本框中输入值 9，在 布尔 区域中选择 合并 选项，采用系统默认的求和对象。

图 15.26　拉伸特征 6

图 15.27　定义草图平面

图 15.28　截面草图 6

Step14. 创建图 15.29 所示的拔模特征 2。选择下拉菜单 插入(S) ➡ 细节特征(L) ▶ ➡ 拔模(T)... 命令（或单击 ◆ 按钮，系统弹出"拔模"对话框；在 类型 区域中选择 ◆ 面 选项，在"拔模方向"区域中单击 ⇙ 按钮，在绘图区域中选取 XC 基准轴，并单击"反 向"按钮 ⚡ 。选择图 15.30 所示的平面为固定平面，选取图 15.31 所示的面为要拔模的面，输入拔模角度值 8；单击"拔模"对话框中的 ＜确定＞ 按钮，完成拔模特征 2 的创建。

图 15.29　拔模特征 2　　　　图 15.30　定义固定平面　　　　图 15.31　定义拔模面

Step15. 创建图 15.32 所示的拉伸特征 7。选择下拉菜单 插入(S) ➡ 设计特征(E) ➡ 拉伸(E)... 命令，系统弹出"拉伸"对话框，选取图 15.33 所示的平面为草图平面，绘制图 15.34 所示的截面草图 7，在"拉伸"对话框 限制 区域的 开始 下拉列表中选择 值 选项，并在其下的 距离 文本框中输入值 0；在 限制 区域的 结束 下拉列表中选择 值 选项，并在其下的 距离 文本框中输入值 3，在 布尔 区域中选择 ◆ 合并 选项，采用系统默认的求和对象。

图 15.32　拉伸特征 7　　　　图 15.33　定义草图平面　　　　图 15.34　截面草图 7

Step16. 创建拔模特征 3。选择下拉菜单 插入(S) ➡ 细节特征(L) ▶ ➡ 拔模(T)... 命令（或单击 ◆ 按钮），系统弹出"拔模"对话框；在 类型 区域中选择 ◆ 面 选项，在 ✔ 指定矢量 下拉列表中选取 ZC 选项，选择图 15.35 所示的平面为固定平面，选取图 15.36 所示的平面为要拔模的面，输入角度值 8；单击"拔模"对话框中的 ＜确定＞ 按钮，完成拔模特征 3 的创建。

图 15.35　定义固定平面　　　　图 15.36　定义拔模面

Step17. 创建图 15.37b 所示的边倒圆特征 1。选择下拉菜单 插入(S) ➡ 细节特征(L) ▶

➡ ⬛ 边倒圆(E)命令（或单击 ⬛ 按钮），系统弹出"边倒圆"对话框；在 边 区域中单击 ⬛ 按钮，选择图 15.37a 所示的边线为边倒圆参照，并在 半径1 文本框中输入值 3；单击 确定 按钮，完成边倒圆特征 1 的创建。

a）圆角前　　　　　　　　　　　　　b）圆角后

图 15.37　边倒圆特征 1

Step18. 创建边倒圆特征 2。选取图 15.38 所示的边线为边倒圆参照，其圆角半径值为 2。

Step19. 创建边倒圆特征 3。选取图 15.39 所示的边线为边倒圆参照，其圆角半径值为 2。

Step20. 创建边倒圆特征 4。选取图 15.40 所示的边线为边倒圆参照，其圆角半径值为 2。

图 15.38　边倒圆特征 2

图 15.39　边倒圆特征 3

图 15.40　边倒圆特征 4

Step21. 创建图 15.41 所示的拉伸特征 8。选择下拉菜单 插入(S) ➡ 设计特征(E) ➡ ⬛ 拉伸(E)...命令，系统弹出"拉伸"对话框，选取图 15.42 所示的平面为草图平面，绘制图 15.43 所示的截面草图 8。在"拉伸"对话框 限制 区域的 开始 下拉列表中选择 ⬛ 值 选项，并在其下的 距离 文本框中输入值 0；限制 区域的 结束 下拉列表中选择 ⬛ 值 选项，并在其下的 距离 文本框中输入值 43，单击"反向"按钮 ⬛ 。在 布尔 区域的下拉列表中选择 ⬛ 减去 选项，采用系统默认的求差对象。

图 15.41　拉伸特征 8

图 15.42　定义草图平面

图 15.43　截面草图 8

Step22. 创建图 15.44 所示的拉伸特征 9。选择下拉菜单 插入(S) ➡ 设计特征(E) ➡

▥ 拉伸(E)... 命令（或单击▥ 按钮），选取图 15.45 所示的平面为草图平面，绘制图 15.46 所示的截面草图 9。在"拉伸"对话框 限制-区域的 开始 下拉列表中选择 ▥ 值 选项，并在其下的 距离 文本框中输入值 0；在 限制-区域的 结束 下拉列表中选择 ⬦ 直至选定 选项，选取图 15.47 所示的圆柱面为拉伸终止面。在 布尔 区域的下拉列表中选择 ▥ 减去 选项，采用系统默认的求差对象。

图 15.44　拉伸特征 9

图 15.45　定义草图平面

图 15.46　截面草图 9

Step23. 创建图 15.48 所示的螺纹特征 2。选择下拉菜单 插入(S) ➡ 设计特征(E) ➡ ⧟ 螺纹(T)... 命令（或单击⧟ 按钮），系统弹出"螺纹"对话框；选中⦿ 符号 单选项，在绘图区选取 Step22 所创建的拉伸特征 9；勾选 ☑ 手工输入 复选框，在"螺纹"对话框的 大径 文本框中输入值 17，在 小径 文本框中输入值 16，在 螺距 文本框中输入值 1，在 角度 文本框中输入值 60，在 螺纹钻尺寸 文本框中输入值 16，在 长度 文本框中输入值 20，其他参数采用系统默认设置；单击 确定 按钮，完成螺纹特征 2 的创建。

图 15.47　定义拉伸终止面

图 15.48　螺纹特征 2

Step24. 创建图 15.49b 所示的倒斜角特征 2。选择下拉菜单 插入(S) ➡ 细节特征(L) ▸ ➡ ⬦ 倒斜角(C)... 命令（或单击⬦ 按钮），系统弹出"倒斜角"对话框；在 边 区域中单击⬦ 按钮，选择图 15.49a 所示的边线为倒斜角参照，在 偏置 区域的 横截面 下拉列表中选择 对称 选项，并在 距离 文本框中输入值 1；单击 〈 确定 〉 按钮，完成倒斜角特征 2 的创建。

a) 倒斜角前

b) 倒斜角后

图 15.49　倒斜角特征 2

Step25. 创建图 15.50 所示的孔特征 2。选择下拉菜单 插入(S) ➡ 设计特征(E) ➡ ⬦ 孔(H)... 命令（或单击⬦ 按钮），系统弹出"孔"对话框；在 类型 下拉列表中选择 ⬦ 常规孔选项，确认"选择条"工具条中的 ⊙ 按钮被按下，在绘图区域中选取图15.51所示的圆弧边线来捕捉圆心点；在 成形 下拉列表中选择 ▌ 简单 选项，在 直径 文本框中输入值20，在 深度 文本框中输入值12，在 顶锥角 文本框中输入值0，其余参数按系统默认设置。单击 〈 确定 〉 按钮，完成孔特征2的创建。

图15.50　孔特征2

图15.51　孔定位

Step26. 创建图15.52所示的旋转特征。选择下拉菜单 插入(S) ➡ 设计特征(E) ➡ ▌ 旋转(R)... 命令（或单击 ▌ 按钮），系统弹出"旋转"对话框；单击截面区域中的 ▧ 按钮，系统弹出"创建草图"对话框，选取 ZX 基准平面为草图平面，单击 确定 按钮，进入草图环境，绘制图15.53所示的截面草图，选择下拉菜单 任务(K) ➡ ▧ 完成草图(K) 命令（或单击 ▧ 完成草图 按钮），退出草图环境；绘图区域中选取图15.53所示的边线为旋转轴；在"旋转"对话框 限制 区域的 开始 下拉列表中选择 ▧ 值 选项，并在其下的 角度 文本框中输入值0，在 结束 下拉列表中选择 ▧ 值 选项，并在其下的 角度 文本框中输入值360；在 布尔 区域的下拉列表中选择 ▧ 减去 选项，采用系统默认的求差对象；单击 〈 确定 〉 按钮，完成旋转特征的创建。

Step27. 创建图15.54所示的孔特征3。选择下拉菜单 插入(S) ➡ 设计特征(E) ➡ ▌ 孔(H)... 命令（或单击 ▌ 按钮），系统弹出"孔"对话框；在 类型 下拉列表中选择 ▌ 常规孔 选项，单击对话框中的"绘制截面"按钮 ▧ ，在绘图区域中选取图15.55所示的孔的放置面，单击 确定 按钮，进入草图环境；系统弹出"草图点"对话框，确认"选择条"工具条中的 ⊙ 按钮被按下，在过滤器中选择 整个装配 选项，在绘图区域中选取图15.56所示的圆弧边线来捕捉圆心点，单击"草图点"对话框中的 关闭 按钮创建点，单击 ▧ 完成草图 按钮，退出草图环境；在 成形 下拉列表中选择 ▌ 简单 选项，在 直径 文本框中输入值22，在 深度限制 下拉列表中选择 直至选定 选项，选取图15.57所示的平面，其余参数按系统默认设置。单击 〈 确定 〉 按钮，完成孔特征3的创建。

图15.52　旋转特征

图15.53　定义旋转轴

图15.54　孔特征3

图 15.55　定义孔放置面　　　　　图 15.56　孔定位　　　　　图 15.57　定义孔通过面

Step28. 创建图 15.58 所示的螺纹孔特征。选择下拉菜单 插入(S) ➡ 设计特征(E) ➡ 孔(H)... 命令（或单击 按钮），系统弹出"孔"对话框；在 类型 下拉列表中选择 螺纹孔 选项，单击 位置 区域中的"绘制截面"按钮 ，选取图 15.59 所示的面为孔的放置面，选取图 15.59 所示的边线为水平参考，单击 确定 按钮，进入草图环境；系统自动弹出"草图点"对话框，确认"选择条"工具条中的 按钮被按下，选取图 15.60 所示的一条圆弧边线来捕捉圆心点，再选取图 15.60 所示的另一条圆弧边线来捕捉圆心点，单击"草图点"对话框中的 关闭 按钮，创建两个孔中心点，单击 完成草图 按钮，退出草图环境；在 大小 下拉列表中选择 M10 x 1.5 选项，在 螺纹深度 文本框中输入值 10，在 深度限制 下拉列表中选择 值 选项，在 深度 文本框中输入值 15，其余参数按系统默认设置。单击 < 确定 > 按钮，完成螺纹孔特征的创建。

图 15.58　螺纹孔特征　　　　图 15.59　定义孔放置面　　　　图 15.60　孔定位

Step29. 创建图 15.61 所示的孔特征 4。选择下拉菜单 插入(S) ➡ 设计特征(E) ➡ 孔(H)... 命令（或单击 按钮），系统弹出"孔"对话框；在"类型"下拉列表中选择 常规孔 选项，单击"孔"对话框中的"绘制截面"按钮 ，然后在模型中选取图 15.62 所示的孔的放置面，单击 确定 按钮，进入草图环境；绘制图 15.63 所示的草图，然后单击 完成草图 按钮，退出草图环境；选取创建的草图点，在 成形 下拉列表中选择 简单 选项，在 直径 文本框中输入值 8，在 深度 文本框中输入值 15，在 顶锥角 文本框中输入值 118，其余参数采用系统默认设置。单击 < 确定 > 按钮，完成孔特征 4 的创建。

图 15.61　孔特征 4　　　　图 15.62　定义孔放置面　　　　图 15.63　孔定位

Step30. 创建图15.64所示的螺纹特征3。选择下拉菜单 插入(S) ➡ 设计特征(E) ➡
📷 螺纹(T)... 命令（或单击 📷 按钮），系统弹出"螺纹"对话框；选中 ⊙ 详细 单选项，在绘图区选取图 15.64 所示的孔特征为螺纹放置面，系统弹出"螺纹"对话框；在 大径 文本框中输入值 10，在 长度 文本框中输入值 10，在 螺距 文本框中输入值 1.5。在 角度 文本框中输入值 60，其余参数采用系统默认设置；单击 确定 按钮，完成螺纹特征 3 的创建。参考以上步骤，创建其余 5 个孔的详细螺纹。

Step31. 创建图 15.65 所示的沉头孔特征 5。选择下拉菜单 插入(S) ➡ 设计特征(E) ➡ 🔲 孔(H)... 命令（或单击 🔲 按钮），系统弹出"孔"对话框；在"类型"下拉列表中选择 🔲 常规孔 选项，单击"孔"对话框中的"绘制截面"按钮 📷，然后在模型中选取图 15.66 所示的孔的放置面，单击 确定 按钮，进入草图环境。系统弹出"草图点"对话框，在图 15.67 所示的草图中单击一点，然后单击 关闭 按钮，退出"草图点"对话框，标注图 15.67 所示的尺寸，然后单击 🏁 完成草图 按钮，退出草图环境；选取创建的草图点，在 成形 下拉列表中选择 🔲 沉头 选项，在 沉头直径 文本框中输入值 19，在 沉头深度 文本框中输入值 2，在 直径 文本框中输入值 11，在 深度限制 下拉列表中选择 贯通体 选项，其余参数采用系统默认值。单击 < 确定 > 按钮，完成沉头孔特征 5 的创建。

图 15.64　螺纹特征 3

图 15.65　沉头孔特征 5

图 15.66　定义孔放置面

Step32. 创建图 15.68 所示的阵列特征。选择下拉菜单 插入(S) ➡ 关联复制(A)▸ ➡
🔲 阵列特征(A)... 命令（或单击 🔲 按钮），系统弹出"阵列特征"对话框；在绘图区选取 Step31 所创建的沉头孔特征 5；在"阵列特征"对话框 阵列定义 区域的 布局 下拉列表中选择 线性 选项；在 方向 1 区域中激活 * 指定矢量 ，指定 YC 基准轴为指定矢量；在"阵列特征"对话框的 间距 下拉列表中选择 数量和节距 选项，在 数量 文本框中输入值 2，在 节距 文本框中输入值 77；在 方向 2 区域中选中 ✓ 使用方向 2 复选框，激活 * 指定矢量 ，指定 -XC 基准轴为指定矢量；在"阵列特征"对话框的 间距 下拉列表中选择 数量和节距 选项，在 数量 文本框中输入值 2，在 节距 文本框中输入值 112；单击"阵列特征"对话框中的 确定 按钮，完成阵列特征的创建。

图 15.67　定义孔位置

图 15.68　阵列特征

Step33. 后面的详细操作过程请参见随书光盘中 video\ch15\reference\文件下的语音视频讲解文件 pump-r01.exe。

# 实例 16 杯 盖

**实例概述：**

本实例介绍了杯盖的设计过程。例中"面倒圆"命令的运用是一个亮点。在有些时候直接倒圆角可能会出错或得不到预期的效果，这时就可以尝试其他方法。另外，此例中通过扫掠特征的创建得到产品外形的细节部分也是非常巧妙的。杯盖的零件模型及相应的模型树如图 16.1 所示。

图 16.1 杯盖的零件模型及模型树

**Step1.** 新建文件。选择下拉菜单 文件(F) ➡️ 新建(N)... 命令，系统弹出"新建"对话框。在 模型 选项卡的 模板 区域中选取模板类型为 模型；在 名称 文本框中输入文件名称 cup_cover，单击 确定 按钮，进入建模环境。

**Step2.** 创建图 16.2 所示的旋转特征 1。选择下拉菜单 插入(S) ➡️ 设计特征(E) ➡️ 旋转(R)... 命令（或单击 按钮），系统弹出"旋转"对话框；单击 截面 区域中的 按钮，系统弹出"创建草图"对话框，选取 ZX 基准平面为草图平面，单击 确定 按钮，进入草图环境，绘制图 16.3 所示的截面草图，选择下拉菜单 任务(K) ➡️ 完成草图(K) 命令（或单击 完成草图 按钮），退出草图环境；在绘图区域中选取 ZC 基准轴为旋转轴；在"旋转"对话框 限制 区域的 开始 下拉列表中选择 值 选项，并在其下的 角度 文本框中输入值 0，在 结束 下拉列表中选择 值 选项，并在其下的 角度 文本框中输入值 360；其他参数采用系统默认设置；单击 < 确定 > 按钮，完成旋转特征 1 的创建。

图 16.2 旋转特征 1

图 16.3 截面草图

Step3. 创建图 16.4 所示的基准点 1。选择下拉菜单 插入(S) ➡ 基准/点(D) ➡ ✛ 点(P)... 命令，系统弹出"点"对话框；在 类型 区域的下拉列表中选择 交点 选项，在 曲线、曲面或平面 区域中单击 ✛ 按钮，选取 ZX 基准平面；在 要相交的曲线 区域中单击 🔲 按钮，选取图 16.5 所示的边线；在"点"对话框中单击 < 确定 > 按钮，完成基准点 1 的创建。

图 16.4　基准点 1

图 16.5　定义基准点

Step4. 创建图 16.6 所示的基准点 2。选择下拉菜单 插入(S) ➡ 基准/点(D) ➡ ✛ 点(P)... 命令，系统弹出"点"对话框；在 类型 区域的下拉列表中选择 交点 选项，在 曲线、曲面或平面 区域中单击 ✛ 按钮，选取 ZX 基准平面；在 要相交的曲线 区域中单击 🔲 按钮，选取图 16.5 所示的边线；在"点"对话框中单击 < 确定 > 按钮，完成基准点 2 的创建。

说明：

（1）此处基准点 1 和基准点 2 的创建是用"交点"命令完成的（并且此处点为"关联点"），当然也可以通过"象限点"命令来创建。此处旨在讲述如何用"交点"命令来得到用户所需的点。

（2）使用"交点"命令创建基准点 1 后再创建基准点 2，由于所选取的对象与创建基准点 1 所选取的对象相同，所以所创建的基准点 2 位置也相同，此时可将 输出坐标 区域 X 文本框中的数值改成该数值的相反数。

Step5. 创建图 16.7 所示的拉伸特征 1。选择下拉菜单 插入(S) ➡ 设计特征(E)▶ ➡ 🔲 拉伸(E)... 命令（或单击 🔲 按钮），系统弹出"拉伸"对话框；单击"拉伸"对话框中的"绘制截面"按钮 🖾，系统弹出"创建草图"对话框。选取 ZX 基准平面为草图平面，单击 确定 按钮，进入草图环境，绘制图 16.8 所示的截面草图，选择下拉菜单 任务(K) ➡ 🖾 完成草图(K) 命令（或单击 🖾 完成草图 按钮），退出草图环境；在"拉伸"对话框 限制 区域的 开始 下拉列表中选择 值 选项，在其下的 距离 文本框中输入值-7.5；在 限制 区域的 结束 下拉列表中选择 值 选项，并在其下的 距离 文本框中输入值 7.5；在 布尔 区域的下拉列表中选择 合并 选项，采用系统默认的合并对象；单击 < 确定 > 按钮，完成拉伸特征 1 的创建。

图 16.6　基准点 2

图 16.7　拉伸特征 1

图 16.8　截面草图

Step6. 创建图 16.9 所示的扫掠特征 1。选择下拉菜单 插入(S) ➡️ 扫掠(W) ➡️ 🔧 沿引导线扫掠(G)... 命令，系统弹出"沿引导线扫掠"对话框；在 截面 区域中单击 🔲 按钮，在绘图区选取图 16.10 所示的 3 条边线为扫掠的截面曲线串；在 引导线 区域中单击 🔲 按钮，在绘图区选取图 16.10 所示的引导线为扫掠的引导线串；采用系统默认的扫掠偏置值，在 布尔 区域的下拉列表中选择 🔳 减去 选项。单击 < 确定 > 按钮，完成扫掠特征 1 的创建。

图 16.9　扫掠特征 1　　　　　　　图 16.10　定义扫掠特征

Step7. 创建图 16.11 所示的扫掠特征 2。参考 Step6 的操作步骤，选取图 16.12 所示的 3 条边线为截面曲线串，选取图 16.13 所示的边线为扫掠的引导线串，采用系统默认的扫掠偏置值，在 布尔 区域的下拉列表中选择 🔳 减去 选项。单击 < 确定 > 按钮，完成扫掠特征 2 的创建。

图 16.11　扫掠特征 2　　　　　图 16.12　定义截面线串　　　　　图 16.13　定义引导线串

Step8. 创建图 16.14b 所示的边倒圆特征 1。选择下拉菜单 插入(S) ➡️ 细节特征(L) ▶ ➡️ 🔲 边倒圆(E) 命令（或单击 🔲 按钮），系统弹出"边倒圆"对话框；在 边 区域中单击 🔲 按钮，选取图 16.14a 所示的两条边线为边倒圆参照，并在 半径 1 文本框中输入值 10；单击 < 确定 > 按钮，完成边倒圆特征 1 的创建。

Step9. 创建图 16.15 所示的面倒圆特征。选择下拉菜单 插入(S) ➡️ 细节特征(L) ▶ ➡️ 🔲 面倒圆(F)... 命令（或单击 🔲 按钮），系统弹出"面倒圆"对话框；在 类型 区域的下拉列表中选择 🔲 两个定义面链 选项，在绘图区选取图 16.16 所示的面链 1，单击中键确认，选取图 16.17 所示的面链 2，在 半径 文本框中输入值 20，采用系统默认方向；单击 < 确定 > 按钮，完成面倒圆特征的创建。

这两条边线为边倒圆参照

a）圆角后　　　　　　　　　　b）圆角前

图 16.14　边倒圆特征 1　　　　　　　　　　图 16.15　面倒圆特征

Step10. 创建边倒圆特征 2。选取图 16.18 所示的边为边倒圆参照，其圆角半径值为 40。

图 16.16　选取面链 1

图 16.17　选取面链 2

图 16.18　选取边倒圆参照

Step11. 创建图 16.19 所示的拉伸特征 2。选择下拉菜单 插入(S) ➡ 设计特征(E) ➡ 拉伸(E)... 命令，选取图 16.20 所示的平面为草图平面，绘制图 16.21 所示的截面草图；在"拉伸"对话框 限制-区域的 开始 下拉列表中选择 值 选项，并在其下的 距离 文本框中输入值 0；在 限制-区域的 结束 下拉列表中选择 值 选项，并在其下的 距离 文本框中输入值 15，并单击 方向 区域的"反向"按钮 ；在 布尔 区域的下拉列表中选择 减去 选项，系统将自动与模型中唯一个体进行布尔求差运算。单击 < 确定 > 按钮，完成拉伸特征 2 的创建。

图 16.19　拉伸特征 2

图 16.20　定义草图平面

图 16.21　截面草图

Step12. 创建图 16.22b 所示的拔模特征。选择下拉菜单 插入(S) ➡ 细节特征(L) ➡ 拔模(T)... 命令（或单击 按钮），系统弹出"拔模"对话框；在 类型 区域中选择 面 选项，在 指定矢量 的下拉列表中选择 ZC 选项，以 Z 轴正方向为拔模方向，选取图 16.23 所示的模型表面为固定平面，单击中键确认，选取图 16.24 所示的模型表面为要拔模的面，并输入拔摸角度值 3；单击"拔模"对话框中的 < 确定 > 按钮，完成拔模特征的创建。

a）拔模前

b）拔模后

图 16.22　拔模特征

图 16.23　定义拔模固定平面

图 16.24　定义拔模面

Step13. 创建图 16.25 所示的旋转特征 2。选择下拉菜单 插入(S) ➡ 设计特征(E) ➡ 旋转(R)... 命令（或单击 按钮），系统弹出"旋转"对话框；单击 截面 区域中的 按钮，系统弹出"创建草图"对话框，选取 ZX 基准平面为草图平面，单击 确定 按钮，进入草图环境，绘制图 16.26 所示的截面草图，选择下拉菜单 任务(K) ➡ 完成草图 命令（或单击 完成草图 按钮），退出草图环境；在绘图区域中选取基准轴 ZC 为旋转轴，选取坐标原点为旋转原点；在"旋转"对话框 限制-区域的 开始 下拉列表中选择 值 选项，并在其下的角度文本框中输入值 0，在 结束 下拉列表中选择 值 选项，并在其下的 角度 文本框中输入值 360；在 布尔 区域的下拉列表中选择 减去 选项，采用系统默认的求差对象；单击 < 确定 > 按钮，完成旋转特征 2 的创建。

图 16.25 旋转特征 2

图 16.26 截面草图

Step14. 创建图 16.27 所示的草图 1。选择下拉菜单 插入(S) ➡ 在任务环境中绘制草图(Y)... 命令，系统弹出"创建草图"对话框；选取 XY 基准平面为草图平面，单击"创建草图"对话框中的 确定 按钮；进入草图环境，绘制图 16.27 所示的草图 1；选择下拉菜单 任务(K) ➡ 完成草图(K) 命令（或单击 完成草图 按钮），退出草图环境。

Step15. 创建图 16.28 所示的投影特征。选择下拉菜单 插入(S) ➡ 来自曲线集的曲线(F) ➡ 投影(P)... 命令，系统弹出"投影曲线"对话框；根据系统 选择要投影的曲线或点 的提示，在图形区选取 Step14 所创建的草图 1，单击中键确认；在 要投影的对象 区域中单击 ⊕ 按钮，选取图 16.29 所示的曲面作为要投影的对象；在 方向 下拉列表中选择 沿矢量 选项，在其后的下拉列表中选择 ZC↑ 选项；在"投影曲线"对话框中单击 < 确定 > 按钮，完成投影曲线的创建。

图 16.27 草图 1

图 16.28 投影特征

此曲面为投影曲面

图 16.29 定义投影对象

Step16. 创建图 16.30 所示的草图 2。选择下拉菜单 插入(S) ➡ 在任务环境中绘制草图(Y)... 命令，系统弹出"创建草图"对话框；选取 ZX 基准平面为草图平面，单击"创建草图"对话框中的 确定 按钮；进入草图环境，绘制图 16.30 所示的草图 2；选择下拉菜单 任务(K) ➡ 完成草图(K) 命令（或单击 完成草图 按钮），退出草图环境。

Step17. 创建图 16.31 所示的扫掠特征 3。选择下拉菜单 插入(S) ➡ 扫掠(W) ➡ 沿引导线扫掠(G)... 命令，系统弹出"沿引导线扫掠"对话框；在 截面 区域中单击 按钮，在绘图区选取 Step16 所创建的草图 2 为扫掠的截面曲线串；在 引导线 区域中单击 按钮，在绘图区选取 Step15 所创建的投影特征为扫掠的引导线串；其他设置采用系统默认的扫掠偏置值，在 布尔 区域的下拉列表中选择 合并 选项。单击 < 确定 > 按钮，完成扫掠特征 3

的创建。

图 16.30 草图 2

图 16.31 扫掠特征 3

Step18. 创建图 16.32 所示的螺纹特征。选择下拉菜单 插入(S) ➡ 设计特征(E) ➡ 螺纹(T)... 命令，系统弹出"螺纹"对话框；选中 ⊙ 详细 单选项，在绘图区选取图 16.33 所示的圆柱面，系统自动生成图 16.33 所示的螺纹矢量方向；在弹出的"螺纹"对话框 大径 文本框中输入值 55，在 长度 文本框中输入值 11.5，在 螺距 文本框中输入值 6，在 角度 文本框中输入值 60，其他参数采用系统默认设置。单击 确定 按钮，完成螺纹特征的创建。

说明：选取螺纹放置面时，应靠近杯盖开口位置选择，此时系统自动产生的螺纹矢量方位如图 16.33 所示。如果靠近内部选取，则系统自动产生的螺纹矢量方向与此相反，此时需要进行调整，具体步骤请参看随书光盘中的有关操作视频。

图 16.32 螺纹特征

图 16.33 定义螺纹的放置

Step19. 创建边倒圆特征 3。选取图 16.34 所示的两条边线为边倒圆参照，其圆角半径值为 4。

Step20. 创建边倒圆特征 4。选取图 16.35 所示的 4 条边线为边倒圆参照，其圆角半径值为 1.5。

Step21. 创建边倒圆特征 5。选取图 16.36 所示的两条边线为边倒圆参照，其圆角半径值为 1.5。

图 16.34 边倒圆特征 3

图 16.35 边倒圆特征 4

图 16.36 边倒圆特征 5

Step22. 创建边倒圆特征 6。选取图 16.37a 所示的两条边线为边倒圆参照，其圆角半径值为 1。

a）圆角前

这两条边线为边倒圆参照

b）圆角后

放大图

图 16.37　边倒圆特征 6

Step23. 保存零件模型。选择下拉菜单 文件(F) ➡ █ 保存(S) 命令，即可保存零件模型。

# 实例 **17**   吹风机喷嘴

**实例概述**:

本实例介绍了吹风机喷嘴的设计过程。此例中模型外观的创建方法是一个设计亮点，某些特征单独放置的时候显得比较呆板，但组合到一起却能给人耳目一新的感觉，而且还可以避免繁琐的调整步骤。希望通过本例的学习，读者能有更多收获。吹风机喷嘴的零件模型及相应的模型树如图 17.1 所示。

图 17.1　吹风机喷嘴的零件模型及模型树

Step1. 新建文件。选择下拉菜单 文件(F) ➡ 新建(N)... 命令，系统弹出"新建"对话框。在 模型 选项卡的 模板 区域中选取模板类型为 模型；在 名称 文本框中输入文件名称 blower_nozzle；单击 确定 按钮，进入建模环境。

Step2. 创建图 17.2 所示的旋转特征。选择下拉菜单 插入(S) ➡ 设计特征(E) ➡ 旋转(R)... 命令（或单击 按钮），系统弹出"旋转"对话框；单击对话框中的"绘制截面"按钮 ，系统弹出"创建草图"对话框，单击 按钮，选取 YZ 基准平面为草图平面，单击 确定 按钮，进入草图环境，绘制图 17.3 所示的截面草图，选择下拉菜单 任务(K) ➡ 完成草图(K) 命令（或单击 完成草图 按钮），退出草图环境；在 * 指定矢量 下拉列表中选择 ZC 选项，并定义原点为旋转点；单击 < 确定 > 按钮，完成旋转特征的创建。

图 17.2　旋转特征

图 17.3　截面草图

Step3. 创建图 17.4 所示的椭圆特征。选择下拉菜单 插入(S) ➡ 曲线(C) ➡ 椭圆(E)... 命令，系统弹出"点"对话框；选择坐标原点为椭圆中心，单击该对话框中的 确定 按钮；在弹出的"椭圆"对话框（一）中输入图 17.5 所示的参数；单击 确定 按钮，完成椭圆 1 的创建；单击"椭圆"对话框（一）中的 返回 按钮，系统返回到"点"

对话框，在对话框的 Z 文本框中输入值-5，单击 确定 按钮，在弹出的"椭圆"对话框（二）中输入图 17.6 所示的参数，单击 确定 按钮，完成椭圆 2 的创建；单击"椭圆"对话框（二）中的 返回 按钮，系统再次返回到"点"对话框，在对话框的 Z 文本框中输入值-55，单击 确定 按钮，在弹出的"椭圆"对话框（三）中输入图 17.7 所示的参数，单击 确定 按钮，完成椭圆 3 的创建。单击 取消 按钮，退出"椭圆"命令。

图 17.4　椭圆特征

图 17.5　"椭圆"对话框（一）

图 17.6　"椭圆"对话框（二）

图 17.7　"椭圆"对话框（三）

Step4. 创建图 17.8 所示的曲面特征。选择下拉菜单 插入(S) ➡ 网格曲面(M)▶ ➡ 通过曲线组(T)... 命令，系统弹出"通过曲线组"对话框；依次选取图 17.9 所示的曲线 1、曲线 2 和曲线 3 为截面曲线，并分别单击中键确认；在"通过曲线组"对话框中单击 ＜确定＞ 按钮，完成曲面特征的创建。

图 17.8　曲面特征

图 17.9　定义网格曲面特征

Step5. 创建合并特征。选择下拉菜单 插入(S) ➡ 组合(B) ▶ ➡ 合并 命令，系统弹出"合并"对话框；选取旋转特征为目标体，选取曲面特征为工具体，单击 ＜确定＞ 按钮，完成该布尔合并操作。

Step6. 创建图 17.10 所示的拉伸特征 1。选择下拉菜单 插入(S) ➡ 设计特征(E) ➡ 拉伸(E)... 命令（或单击 按钮），系统弹出"拉伸"对话框；单击对话框中的"绘制截面"按钮，系统弹出"创建草图"对话框。单击按钮，选取 ZX 基准平面为草图平面，单击按钮，进入草图环境，绘制图 17.11 所示的截面草图，选择下拉菜单命令（或单击按钮），退出草图环境；在"拉伸"对话框-区域的下拉列表中选择选项，并在其下的文本框中输入值 25；在区域的下拉列表中选择选项，系统将自动与模型中唯一个体进行布尔求差运算，其他参数采用系统默认设置；单击对话框中的按钮，完成拉伸特征 1 的创建。

图 17.10　拉伸特征 1

图 17.11　截面草图

Step7. 创建图 17.12 所示的拉伸特征 2。选择下拉菜单命令（或单击按钮），系统弹出"拉伸"对话框；单击"绘制截面"按钮，系统弹出"创建草图"对话框。单击按钮，选取 XY 基准平面为草图平面，单击按钮，进入草图环境，绘制图 17.13 所示的截面草图，选择下拉菜单命令（或单击按钮），退出草图环境；在"拉伸"对话框-区域的下拉列表中选择选项，并在其下的文本框中输入值 0；在-区域的下拉列表中选择选项，并在其下的文本框中输入值 4，在区域的下拉列表中选择选项；其他参数采用系统默认设置；单击按钮，完成拉伸特征 2 的创建。

图 17.12　拉伸特征 2

图 17.13　截面草图

Step8. 创建图 17.14 所示的边倒圆特征。选择下拉菜单命令（或单击按钮），系统弹出"边倒圆"对话框；选取图 17.15 所示的边线为边倒圆参照，并在文本框中输入值 2；单击按钮，完成边倒圆特征的创建。

Step9. 创建图 17.16 所示的抽壳特征。选择下拉菜单命令（或单击按钮），系统弹出"抽壳"对话框；在"抽壳"对话框区域的下拉列表中选择选项；在"抽壳"对话框的区域中单击按钮，选择图 17.17 所示的面为移除面，并在文本框中输入值 2，采用系统默认的抽壳方向；单击  按钮，完成抽壳特征的创建。

图 17.14 边倒圆特征

图 17.15 选取边倒圆参照

图 17.16 抽壳特征

图 17.17 定义抽壳面

Step10. 后面的详细操作过程请参见随书光盘中 video\ch17\reference\文件下的语音视频讲解文件 blower_nozzle-r01.exe。

# 实例 **18** 微波炉旋钮

**实例概述**:

本实例介绍了微波炉旋钮的设计过程。本例模型的细节部分不是通过直接创建得到的，而是先创建其他特征，再通过对所创建的特征进行不同操作而得到的。这也是产品设计中得到模型外观的一种方法。微波炉旋钮的零件模型及相应的模型树如图 18.1 所示。

图 18.1　微波炉旋钮的零件模型及模型树

Step1. 新建文件。选择下拉菜单 文件(F) ➡ 新建(N)... 命令，系统弹出"新建"对话框。在 模型 选项卡的 模板 区域中选取模板类型为 模型；在 名称 文本框中输入文件名称 gas_switch；单击 确定 按钮，进入建模环境。

Step2. 创建图 18.2 所示的旋转特征。选择 插入(S) ➡ 设计特征(E) ➡ 旋转(R)... 命令（或单击 按钮），系统弹出"旋转"对话框；单击对话框中的"绘制截面"按钮，系统弹出"创建草图"对话框。选取 YZ 基准平面为草图平面，单击 确定 按钮，进入草图环境，绘制图 18.3 所示的截面草图，选择下拉菜单 任务(K) ➡ 完成草图(K) 命令（或单击 完成草图 按钮），退出草图环境；选择图 18.3 所示边线为旋转轴，其他参数采用系统默认设置；单击 < 确定 > 按钮，完成旋转特征的创建。

图 18.2　旋转特征　　　　　　　图 18.3　截面草图

Step3. 创建图 18.4 所示的草图 1。选择下拉菜单 插入(S) ➡ 在任务环境中绘制草图(V)... 命令，系统弹出"创建草图"对话框；单击 ✛ 按钮，选取 YZ 基准平面为草图平面，单击 确定 按钮；进入草图环境，绘制图 18.5 所示的草图 1；选择下拉菜单 任务(K) ➡ 完成草图(K) 命令（或单击 完成草图 按钮），退出草图环境。

图 18.4　草图 1（建模环境）

图 18.5　草图 1（草图环境）

Step4. 创建图 18.6 所示的基准平面。选择下拉菜单 插入(S) → 基准/点(D) → 基准平面(D)... 命令，系统弹出"基准平面"对话框；在 类型 区域的下拉列表中选择 按某一距离 选项。在 平面参考 区域中单击 ⊕ 按钮，选取 YZ 基准平面为对象平面；在 偏置 区域的 距离 文本框中输入值 35，其他参数采用系统默认设置；单击 〈确定〉 按钮，完成基准平面的创建。

Step5. 创建图 18.7 所示的草图 2。选择下拉菜单 插入(S) → 在任务环境中绘制草图(V)... 命令，系统弹出"创建草图"对话框。选取基准平面为草图平面，选择 YC 基准轴为水平参考；绘制图 18.7 所示的草图；选择下拉菜单 任务(K) → 完成草图(K) 命令，退出草图环境。

图 18.6　基准平面

图 18.7　草图 2

Step6. 创建图 18.8 所示的镜像曲线。选择下拉菜单 插入(S) → 派生曲线(U) → 镜像(M) 命令，系统弹出"镜像曲线"对话框；选择 Step5 中所绘制的草图为镜像曲线；在"镜像平面"区域中单击 按钮，选取 YZ 基准平面为镜像平面，其他参数采用系统默认设置；单击 确定 按钮，完成镜像曲线的创建。

Step7. 创建图 18.9 所示的曲面特征。选择下拉菜单 插入(S) → 网格曲面(M) → 通过曲线组(T)... 命令，系统弹出"通过曲线组"对话框；依次选取图 18.10 所示的曲线 1、曲线 2 和曲线 3 为截面曲线，并分别单击中键确认；单击 〈确定〉 按钮，完成曲面特征的创建。

曲线 1　　　　曲线 2　　　曲线 3

图 18.8　镜像曲线

图 18.9　曲面特征

图 18.10　定义截面曲线

Step8. 创建图 18.11 所示的修剪特征。选择下拉菜单 插入(S) → 修剪(T) → 修剪片体(R)... 命令，系统弹出"修剪片体"对话框；选取曲面特征为目标体，选取图 18.12

所示的边界对象；在 边界对象 区域中选中 ☑允许目标边作为工具对象 复选框；在 区域 区域中选中 ⦿放弃 单选项；其他参数采用系统默认设置；单击 <确定> 按钮，完成曲面的修剪特征的创建。

此为边界对象

图 18.11 修剪特征

图 18.12 定义边界对象

Step9. 创建图 18.13 所示的镜像几何体特征。选择下拉菜单 插入(S) ➡ 关联复制(A) ➡ 镜像几何体(G)... 命令，系统弹出"镜像几何体"对话框；选取修剪特征为镜像几何体，选取 ZX 基准平面为镜像平面；其他参数采用系统默认设置；单击 <确定> 按钮，完成镜像几何体特征的创建。

**说明**：此处为了便于选取修剪特征，可以将实体部分隐藏。

Step10. 创建图 18.14 所示的补片特征 1。选择下拉菜单 插入(S) ➡ 组合(B) ➡ 修补(C)... 命令，系统弹出 "补片"对话框；选取图 18.15 所示的实体为目标体，选取修剪特征 1 为工具片体；其他参数采用系统默认设置；单击 确定 按钮，完成补片特征 1 的创建。

此为镜像几何体特征

此为目标体

图 18.13 镜像几何体特征

图 18.14 补片特征 1

图 18.15 定义目标体

Step11. 创建图 18.16 所示的补片特征 2。选择下拉菜单 插入(S) ➡ 组合(B) ➡ 修补(C)... 命令，系统弹出 "补片"对话框；选取图 18.17 所示的实体为目标体，选取镜像几何体特征为工具片体；其他参数采用系统默认设置；单击 确定 按钮，完成补片特征 2 的创建。

此为目标体

图 18.16 补片特征 2

图 18.17 定义目标体

Step12. 创建图 18.18 所示的边倒圆特征 1。选择下拉菜单 插入(S) ➡ 细节特征(L) ➡ 边倒圆(E)... 命令（或单击 按钮），系统弹出"边倒圆"对话框；选取图 18.19 所示的两条边线为边倒圆参照，并在 半径 1 文本框中输入值；单击 <确定> 按钮，完成边倒圆特征 1 的创建。

图 18.18　边倒圆特征 1

此两条边线为边倒圆参照

图 18.19　选取边倒圆参照

Step13. 创建图 18.20 所示的边倒圆特征 2。选择下拉菜单 插入(S) ➡ 细节特征(L)▶
➡ 边倒圆(E)... 命令（或单击 按钮），系统弹出"边倒圆"对话框；选取图 18.21 所
示的边线为边倒圆参照，并在 半径 1 文本框中输入值 5；单击 < 确定 > 按钮，完成边倒圆特
征 2 的创建。

图 18.20　边倒圆特征 2

放大图

图 18.21　选取边倒圆参照

Step14. 创建图 18.22 所示的抽壳特征。选择下拉菜单 插入(S) ➡ 偏置/缩放(O)▶ ➡
抽壳(H)... 命令（或单击 按钮），系统弹出"抽壳"对话框；在 类型 区域的下拉列表中选
择 移除面，然后抽壳 选项；选择图 18.23 所示的面为移除面，并在 厚度 文本框中输入值 1.5，
采用系统默认抽壳方向；单击 < 确定 > 按钮，完成抽壳特征的创建。

图 18.22　抽壳特征

此平面为抽壳移除面

图 18.23　定义抽壳移除面

Step15. 保存零件模型。选择下拉菜单 文件(F) ➡ 保存(S) 命令，即可保存零件模型。

# 实例 **19** 液化气灶旋钮

**实例概述**：

　　本实例介绍了液化气灶旋钮的设计过程。通过对本实例的学习，主要使读者对产品的外形设计有更进一步的了解。当然在学习过程中，对曲面扫掠、缝合和倒圆角等特征的应用会有更深入的理解。液体气灶旋钮的零件模型及相应的模型树如图 19.1 所示。

图 19.1　液体气灶旋钮的零件模型及模型树

　　**Step1.** 新建文件。选择下拉菜单 文件(F) ➡ 新建(N)... 命令，系统弹出"新建"对话框。在 模型 选项卡的 模板 区域中选取模板类型为 模型；在 名称 文本框中输入文件名称 cookstone_knob；单击 确定 按钮，进入建模环境。

　　**Step2.** 创建图 19.2 所示的草图 1。选择下拉菜单 插入(S) ➡ 在任务环境中绘制草图(V)... 命令，系统弹出"创建草图"对话框；在"创建草图"对话框中单击 ⊕ 按钮，选取 XY 基准平面为草图平面，单击 确定 按钮；进入草图环境，绘制图 19.3 所示的草图 1；选择下拉菜单 任务(K) ➡ 完成草图(K) 命令（或单击 完成草图 按钮），退出草图环境。

图 19.2　草图 1（建模环境）

图 19.3　草图 1（草图环境）

　　**Step3.** 创建图 19.4 所示的直线。选择下拉菜单 插入(S) ➡ 曲线(C) ▶ 直线(L)... 命令（或单击 ／ 按钮），系统弹出"直线"对话框；在"直线"对话框的 起点 区域中单击 ⁺ 按钮，系统弹出"点"对话框；在"点"对话框 坐标 区域的 X 、 Y 、 Z 文本框中分别输入值 10、0、25，单击 确定 按钮；此时系统返回"直线"对话框。在 终点或方向 区域中单

击 按钮，系统弹出"点"对话框。在"点"对话框 坐标 区域的 X 、 Y 、 Z 文本框中分别输入值-10、0、25，单击 确定 按钮。此时系统返回"直线"对话框，单击 < 确定 > 按钮。

Step4. 创建图 19.5 所示的基准平面 1。选择下拉菜单 插入(S) ➡ 基准/点(D)▶ ➡ 基准平面(D)... 命令，系统弹出"基准平面"对话框；在"基准平面"对话框 类型 区域的下拉列表中选择 成一角度 选项。在 平面参考 区域中单击 ⊕ 按钮，选取 XY 基准平面为平面参考；在 通过轴 区域中单击 ⊕ 按钮，选取上一步创建的直线；在 角度 区域中输入角度值 15，其他参数采用系统默认设置；单击 < 确定 > 按钮，完成基准平面 1 的创建。

图 19.4 直线　　　　　　　　　图 19.5 基准平面 1

Step5. 创建图 19.6 所示的草图 2。选择下拉菜单 插入(S) ➡ 在任务环境中绘制草图(V)... 命令，系统弹出"创建草图"对话框；选取图 19.5 所示的基准平面 1 为草图平面；绘制图 19.7 所示的草图 2，选择下拉菜单 任务(K) ➡ 完成草图(K) 命令（或单击 完成草图 按钮），退出草图环境。

图 19.6 草图 2（建模环境）　　　图 19.7 草图 2（草图环境）

Step6. 创建图 19.8 所示的草图 3。选择下拉菜单 插入(S) ➡ 在任务环境中绘制草图(V)... 命令，系统弹出"创建草图"对话框；单击 ⊕ 按钮，选取 YZ 基准平面为草图平面，单击 确定 按钮；进入草图环境，绘制图 19.8 所示的草图 3。选择下拉菜单 插入(S) ➡ 来自曲线集的曲线(F) ➡ 交点(N) 命令，系统弹出"交点"对话框。在 要相交的曲线 区域中单击 按钮，选取图 19.9 所示的圆弧，单击 < 确定 > 按钮，创建图 19.9 所示的点 2（点 2 为圆弧与 YZ 基准平面的交点）。创建点 1，具体操作步骤如上所述。绘制图 19.9 所示的圆弧（点 1 和点 2 为所绘圆弧端点）；选择下拉菜单 任务(K) ➡ 完成草图(K) 命令（或单击 完成草图 按钮），退出草图环境。

Step7. 创建图 19.10 所示的扫掠特征 1。选择下拉菜单 插入(S) ➡ 扫掠(W) ➡

◆ 扫掠(S)… 命令，系统弹出"扫掠"对话框；在 截面 区域中单击 🔽 按钮，选择图 19.11 所示的曲线为截面曲线，并单击两次中键确认；在 引导线 区域中单击 🔽 按钮，选取图 19.12 所示曲线为引导线 1，并单击中键确认；选取图 19.13 所示曲线为引导线 2，并单击中键确认；其他参数采用系统默认设置；单击 < 确定 > 按钮，完成扫掠特征 1 的创建。

图 19.8　草图 3（草图环境）　　　　图 19.9　选取参照

图 19.10　扫掠特征 1　　　　图 19.11　定义截面线串

图 19.12　定义引导线 1　　　　图 19.13　定义引导线 2

Step8. 创建图 19.14 所示的基准平面 2。选择下拉菜单 插入(S) ➡ 基准/点(D)▶ ➡ ▢ 基准平面(D)… 命令，系统弹出"基准平面"对话框；在 类型 区域的下拉列表中选择 成一角度 选项。在 平面参考 区域单击 ⊕ 按钮，选取图 19.15 所示的基准平面 1 为平面参考。在 通过轴 区域中单击 ⊕ 按钮，选取图 19.15 所示的直线 1 为线性对象；在 角度 区域中输入角度值为 90，其他参数采用系统默认设置；单击 < 确定 > 按钮，完成基准平面 2 的创建。

图 19.14　基准平面 2

图 19.15　定义基准平面

Step9. 创建图 19.16 所示的草图 4。选择下拉菜单 插入(S) ➡ 🔀 在任务环境中绘制草图(V)… 命令，系统弹出"创建草图"对话框；单击 ⊕ 按钮，选取基准平面 2 为草图平面，单击 确定 按钮；进入草图环境，绘制图 19.16 所示的草图 4。分别创建图 19.17 所示的点 1 和点 2，具体操作步骤参见 Step6，绘制图 19.16 所示的圆弧（图 19.17 所示的点 1 和点 2 为所绘圆弧端点）；选择下拉菜单 任务(K) ➡ 完成草图(K) 命令（或单击 完成草图 按钮），退出草图环境。

图 19.16　草图 4　（草图环境）

图 19.17　绘制点

Step10. 创建图 19.18 所示的草图 5。选择下拉菜单 插入(S) ➡ 在任务环境中绘制草图(V)... 命令，系统弹出"创建草图"对话框；单击 ⊕ 按钮，选取 YZ 基准平面为草图平面，单击 确定 按钮；进入草图环境，绘制图 19.18 所示的草图 5。分别创建点 1 和点 2，具体操作步骤参见 Step6，绘制图 19.18 所示的圆弧（选取图 19.19 所示的点 1 和点 2 为所绘圆弧端点）；选择下拉菜单 任务(K) ➡ 完成草图(K) 命令（或单击 完成草图 按钮），退出草图环境。

图 19.18　草图 5（草图环境）

图 19.19　定义点

Step11. 创建图 19.20 所示的扫掠特征 2。选择下拉菜单 插入(S) ➡ 扫掠(W) ➡ 扫掠(S)... 命令，系统弹出"扫掠"对话框；在 截面 区域中单击 按钮，依次选取图 19.21 所示的曲线 1、曲线 2 和曲线 3 为截面线串，并分别单击中键确认；在 引导线 区域中单击 按钮，依次选取图 19.22 所示的曲线 1、曲线 2、曲线 3 为引导线串，并分别单击中键确认；其他参数采用系统默认设置；单击 确定 按钮，完成扫掠特征 2 的创建。

注意：在选取截面线串和引导线串时，在命令行中选取 单条曲线 后，再选取截面线串或引导线串。

图 19.20　扫掠特征 2

图 19.21　定义截面线串

图 19.22　定义引导线串

Step12. 创建图 19.23 所示的有界平面。选择下拉菜单  插入(S) ➡️ 曲面(R)▶ ➡️ 有界平面(B)... 命令，系统弹出"有界平面"对话框；在 平截面 区域中单击 按钮，选取图 19.24 所示的曲线；单击 < 确定 > 按钮，完成有界平面的创建。

曲线

图 19.23　有界平面　　　　　　图 19.24　定义有界平面

Step13. 曲面缝合。选择下拉菜单 插入(S) ➡️ 组合(B) ▶ ➡️ 缝合(W)... 命令，系统弹出"缝合"对话框；在 类型 区域的下拉列表中选择 片体 选项；选择扫掠特征 2 为目标体；选择扫掠特征 1 和有界平面为工具体；其他参数采用系统默认设置；单击 确定 按钮，完成缝合曲面的操作。

Step14. 创建图 19.25 所示的拉伸特征 1。选择下拉菜单 插入(S) ➡️ 设计特征(E) ➡️ 拉伸(E)... 命令（或单击 按钮），系统弹出"拉伸"对话框；单击"绘制截面"按钮，系统弹出"创建草图"对话框。单击 按钮，选取 XY 基准平面为草图平面，单击 确定 按钮，进入草图环境，绘制图 19.26 所示的截面草图，选择下拉菜单 任务(K) ➡️ 完成草图(K) 命令（或单击 完成草图 按钮），退出草图环境；在 限制 区域的 开始 下拉列表中选择 值 选项，并在其下的 距离 文本框中输入值 0；在 限制 区域的 结束 下拉列表中选择 值 选项，并在其下的 距离 文本框中输入值 5；在 指定矢量 下拉列表中选择 -ZC 选项；在 布尔 区域的下拉列表中选择 合并 选项，其他参数采用系统默认设置；单击 < 确定 > 按钮，完成拉伸特征 1 的创建。

图 19.25　拉伸特征 1

图 19.26　截面草图

Step15. 创建图 19.27 所示的拉伸特征 2。选择下拉菜单 插入(S) ➡️ 设计特征(E) ➡️ 拉伸(E)... 命令，系统弹出"拉伸"对话框；选取图 19.28 所示的模型表面为草图平面；绘制图 19.29 所示的截面草图；在"拉伸"对话框 限制 区域的 开始 下拉列表中选择 值 选项，并在其下的 距离 文本框中输入值 0；在 限制 区域的 结束 下拉列表中选择 值 选项，并在其下的 距离 文本框中输入值 15，在 指定矢量 下拉列表中选择 -ZC 选项；在 布尔 区域的下拉列表中选择 合并 选项，系统将自动与模型中唯一一个体进行布尔合并运算；其他参数采用系统默认设置。单击 〈确定〉 按钮，完成拉伸特征2的创建。

图 19.27 拉伸特征 2

图 19.28 定义草图平面

图 19.29 截面草图

Step16. 创建图 19.30 所示的面倒圆特征。选择下拉菜单 插入(S) ➡ 细节特征(L)▸ ➡
面倒圆(F)... 命令（或单击 按钮），系统弹出"面倒圆"对话框；在 类型 区域的下拉列
表中选择 双面 选项；单击 面链 区域中 ✔ 选择面链 1 后的 按钮，选择扫掠特征1；单击 面链
区域中 ✔ 选择面链 2 后的 按钮，选择扫掠特征2，如图 19.31 所示；在 横截面 区域的 半径 文
本框中输入值 0.5；单击 〈确定〉 按钮，完成面倒圆特征的创建。

图 19.30 面倒圆特征

图 19.31 定义面倒圆

Step17. 创建图 19.32b 所示的边倒圆特征。选择下拉菜单 插入(S) ➡ 细节特征(L)▸ ➡
边倒圆(E)... 命令（或单击 按钮），系统弹出"边倒圆"对话框；选取图 19.32a 所示的
两条边为边倒圆参照，并在 半径 1 文本框中输入值 1；单击 〈确定〉 按钮，完成边倒圆特征
的创建。

a）圆角前        b）圆角后

图 19.32 边倒圆特征

Step18. 保存零件模型。选择下拉菜单 文件(F) ➡ 保存(S) 命令，即可保存零件模型。

# 实例 **20** 涡 旋 部 件

**实例概述：**

本实例介绍了涡旋部件的设计过程。此模型是对实体建模的综合展现，当然其中也用到了简单曲面的创建方法，本例中扫掠特征的创建是一个亮点，运用此命令巧妙地构建了模型的外形。涡旋部件的零件模型及相应的模型树如图 20.1 所示。

图 20.1 涡旋部件的零件模型及模型树

Step1. 新建文件。选择下拉菜单 文件(F) ➡ 新建(N)... 命令，系统弹出"新建"对话框。在 模型 选项卡的 模板 区域中选择模板类型为 模型，在 名称 文本框中输入文件名称 engine_part，单击 确定 按钮，进入建模环境。

Step2. 创建图 20.2 所示的旋转特征 1。选择下拉菜单 插入(S) ➡ 设计特征(E) ➡ 旋转(R)... 命令（或单击 按钮），系统弹出"旋转"对话框；单击截面区域中的 按钮，系统弹出"创建草图"对话框，选取 ZX 基准平面为草图平面，单击 确定 按钮，进入草图环境，绘制图 20.3 所示的截面草图，选择下拉菜单 任务(K) ➡ 完成草图(K) 命令（或单击 完成草图 按钮），退出草图环境；在绘图区域中选取 ZC 基准轴为旋转轴；在"旋转"对话框 限制 区域的 开始 下拉列表中选择 值 选项，并在其下的 角度 文本框中输入值 0，在 结束 下拉列表中选择 值 选项，并在其下的 角度 文本框中输入值 360，其他参数采用系统默认设置；单击 〈确定〉 按钮，完成旋转特征 1 的创建。

图 20.2 旋转特征 1

图 20.3 截面草图

Step3. 创建图 20.4 所示的草图 1。选择下拉菜单 插入(S) ➡️ 在任务环境中绘制草图(V)... 命令，系统弹出"创建草图"对话框；选取 YZ 基准平面为草图平面，单击"创建草图"对话框中的 确定 按钮；进入草图环境，绘制图 20.4 所示的草图 1；选择下拉菜单 任务(K) ➡️ 完成草图(K) 命令（或单击 完成草图 按钮），退出草图环境。

Step4. 创建图 20.5 所示的基准平面 1。选择下拉菜单 插入(S) ➡️ 基准/点(D) ➡️ 基准平面(D)... 命令（或单击 按钮），系统弹出"基准平面"对话框；在 类型 区域的下拉列表中选择 成一角度 选项，单击 平面参考 区域中的 按钮，选取 YZ 基准平面，单击 通过轴 区域中的 按钮，选取 ZC 基准轴，采用系统默认的方向，在 角度 文本框中输入值 30；在"基准平面"对话框中单击 <确定> 按钮，完成基准平面 1 的创建。

Step5. 创建图 20.6 所示的草图 2。选择下拉菜单 插入(S) ➡️ 在任务环境中绘制草图(V)... 命令，系统弹出"创建草图"对话框；选取基准平面 1 为草图平面，选取 YC 基准轴为水平方向参考，单击"创建草图"对话框中的 确定 按钮；进入草图环境，绘制图 20.6 所示的草图 2；选择下拉菜单 任务(K) ➡️ 完成草图(K) 命令（或单击 完成草图 按钮），退出草图环境。

图 20.4　草图 1　　　图 20.5　基准平面 1　　　图 20.6　草图 2

Step6. 创建图 20.7 所示的草图 3。选择下拉菜单 插入(S) ➡️ 在任务环境中绘制草图(V)... 命令，选取图 20.8 所示的平面为草图平面，绘制图 20.7 所示的草图 3。

图 20.7　草图 3　　　　　图 20.8　草图平面

Step7. 创建图 20.9b 所示的扫掠特征 1。选择下拉菜单 插入(S) ➡️ 扫掠(W) ➡️ 扫掠(S)... 命令，系统弹出"扫掠"对话框；在 截面 区域中单击 按钮，在绘图区域中选取图 20.9a 所示的截面线 1 后，单击鼠标中键，选取图 20.9a 所示的截面线 2，采用系统默认方向；在 引导线 区域中单击 按钮，在绘图区域中选取图 20.9a 所示的引导线，采用系统默认方向；单击"扫掠"对话框中的 <确定> 按钮，完成扫掠特征 1 的创建。

注意：在选取截面线时，截面线 1 和截面线 2 的起始点和方向必须保持一致。

图 20.9　扫掠特征 1

Step8. 创建图 20.10 所示的基准平面 2。选择下拉菜单 插入(S) ➡ 基准/点(D) ➡ 基准平面(D)... 命令（或单击 按钮），系统弹出"基准平面"对话框；在 类型 区域的下拉列表中选择 按某一距离 选项，单击 平面参考 区域中的 按钮，选取图 20.11 所示的平面为参考对象，在 距离 文本框中输入值 150；在"基准平面"对话框中单击 < 确定 > 按钮，完成基准平面 2 的创建。

图 20.10　基准平面 2

图 20.11　定义基准平面

Step9. 创建图 20.12 所示的草图 4。选择下拉菜单 插入(S) ➡ 在任务环境中绘制草图(V)... 命令，系统弹出"创建草图"对话框；选取 Step8 所创建的基准平面 2 为草图平面，单击"创建草图"对话框中的 确定 按钮；进入草图环境，绘制图 20.12 所示的草图 4；选择下拉菜单 任务(K) ➡ 完成草图(K) 命令（或单击 完成草图 按钮），退出草图环境。

Step10. 创建图 20.13 所示的直线特征。选择下拉菜单 插入(S) ➡ 曲线(C) ➡ 直线(L)... 命令，系统弹出"直线"对话框；在 起点选项 下拉列表中选取 点 选项，在绘图区域中选取 Step3 所创建的草图 1 的象限点（图 20.14 所示的象限点）。在 终点选项 下拉列表中选择 点 选项，在绘图区域中选取 Step9 所创建的草图 4 的象限点（图 20.14 所示的草图 2）；单击"直线"对话框中的 < 确定 > 按钮（或单击鼠标中键），完成直线的创建。

说明：在上边框工具条中激活捕捉工具，然后在捕捉工具中选取 选项以便捕捉到以上草图的象限点。

图 20.12　草图 4　　　图 20.13　直线特征　　　图 20.14　定义直线特征

Step11. 创建图 20.15b 所示的扫掠特征 2。选择下拉菜单 插入(S) ➡ 扫掠(H) ➡

![扫掠(S)...] 命令，系统弹出"扫掠"对话框；在 ![截面] 区域中单击 ![按钮] 按钮，在绘图区域中选取图 20.15a 所示的截面线，采用系统默认方向；在 ![引导线] 区域中单击 ![按钮] 按钮，在绘图区域中选取图 20.15a 所示的引导线 1 后，单击鼠标中键，选取图 20.15a 所示的引导线 2，采用系统默认方向；单击"扫掠"对话框中的 ![< 确定 >] 按钮，完成扫掠特征 2 的创建。

Step12. 创建有界平面 1。选择下拉菜单 ![插入(S)] ➡ ![曲面(R)] ➡ ![有界平面(P)...] 命令，系统弹出"有界平面"对话框；根据系统 ![选择有界平面的曲线] 的提示，单击"有界平面"对话框中的 ![按钮] 按钮，在图形区选取图 20.16 所示的曲线；单击 ![< 确定 >] 按钮，完成有界平面 1 的创建。

引导线 2　截面线　引导线 1

a）扫掠前

b）扫掠后

选取此曲线

图 20.15　扫掠特征 2　　　　　　　　图 20.16　定义有界平面 1

Step13. 创建图 20.17b 所示的有界平面 2。选择下拉菜单 ![插入(S)] ➡ ![曲面(R)] ➡ ![有界平面(P)...] 命令，系统弹出"有界平面"对话框；根据系统 ![选择有界平面的曲线] 的提示，单击"有界平面"对话框中的 ![按钮] 按钮，在图形区选取图 20.18 所示的曲线；单击 ![< 确定 >] 按钮，完成有界平面 2 的创建。

a）创建前

b）创建后

选取此曲线

图 20.17　有界平面 2　　　　　　　　图 20.18　定义有界平面

Step14. 创建曲面缝合特征。选择下拉菜单 ![插入(S)] ➡ ![组合(B)] ➡ ![缝合(W)...] 命令，系统弹出"缝合"对话框；在 ![目标] 区域中单击 ![按钮] 按钮，选取图 20.19 所示的面为缝合目标体；在 ![刀具] 区域中单击 ![按钮] 按钮，选取图 20.20 所示的面为缝合工具体；在"缝合"对话框中单击 ![确定] 按钮，完成缝合特征的创建。

选取此面

选取这两个有界平面

图 20.19　目标体　　　　　　　　　　图 20.20　工具体

Step15. 创建合并特征 1。选择下拉菜单 ![插入(S)] ➡ ![组合(B)] ➡ ![合并(U)...] 命令，系统弹出"合并"对话框；选取扫掠特征 1 为目标体，选取扫掠特征 2 为工具体，单击

〈确定〉按钮，完成合并特征 1 的创建。

Step16. 创建合并特征 2。选择下拉菜单 插入(S) ➡ 组合(B) ➡ 🔍 合并(U)... 命令，系统弹出"合并"对话框；选取 Step15 创建的合并特征 1 为目标体，选取旋转特征 1 为工具体，单击 〈确定〉 按钮，完成合并特征 2 的创建。

Step17. 创建图 20.21 所示的旋转特征 2。选择下拉菜单 插入(S) ➡ 设计特征(E) ➡ 🔩 旋转(R)... 命令（或单击 🔩 按钮），系统弹出"旋转"对话框；单击 截面 区域中的 🔲 按钮，系统弹出"创建草图"对话框，选取 YZ 基准平面为草图平面，单击 确定 按钮，进入草图环境，绘制图 20.22 所示的截面草图；选择下拉菜单 任务(K) ➡ 🔲 完成草图(K) 命令，退出草图环境；在绘图区域中选取 ZC 轴为旋转轴；在"旋转"对话框 限制 区域的 开始 下拉列表中选择 🔩 值 选项，并在其下的 角度 文本框中输入值 0，在 结束 下拉列表中选择 🔩 值 选项，并在其下的 角度 文本框中输入值 360，在 布尔 区域的下拉列表中选择 🔩 合并 选项，采用系统默认的合并对象；单击 〈确定〉 按钮，完成旋转特征 2 的创建。

图 20.21　旋转特征 2

图 20.22　截面草图

Step18. 创建图 20.23 所示的拉伸特征 1。选择下拉菜单 插入(S) ➡ 设计特征(E)▶ ➡ 🔲 拉伸(E)... 命令，选取图 20.24 所示的平面为草图平面，绘制图 20.25 所示的截面草图；在"拉伸"对话框 限制 区域的 开始 下拉列表中选择 🔩 值 选项，并在其下的 距离 文本框中输入值 0；在 限制 区域的 结束 下拉列表中选择 🔩 值 选项，并在其下的 距离 文本框中输入值 40；在 布尔 区域的下拉列表中选择 🔩 合并 选项，采用系统默认的合并对象；单击 〈确定〉 按钮，完成拉伸特征 1 的创建。

图 20.23　拉伸特征 1

图 20.24　草图平面

图 20.25　截面草图

Step19. 创建图 20.26 所示的拉伸特征 2。选择下拉菜单 插入(S) ➡ 设计特征(E)▶ ➡ 🔲 拉伸(E)... 命令，选取图 20.27 所示的平面为草图平面，绘制图 20.28 所示的截面草图；在"拉伸"对话框 限制 区域的 开始 下拉列表中选择 🔩 值 选项，并在其下的 距离 文本框中输入值 0；

在 限制 区域的 结束 下拉列表中选择 值 选项,并在其下的 距离 文本框中输入值 20;在 布尔 区域的下拉列表中选择 合并 选项,采用系统默认的合并对象;单击 < 确定 > 按钮,完成拉伸特征 2 的创建。

图 20.26　拉伸特征 2　　　　图 20.27　草图平面　　　　图 20.28　截面草图

Step20. 创建图 20.29 所示的孔特征 1。选择下拉菜单 插入(S) ➡ 设计特征(E) ➡ 孔(H)... 命令(或单击 按钮),系统弹出"孔"对话框;在 类型 下拉列表中选择 常规孔 选项,单击"孔"对话框中的"绘制截面"按钮 ,然后在绘图区域中选取图 20.30 所示的孔的放置面,单击 确定 按钮,系统自动弹出"草图点"对话框;首先确认"选择条"工具条中的 按钮被按下,再单击"草图点"对话框中的 按钮,系统弹出"点"对话框,在 类型 下拉列表中选择 圆弧中心/椭圆中心/球心 选项,选取图 20.31 所示的圆弧为孔的放置参照,单击 确定 按钮,完成点的创建,单击 关闭 按钮,关闭"草图点"对话框;单击 完成草图 按钮,退出草图环境;在 成形 下拉列表中选择 简单 选项,在 直径 文本框中输入值 96,在 深度限制 下拉列表中选择 值 选项,在 深度 文本框中输入值 39,在 顶锥角 文本框中输入值 0,其余参数采用系统默认设置,完成孔特征 1 的创建。

图 20.29　孔特征 1　　　　图 20.30　定义孔放置面　　　　图 20.31　孔定位

Step21. 创建图 20.32 所示的草图 5。选择下拉菜单 插入(S) ➡ 在任务环境中绘制草图(V)... 命令,系统弹出"创建草图"对话框;选取图 20.33 所示的平面为草图平面,单击"创建草图"对话框中的 确定 按钮;进入草图环境,绘制图 20.32 所示的草图 5;选择下拉菜单 任务(K) ➡ 完成草图(K) 命令(或单击 完成草图 按钮),退出草图环境。

图 20.32　草图 5　　　　　图 20.33　定义草图平面

Step22. 创建图 20.34 所示的孔特征 2。选择下拉菜单 插入(S) ➡ 设计特征(E) ➡ 孔(H)... 命令(或单击 按钮),系统弹出"孔"对话框;在 类型 下拉列表中选择 常规孔 选项；单击 位置 区域中的 ⬚ 按钮，系统弹出"创建草图"对话框，选取图 20.35 所示的平面为孔的放置平面，单击 确定 按钮，进入草图环境；在系统弹出的"草图点"对话框中单击 ✛ 按钮，系统弹出"点"对话框，在 类型 下拉列表中选择 点在曲线/边上 选项，在绘图区域中选取图 20.36 所示的圆弧边线，在 位置 下拉列表中选择 弧长百分比 选项，在 弧长百分比 文本框中输入值 50，单击 确定 按钮，完成点的创建。单击 ▦ 完成草图 按钮，退出草图环境；在 成形 下拉列表中选择 ⬚ 简单 选项，在 直径 文本框中输入值 12，在 深度限制 下拉列表中选择 直至下一个 选项，其余参数采用系统默认设置，完成孔特征 2 的创建。

图 20.34  孔特征 2

选取此面
图 20.35  定义孔放置面

选取此线
图 20.36  定义孔通过面

Step23. 创建图 20.37 所示的基准轴。选择下拉菜单 插入(S) ➡ 基准/点 (D) ▸ ➡ ↑ 基准轴(A)... 命令，系统弹出"基准轴"对话框；在类型区域中选择 曲线/面轴 选项，单击 ⊕ 按钮后，在绘图区域中选取图 20.38 所示的曲面；单击 < 确定 > 按钮，完成基准轴的创建。

Step24. 创建图 20.39 所示的阵列特征。选择下拉菜单 插入(S) ➡ 关联复制(A) ▸ ➡ ⬚ 阵列特征(A)... 命令，系统弹出"阵列特征"对话框；在绘图区选取 Step22 所创建的孔特征 2；在"对形成图样的特征"对话框的 布局 下拉列表中选择 圆形 选项；在"对形成图样的特征"对话框的 旋转轴 区域中单击 ✔ 指定矢量 命令，选取图 20.37 所示的基准轴为旋转轴，在 角度方向 区域的 间距 下拉列表中选择 数量和间隔 选项，在 数量 文本框中输入值 3，并在 角度 文本框中输入值 120；单击 确定 按钮，完成阵列特征的创建。

基准轴
图 20.37  基准轴

选取此曲面
图 20.38  定义基准轴依附面

图 20.39  阵列特征

Step25. 设置隐藏。选择下拉菜单 编辑(E) ➡ 显示和隐藏(H) ➡ ⬚ 隐藏(H)... 命令（或单击 ⬚ 按钮），系统弹出"类选择"对话框；单击"类选择"对话框 过滤器 区域中的 ⊕ 按钮，系统弹出"根据类型选择"对话框，按住 Ctrl 键，选择对话框列表中的 曲线 、 草图 、 片体 和 基准 选项，单击 确定 按钮。系统再次弹出"类选择"对话框，单击对话框 对象 区域中的"全选"按钮 ⊕ ；单击对话框中的 确定 按钮，完成设置对象的隐藏。

Step26. 保存零件模型。选择下拉菜单 文件(F) ➡ ⬚ 保存(S) 命令，即可保存零件模型。

# 实例 **21** 垃圾箱上盖

**实例概述**：

本实例介绍了垃圾箱上盖的设计过程。本例模型的难点在于模型两侧曲面的创建及模型底部外形的创建。而本例中对于这两点的处理只是运用了非常基础的命令。希望通过对此例的学习，读者对简单命令有更好的理解。垃圾箱上盖的零件模型及相应的模型树如图21.1 所示。

图 21.1　垃圾箱上盖的零件模型及模型树

Step1. 新建文件。选择下拉菜单 文件(F) ━━▶ 新建(N)... 命令，系统弹出"新建"对话框。在 模型 选项卡的 模板 区域中选取模板类型为 模型；在 名称 文本框中输入文件名称 disbin_cover；单击 确定 按钮，进入建模环境。

Step2. 创建图 21.2 所示的拉伸特征 1。选择下拉菜单 插入(S) ━━▶ 设计特征(E) ━━▶ 拉伸(E)... 命令（或单击 按钮），系统弹出"拉伸"对话框；单击"拉伸"对话框中的"绘制截面"按钮 ，系统弹出"创建草图"对话框，选取 ZX 基准平面为草图平面，单击 确定 按钮，进入草图环境，绘制图 21.3 所示的截面草图，选择下拉菜单 任务(K) ━━▶ 完成草图(K) 命令（或单击 完成草图 按钮），退出草图环境；在"拉伸"对话框 限制 区域的 开始 下拉列表中选择 值 选项，并在其下的 距离 文本框中输入值-100；在 限制 区域的 结束 下拉列表中选择 值 选项，并在其下的 距离 文本框中输入值 100，其他参数采用系统默认设置；单击 〈 确定 〉 按钮，完成拉伸特征 1 的创建。

图 21.2　拉伸特征 1

图 21.3　截面草图

Step3. 创建图 21.4 所示的基准平面。选择下拉菜单 插入(S) ➡ 基准/点(D) ▶ ➡ 基准平面(D)... 命令（或单击 按钮），系统弹出"基准平面"对话框；在"基准平面"对话框 类型 区域的下拉列表中选择 成一角度 选项，选取图 21.5 所示的平面为参考平面，选取图 21.6 所示的边为通过轴；在 角度 区域的 角度选项 下拉列表中选择 值 选项，在 角度 文本框中输入值-15；单击 < 确定 > 按钮，完成基准平面的创建。

图 21.4 创建基准平面

图 21.5 选择参考平面

图 21.6 选择通过轴

Step4. 创建图 21.7 所示的草图 1。选择下拉菜单 插入(S) ➡ 在任务环境中绘制草图(V)... 命令，系统弹出"创建草图"对话框；单击 按钮，选取基准平面为草图平面，单击 确定 按钮；进入草图环境，绘制图 21.8 所示的草图 1；选择下拉菜单 任务(K) ➡ 完成草图(K) 命令（或单击 完成草图 按钮），退出草图环境。

图 21.7 草图 1（建模环境）

图 21.8 草图 1（草图环境）

Step5. 创建图 21.9 所示的草图 2。选择下拉菜单 插入(S) ➡ 在任务环境中绘制草图(V)... 命令，系统弹出"创建草图"对话框。选取图 21.10 所示的草图平面；绘制图 21.11 所示的草图；选择下拉菜单 任务(K) ➡ 完成草图(K) 命令，退出草图环境。

图 21.9 草图 2（建模环境）

图 21.10 选取草图平面

图 21.11 草图 2（草图环境）

Step6. 创建图 21.12 所示的直纹面特征。选择下拉菜单 插入(S) ➡ 网格曲面(M) ▶ ➡ 直纹(R)... 命令，系统弹出"直纹"对话框；依次选取图 21.13 所示的曲线 1 和曲线 2 为截面曲线，并分别单击中键确认，将 对齐 区域的对齐方式设置为 根据点；单击 < 确定 > 按钮，完成直纹面特征的创建。

Step7. 创建图 21.14 所示的有界平面特征。选择下拉菜单 插入(S) ➡ 曲面(R) ▶ ➡ 有界平面(B)... 命令，系统弹出"有界平面"对话框；在"有界平面"对话框中单击 按钮，选取图 21.13 所示的曲线；单击 <确定> 按钮，完成有界平面特征的创建。

图 21.12　直纹面特征

曲线1　　曲线2
图 21.13　选择截面曲线

Step8. 曲面缝合。选择下拉菜单 插入(S) → 组合(B) ▸ → 缝合(W)... 命令，系统弹出"缝合"对话框；在 类型 区域的下拉列表中选择 片体 选项；选择图 21.12 所示的曲面为目标体；选择图 21.14 所示的有界平面特征为工具体；其他参数采用系统默认设置；单击 确定 按钮，完成缝合曲面的操作。

Step9. 创建图 21.15 所示的曲面修剪和延伸特征。选择下拉菜单 插入(S) → 修剪(T) → 修剪与延伸(N)... 命令，系统弹出"修剪和延伸"对话框；在 类型 区域的下拉列表中选择 按距离 选项；在 要移动的边 区域中单击 按钮，选取图 21.16 所示的边，在 延伸 区域的 距离 文本框中输入值 10，在 设置 区域的 延伸方法 下拉列表中选择 自然曲率 选项，其他参数采用系统默认设置；单击 <确定> 按钮，完成曲面修剪和延伸操作。

说明：此处为了便于选取延伸边，可以隐藏实体、草图及基准特征。

图 21.14　有界平面特征

图 21.15　曲面修剪和延伸特征

选取此边为延伸边
图 21.16　定义修剪和延伸边

Step10. 创建图 21.17 所示的实体修剪特征。选择下拉菜单 插入(S) → 修剪(T) → 修剪体(T)... 命令，系统弹出"修剪体"对话框；选择图 21.18 所示的实体为目标体；选择图 21.19 所示的曲面为工具体；单击"反向"按钮，使修剪结果如图 21.17 所示；其他参数采用系统默认设置；单击 <确定> 按钮，完成实体修剪特征的操作。

图 21.17　实体修剪特征

选取实体为目标体
图 21.18　定义目标体

选取此面为工具体
图 21.19　定义工具体

Step11. 创建图 21.20 所示的镜像特征 1。选择下拉菜单 插入(S) → 关联复制(A) → 镜像特征(M)... 命令，系统弹出"镜像特征"对话框；选取图 21.17 所示的实体修剪特征为镜像特征，并单击鼠标中键确认；选取 YZ 基准平面为镜像平面；单击 确定 按钮，完成镜像特征 1 的创建。

Step12. 创建图 21.21 所示的边倒圆特征 1（隐藏片体）。选择下拉菜单 插入(S) ➡
细节特征(L)▶ ➡ 边倒圆(E)... 命令（或单击 按钮），系统弹出"边倒圆"对话框；在 边
区域中单击 按钮，选取图 21.22 所示的边线为边倒圆参照，并在 半径 1 文本框中输入值
40；单击 < 确定 > 按钮，完成边倒圆特征 1 的创建。

图 21.20　镜像特征 1　　　　图 21.21　边倒圆特征 1　　　　图 21.22　选取边倒圆参照

Step13. 创建边倒圆特征 2。参照 Step12 创建模型另一侧边倒圆特征，结果如图 21.23
所示。

Step14. 创建图 21.24 所示的边倒圆特征 3。选择下拉菜单 插入(S) ➡ 细节特征(L)▶ ➡
边倒圆(E)... 命令，选取图 21.25 所示的边线为边倒圆参照，并在 半径 1 文本框中输入值 10；
单击 < 确定 > 按钮，完成边倒圆特征 3 的创建。

图 21.23　边倒圆特征 2　　　　图 21.24　边倒圆特征 3　　　　图 21.25　选取边倒圆参照

Step15. 创建边倒圆特征 4。参照 Step14 创建模型另一侧边倒圆特征，结果如图 21.26
所示。

Step16. 创建图 21.27 所示的边倒圆特征 5。选择下拉菜单 插入(S) ➡ 细节特征(L)▶
➡ 边倒圆(E)... 命令（或单击 按钮），系统弹出"边倒圆"对话框；在 边 区域中单
击 按钮，选取图 21.28 所示的边线为边倒圆参照，并在 半径 1 文本框中输入值 10；单击
< 确定 > 按钮，完成边倒圆特征 5 的创建。

图 21.26　边倒圆特征 4　　　　图 21.27　边倒圆特征 5　　　　图 21.28　选取边倒圆参照

Step17. 创建图 21.29 所示的边倒圆特征 6。选择下拉菜单 插入(S) ➡ 细节特征(L)▶ ➡
边倒圆(E)... 命令（或单击 按钮），系统弹出"边倒圆"对话框；在 边 区域中单击 按
钮，选取图 21.30 所示的边线为边倒圆参照，并在 半径 1 文本框中输入值 4；单击 < 确定 >
按钮，完成边倒圆特征 6 的创建。

图 21.29 边倒圆特征 6

这两条边线为边倒圆参照

图 21.30 选取边倒圆参照

Step18. 创建图 21.31 所示的抽壳特征。选择下拉菜单 插入(S) ➡ 偏置/缩放(O)▶ ➡ ⬛ 抽壳(H)... 命令（或单击 ⬛ 按钮），系统弹出"抽壳"对话框；在 类型 区域的下拉列表中选择 ⬛ 移除面,然后抽壳 选项；在 要穿透的面 区域中单击 ⬛ 按钮，选取图 21.32 所示的面为移除面，并在 厚度 文本框中输入值 1.5，采用系统默认抽壳方向；单击 < 确定 > 按钮，完成抽壳特征的创建。

图 21.31 抽壳特征

选取此面为移除面

图 21.32 定义移除面

Step19. 创建图 21.33 所示的拉伸特征 2。选择下拉菜单 插入(S) ➡ 设计特征(E) ➡ ⬛ 拉伸(E)... 命令（或单击 ⬛ 按钮），系统弹出"拉伸"对话框；单击"拉伸"对话框中的"绘制截面"按钮 ⬛，系统弹出"创建草图"对话框。单击 ✛ 按钮，选取 YZ 平面为草图平面，单击 确定 按钮，进入草图环境，绘制图 21.34 所示的截面草图，选择下拉菜单 任务(K) ➡ ⬛ 完成草图(K) 命令（或单击 ⬛ 完成草图 按钮），退出草图环境；在"拉伸"对话框 限制-区域的 开始 下拉列表中选择 ⬛ 值 选项，并在其下的 距离 文本框中输入值-100，在 限制-区域的 结束 下拉列表中选择 ⬛ 值 选项，并在其下的 距离 文本框中输入值 100；在 布尔 区域的下拉菜单中选择 ⬛ 减去 选项，其他参数采用系统默认设置；单击 < 确定 > 按钮，完成拉伸特征 2 的创建。

图 21.33 拉伸特征 2

图 21.34 截面草图

Step20. 创建图 21.35 所示的拉伸特征 3。选择下拉菜单 插入(S) ➡ 设计特征(E) ➡ ⬛ 拉伸(E)... 命令（或单击 ⬛ 按钮），选取图 21.36 所示的平面为草图平面，进入草图环境，绘制图 21.37 所示的截面草图；在"拉伸"对话框的 方向 区域中单击"反向"按钮 ⬛，在 限制-区域的 开始 下拉列表中选择 ⬛ 值 选项，并在其下的 距离 文本框中输入值 0，在 限制-区域的

结束 下拉列表中选择 贯通 选项；在 布尔 区域中选择 减去 选项；其他参数采用系统默认设置；单击 < 确定 > 按钮，完成拉伸特征 3 的创建。

图 21.35　拉伸特征 3

图 21.36　定义草图平面

图 21.37　截面草图

Step21. 创建图 21.38 所示的拉伸特征 4。选择下拉菜单 插入(S) ➡ 设计特征(E) ➡ 拉伸(E)... 命令（或单击 按钮），选取图 21.39 所示平面为草图平面，进入草图环境，绘制图 21.40 所示的截面草图；在"拉伸"对话框 限制-区域的 开始 下拉列表中选择 值 选项，并在其下的 距离 文本框中输入值 0；在 限制-区域的 结束 下拉列表中选择 值 选项，并在其下的 距离 文本框中输入值 15；在 布尔 区域的下拉列表中选择 合并 选项；其他参数采用系统默认设置；单击 < 确定 > 按钮，完成拉伸特征 4 的创建。

Step22. 创建图 21.41 所示的镜像特征 2。选择下拉菜单 插入(S) ➡ 关联复制(A) ➡ 镜像特征(M)... 命令，系统弹出"镜像特征"对话框；选取图 21.38 所示的拉伸特征 4 为镜像特征，并单击鼠标中键确认；选取 ZX 基准平面为镜像平面；单击 确定 按钮，完成镜像特征 2 的创建。

图 21.38　拉伸特征 4

图 21.39　定义草图平面

图 21.40　截面草图

图 21.41　镜像特征 2

Step23. 后面的详细操作过程请参见随书光盘中 video\ch21\reference\ 文件下的语音视频讲解文件 disbin_cover-r01.exe。

# 实例 **22**　电风扇底座

**实例概述**：

　　本实例介绍了电风扇底座的设计过程。此模型的外形设计是本例的一个亮点，另外对一些装饰特征的创建也不容小觑，更重要的是，在这些设计过程中相应命令的运用是非常巧妙的。电风扇底座的零件模型及相应的模型树如图 22.1 所示。

图 22.1　电风扇底座的零件模型及模型树

　　Step1. 新建文件。选择下拉菜单 文件(F) ➡️ 🗋 新建(N)... 命令，系统弹出"新建"对话框。在 模型 选项卡的 模板 区域中选择模板类型为 🗋模型 ；在 名称 文本框中输入文件名称 fan_base；单击 确定 按钮，进入建模环境。

　　Step2. 创建图 22.2 所示的拉伸特征 1。选择下拉菜单 插入(S) ➡️ 设计特征(E)▶ ➡️ 📖 拉伸(E)... 命令（或单击 📖 按钮），系统弹出"拉伸"对话框；单击对话框中的"绘制截面"按钮 🔲 ，系统弹出"创建草图"对话框。单击 ⊕ 按钮，选取 XY 基准平面为草图平面，单击 确定 按钮，进入草图环境，绘制图 22.3 所示的截面草图；选择下拉菜单 任务(K) ➡️ 🏁 完成草图(K) 命令（或单击 🏁 完成草图 按钮），退出草图环境；在"拉伸"对话框 限制 区域的 开始 下拉列表中选择 📏 值 选项，并在其下的 距离 文本框中输入值 0；在 限制 区域的 结束 下拉列表中选择 📏 值 选项，并在其下的 距离 文本框中输入值 50，其他参数采用系统默认设置；单击对话框中的 ＜确定＞ 按钮，完成拉伸特征 1 的创建。

图 22.2　拉伸特征 1

图 22.3　截面草图

Step3. 创建图 22.4 所示的拉伸特征 2。选择下拉菜单 插入(S) ➡ 设计特征(E)▶ ➡ ▦ 拉伸(E)... 命令（或单击 ▦ 按钮），系统弹出"拉伸"对话框；单击对话框中的"绘制截面"按钮 ▣ ，系统弹出"创建草图"对话框。单击 ✛ 按钮，选取 ZX 基准平面为草图平面，单击 确定 按钮，进入草图环境，绘制图 22.5 所示的截面草图；选择下拉菜单 任务(K) ➡ ▨ 完成草图(K) 命令（或单击 ▨ 完成草图 按钮），退出草图环境；在"拉伸"对话框 限制-区域的 开始 下拉列表中选择 ⊡ 对称值 选项，并在其下的 距离 文本框中输入值 12.5，在 布尔 区域的下拉列表中选择 ☀ 无 选项；其他参数采用系统默认设置；单击对话框中的 < 确定 > 按钮，完成拉伸特征 2 的创建。

图 22.4 拉伸特征 2

图 22.5 截面草图

Step4. 创建图 22.6 所示的拉伸特征 3。选择下拉菜单 插入(S) ➡ 设计特征(E)▶ ➡ ▦ 拉伸(E)... 命令，系统弹出"拉伸"对话框；选取图 22.7 所示的模型表面为草图平面，绘制图 22.8 所示的截面草图；在"拉伸"对话框中单击 方向 区域的"反向"按钮 ⤡ ，调整拉伸方向；在 限制-区域的 开始 下拉列表中选择 ⿱ 值 选项，并在其下的 距离 文本框中输入值 0；在 限制-区域的 结束 下拉列表中选择 ⿱ 值 选项，并在其下的 距离 文本框中输入值 15；在 布尔 区域的下拉列表中选择 ⿱ 减去 选项，选择拉伸特征 2 作为布尔求差运算的对象；其他参数采用系统默认设置；单击 < 确定 > 按钮，完成拉伸特征 3 的创建。

图 22.6 拉伸特征 3

图 22.7 定义草图平面

图 22.8 截面草图

Step5. 创建图 22.9 所示的孔特征。选择下拉菜单 插入(S) ➡ 设计特征(E)▶ ➡ ◆ 孔(H)... 命令，系统弹出"孔"对话框；在 类型 下拉列表中选择 ▮ 常规孔 选项，单击"孔"对话框中的"绘制截面"按钮 ▣ ，然后在绘图区中选取图 22.10 所示的孔的放置面，单击 确定 按钮，系统自动弹出"草图点"对话框；在"草图点"对话框中单击 ✛ 按钮，在系统弹出的"点"对话框的 类型 下拉列表中选择 ◯ 圆弧中心/椭圆中心/球心 选项，选取图 22.11 所示的圆弧为孔的放置参照，单击 确定 按钮，完成点的创建；单击 关闭 按钮，关闭"草图点"对话框，然后单击 ▨ 完成草图 按钮，退出草图环境；在 成形 下拉列表中选择 ▮ 简单 选项，在 直径 文本框中输入值 9，在 深度限制 下拉列表中选择 贯通体 选项，其余参数采用系统默认设置，完成孔特征的创建。

图 22.9　孔特征

图 22.10　定义孔位置参照

图 22.11　定义孔中心

Step6. 创建图 22.12 所示的边倒圆特征 1。选择下拉菜单 **插入 (S)** ➡ **细节特征 (L)** ➡ **边倒圆 (E)...** 命令（或单击 **按钮），系统弹出"边倒圆"对话框；选取图 22.13 所示的两条边线为边倒圆参照，并在 **半径 1** 文本框中输入值 10；单击 **〈 确定 〉** 按钮，完成边倒圆特征 1 的创建。

图 22.12　边倒圆特征 1

图 22.13　选取边倒圆参照

Step7. 创建图 22.14 所示的边倒圆特征 2。选择下拉菜单 **插入 (S)** ➡ **细节特征 (L)** ➡ **边倒圆 (E)...** 命令，系统弹出"边倒圆"对话框；选取图 22.15 所示的边线为边倒圆参照，并在 **半径 1** 文本框中输入值 5；单击 **〈 确定 〉** 按钮，完成边倒圆特征 2 的创建。

图 22.14　边倒圆特征 2

图 22.15　选取边倒圆参照

Step8. 创建图 22.16 所示的边倒圆特征 3。选择下拉菜单 **插入 (S)** ➡ **细节特征 (L)** ➡ **边倒圆 (E)...** 命令，系统弹出"边倒圆"对话框；选择图 22.17 所示的边线为边倒圆参照；在 **变半径** 区域中单击 **+** 按钮，系统弹出"点"对话框；选择图 22.18 所示点 1，单击"点"对话框中的 **确定** 按钮。在"边倒圆"对话框 **变半径** 区域的 **V 半径** 文本框中输入值 0，在 **位置** 下拉列表中选择 **弧长百分比** 选项，在 **弧长百分比** 文本框中输入值 0，在 **变半径** 区域中再次单击 **+** 按钮，进入第 2 个变半径点的创建；系统弹出"点"对话框，选择图 22.18 所示点 2，单击"点"对话框中的 **确定** 按钮；在"边倒圆"对话框 **变半径** 区域的 **V 半径 2** 文本框中输入值 5，在 **位置** 下拉列表中选择 **弧长百分比** 选项，在 **弧长百分比** 文本框中输入值 50，在 **变半径** 区域中再次单击 **+** 按钮，进入第 3 个变半径点的创建；参考以上方法，选择图 22.18 所示的点 3，完成第 3 个变半径点的定义，其半径值为 0；单击 **〈 确定 〉** 按钮，完成变半径边倒圆特征 3 的创建。

注意：设定半径值时，也可以在系统弹出的动态输入框中输入。

图 22.16　边倒圆特征 3　　　图 22.17　选取边倒圆参照　　　图 22.18　定义变半径点

Step9. 创建图 22.19 所示的拉伸特征 4。选择下拉菜单 插入(S) ➤ 设计特征(E) ➤ 拉伸(E)... 命令（或单击 按钮），系统弹出"拉伸"对话框；单击对话框中的"绘制截面"按钮 ，系统弹出"创建草图"对话框。单击 按钮，选取 ZX 基准平面为草图平面，单击 确定 按钮；进入草图环境，绘制图 22.20 所示的截面草图。选择下拉菜单 插入(S) ➤ 曲线(C) ➤ 艺术样条(D)... 命令（或者在草图工具栏中单击"艺术样条"按钮 ），系统弹出"艺术样条"对话框，在"艺术样条"对话框 类型 区域的下拉列表中选择 根据极点 选项，绘制图 22.20 所示的截面草图，在"艺术样条"对话框中单击 < 确定 > 按钮；双击图 22.20 所示的截面草图，选择下拉菜单 分析(L) ➤ 曲线(C) ➤ 显示曲率梳(C) 命令，在图形区显示草图曲线的曲率梳，拖动样条曲线控制点，使其曲率梳呈现图 22.21 所示的光滑的形状。选择下拉菜单 分析(L) ➤ 曲线(C) ➤ 显示曲率梳(C) 命令，取消曲率梳的显示，在"艺术样条"对话框中单击 < 确定 > 按钮，选择下拉菜单 任务(K) ➤ 完成草图(K) 命令（或单击 完成草图 按钮），退出草图环境；在"拉伸"对话框 限制 区域的 开始 下拉列表中选择 对称值 选项，并在其下的 距离 文本框中输入值 75，在布尔区域的下拉列表中选择 无 选项，其他参数采用系统默认设置；单击对话框中的 < 确定 > 按钮，完成拉伸特征 4 的创建。

图 22.19　拉伸特征 4　　　图 22.20　截面草图　　　图 22.21　截面草图的曲率梳

Step10. 创建图 22.22 所示的修剪体特征。选择下拉菜单 插入(S) ➤ 修剪(T) ➤ 修剪体(T)... 命令（或单击 按钮），系统弹出"修剪体"对话框；选取拉伸特征 1 为目标体；选取拉伸特征 4 为工具体（图 22.23）；可在 工具 区域中单击 按钮，调整修剪方向；单击 < 确定 > 按钮，完成修剪体特征的创建。

Step11. 创建合并特征。选择下拉菜单 插入(S) ➤ 组合(B) ➤ 合并 命令，系统弹出"合并"对话框；选取图 22.24 所示的目标体和工具体；单击  按钮，完成布尔合并特征的创建。

图 22.22　修剪体特征　　　　图 22.23　定义目标体和工具体　　　　图 22.24　创建合并特征

Step12. 创建图 22.25 所示的边倒圆特征 4。选择下拉菜单插入(S) ➡ 细节特征(L)▶

➡ 边倒圆(E)... 命令，系统弹出"边倒圆"对话框；选取图 22.26 所示的边线为边倒圆参照；在 变半径 区域中单击 <sup>+</sup> 按钮，系统弹出"点"对话框，选取图 22.27 所示的 6 个点；系统重新弹出"边倒圆"对话框。分别定义此 6 个点的参数：变半径点 1 的圆角半径值为 10，弧长百分比值为 100；变半径点 2 的圆角半径值为 15，弧长百分比值为 0；变半径点 3 的圆角半径值为 8，弧长百分比值为 0；变半径点 4 的圆角半径值为 8，弧长百分比值为 0；变半径点 5 的圆角半径值为 15，弧长百分比值为 0；变半径点 6 的圆角半径值为 10，弧长百分比值为 0（具体操作步骤参照 Step8）；单击 确定 按钮，完成边倒圆特征 4 的创建。

图 22.25　边倒圆特征 4　　　　图 22.26　选取边倒圆参照　　　　图 22.27　定义变半径点

Step13. 创建图 22.28b 所示的边倒圆特征 5。选择下拉菜单插入(S) ➡ 细节特征(L)▶ ➡

边倒圆(E)... 命令（或单击 按钮），系统弹出"边倒圆"对话框；选择图 22.28a 所示的边为边倒圆参照，并在 半径 1 文本框中输入值 20；单击 确定 按钮，完成边倒圆特征 5 的创建。

a）倒圆角前　　　　　　　　　　　　　　　　　b）倒圆角后

图 22.28　边倒圆特征 5

Step14. 创建图 22.29 所示的草图 1。选择下拉菜单插入(S) ➡ 在任务环境中绘制草图(V)...

命令，系统弹出"创建草图"对话框；单击 ⊕ 按钮，选取 ZX 基准平面为草图平面，单击 确定 按钮；进入草图环境。选择下拉菜单插入(S) ➡ 曲线(C)▶ ➡ 艺术样条(D)... 命令（或者在草图工具栏中单击"艺术样条"按钮 ），系统弹出"艺术样条"对话框，在"艺术样条"对话框 类型 区域的下拉列表中选择 根据极点 选项，绘制图 22.29 所示的草图 1，在"艺术样条"对话框中单击 确定 按钮；双击图 22.29 所示的草图 1，选择下拉菜单 分析(L) ➡ 曲线(C)▶ ➡ 显示曲率梳(C) 命令，在图形区显示草图曲线的曲率梳，拖动草图曲线控制点，使其曲率梳呈现图 22.30 所示的光滑的形状，在"艺术样条"对话框中单击 确定 按钮，选择下拉菜单 分析(L) ➡ 曲线(C)▶ ➡ 显示曲率梳(C) 命令，取消曲率梳的显示；选择下拉菜单 任务(K) ➡ 完成草图(K) 命令（或单击 完成草图 按钮），退出草图环境。

图 22.29 草图 1

图 22.30 草图 1 的曲率梳

说明：可根据需要调整图 22.29 中的尺寸值。

Step15. 创建图 22.31 所示的基准平面 1。选择下拉菜单 插入(S) ➡ 基准/点 (D)▶ ➡ 基准平面(D)... 命令，系统弹出"基准平面"对话框；单击 < 确定 > 按钮，完成基准平面 1 的创建（注：具体参数和操作参见随书光盘）。

Step16. 创建图 22.32 所示的草图 2。选择下拉菜单 插入(S) ➡ 在任务环境中绘制草图(V)... 命令，系统弹出"创建草图"对话框；选取基准平面 1 为草图平面；绘制图 22.32 所示的草图 2，并调整草图 2 的曲线，使其曲率梳呈现图 22.33 所示的光滑的形状（具体操作步骤参照 Step14）；选择下拉菜单 任务(K) ➡ 完成草图(K) 命令（或单击 完成草图 按钮），退出草图环境。

图 22.31 基准平面 1　　图 22.32 草图 2　　图 22.33 草图 2 的曲率梳

说明：可根据需要调整图 22.32 中的尺寸值。

Step17. 创建图 22.34 所示的草图 3。选择下拉菜单 插入(S) ➡ 在任务环境中绘制草图(V)... 命令，系统弹出"创建草图"对话框；选取 XY 平面为草图平面；绘制图 22.35 所示的草图 3（圆心与草图 1 进行"点在曲线上"约束）；选择下拉菜单 任务(K) ➡ 完成草图(K) 命令（或单击 完成草图 按钮），退出草图环境。

图 22.34　草图 3（建模环境）

图 22.35　草图 3（草绘环境）

Step18. 创建图 22.36 所示的扫掠特征 1。选择下拉菜单 插入(S) ➡ 扫掠(W)▶ ➡ 沿引导线扫掠(G)... 命令，系统弹出"沿引导线扫掠"对话框；在 截面 区域中单击 按钮，选取草图 3 为截面线串；在 引导线 区域中单击 按钮，选取图 22.37 所示的曲线为引导线串（此曲线为草图 1 所绘曲线）；采用系统默认的扫掠偏置值，在 布尔 区域的下拉列表中选择 合并 选项；单击 < 确定 > 按钮，完成扫掠特征 1 的创建。

图 22.36　扫掠特征 1

图 22.37　定义截面线串和引导线串

Step19. 创建图 22.38 所示的基准平面 2。选择下拉菜单 插入(S) ➡ 基准/点(D)▶ ➡ 基准平面(D)... 命令，系统弹出"基准平面"对话框；在 类型 区域的下拉列表中选择 点和方向 选项。选取图 22.39 所示的点为通过点（该点为草图 2 曲线的端点），其他参数采用系统默认设置；单击 < 确定 > 按钮，完成基准平面 2 的创建。

图 22.38　基准平面 2

图 22.39　定义通过点

Step20. 创建图 22.40 所示的草图 4。选择下拉菜单 插入(S) ➡ 在任务环境中绘制草图(V)... 命令，系统弹出"创建草图"对话框；选取基准平面 2 为草图平面；绘制图 22.40 所示的草图 4（圆心在草图 2 曲线的端点上）；选择下拉菜单 任务(K) ➡ 完成草图(K) 命令（或单击 完成草图 按钮），退出草图环境。

Step21. 创建图 22.41 所示的扫掠特征 2。选择下拉菜单 插入(S) ➡ 扫掠(W)▶ ➡ 沿引导线扫掠(G)... 命令，系统弹出"沿引导线扫掠"对话框。选择草图 4 为截面线串；选择图 22.42 所示的曲线作为引导线串（此曲线为草图 2 所绘曲线）；偏置采用系统默认设置值；在 布尔 区域的下拉列表中选择 合并 选项；单击 < 确定 > 按钮，完成扫掠特征 2 的创建。

图 22.40　草图 4

图 22.41　扫掠特征 2

**Step22.** 创建图 22.43 所示的镜像特征。选择下拉菜单 插入(S) ➡ 关联复制(A) ➡ 镜像特征(M)... 命令，系统弹出"镜像特征"对话框；选取扫掠特征 2 为镜像特征对象；选取 ZX 基准平面为镜像平面；单击 < 确定 > 按钮，完成镜像特征的创建。

此曲线为引导线串参照

图 22.42　定义引导线串

图 22.43　镜像特征

**Step23.** 创建图 22.44b 所示的边倒圆特征 6。选择下拉菜单 插入(S) ➡ 细节特征(L)▶ ➡ 边倒圆(E)...命令，系统弹出"边倒圆"对话框；选取图 22.44a 所示的 3 条边线为边倒圆参照，并在 半径 1 文本框中输入值 2；单击 < 确定 > 按钮，完成边倒圆特征 6 的创建。

这 3 条边线为边倒圆参照

放大图

a）倒圆角前　　　　　　　　　　　　　　　　b）倒圆角后

图 22.44　边倒圆特征 6

**Step24.** 保存零件模型。选择下拉菜单 文件(F) ➡ 📙 保存(S)命令，即可保存零件模型。

# 实例 **23** 杯 子

**实例概述**:

本实例介绍了杯子的设计过程。杯子的零件模型及相应的模型树如图 23.1 所示。

图 23.1　杯子的零件模型及模型树

Step1. 新建文件。选择下拉菜单 文件(F) ➡ 新建(N)... 命令，系统弹出"新建"对话框。在 模型 选项卡的 模板 区域中选取模板类型为 模型；在 名称 文本框中输入文件名称 cup；单击 确定 按钮，进入建模环境。

Step2. 创建图 23.2 所示的圆柱特征。选择下拉菜单 插入(S) ➡ 设计特征(E) ➡ 圆柱体(C)... 命令，系统弹出"圆柱体"对话框；在"圆柱体"对话框 类型 区域的下拉列表中选择 轴、直径和高度 选项；在"轴"区域的 指定矢量 下拉列表中选择 ZC↑ 选项，并选取原点为参考对象；在 直径 文本框中输入值 90，在 高度 文本框中输入值 100，其他参数采用系统默认设置；单击 确定 按钮，完成圆柱特征的创建。

Step3. 创建图 23.3 所示的拔模特征。选择下拉菜单 插入(S) ➡ 细节特征(L) ➡ 拔模(T)... 命令（或单击 按钮），系统弹出"拔模"对话框；在"草图"对话框 类型 区域的下拉列表中选择 面 选项，在 脱模方向 区域的 指定矢量 下拉列表中选择 -ZC↓ 选项，选取图 23.4 所示的平面为拔模固定面，在 要拔模的面 区域中单击 按钮，选取图 23.5 所示的曲面为拔模面，在 角度 1 文本框中输入值 10；单击 < 确定 > 按钮，完成拔模特征的创建。

图 23.2　圆柱特征　　图 23.3　拔模特征　　图 23.4　选取拔模固定面　　图 23.5　选取拔模面

Step4. 创建图 23.6 所示的抽壳特征。选择下拉菜单 插入(S) ➡ 偏置/缩放(O) ➡

[抽壳] 命令（或单击 [图标] 按钮），系统弹出"抽壳"对话框；在"抽壳"对话框 [类型] 区域的下拉列表中选择 [移除面，然后抽壳] 选项；在 [要穿透的面] 区域中单击 [图标] 按钮，选取图 23.7 所示的面为移除面，在 [厚度] 文本框中输入值 4，在 [备选厚度] 区域中单击 [图标] 按钮，选取图 23.8 所示的平面为备选厚度参照面，在 [厚度 1] 文本框中输入值 8，采用系统默认抽壳方向；单击 [< 确定 >] 按钮，完成抽壳特征的创建。

选取此面为
抽壳移除面

选取备选
厚度参照面

图 23.6　抽壳特征　　　　图 23.7　选取抽壳移除面　　　图 23.8　选取备选厚度参照面

Step5. 创建图 23.9 所示的旋转特征。选择 [插入(S)] ➡ [设计特征(E)] ➡ [旋转(R)...] 命令（或单击 [图标] 按钮），系统弹出"旋转"对话框；单击对话框中的"绘制截面"按钮 [图标]，系统弹出"创建草图"对话框，单击 [图标] 按钮，选取 ZX 基准平面为草图平面，单击 [确定] 按钮，进入草图环境，绘制图 23.10 所示的截面草图，选择下拉菜单 [任务(K)] ➡ [完成草图(K)] 命令（或单击 [完成草图] 按钮），退出草图环境；在 [指定矢量] 下拉列表中选择 [ZC↑] 选项，选取原点为旋转点；在 [布尔] 区域的下拉列表中选择 [减去] 选项，采用系统默认的求差对象；单击 [< 确定 >] 按钮，完成旋转特征的创建。

放大图

图 23.9　旋转特征　　　　　　　　图 23.10　截面草图

Step6. 创建图 23.11 所示的草图 1。选择下拉菜单 [插入(S)] ➡ [在任务环境中绘制草图(V)...] 命令，系统弹出"创建草图"对话框；单击 [图标] 按钮，选取 ZX 基准平面为草图平面，单击 [确定] 按钮；选择下拉菜单 [插入(S)] ➡ [曲线(C)▶] ➡ [艺术样条(D)...] 命令（或者在工具栏中单击"艺术样条"按钮 [图标]），系统弹出"艺术样条"对话框，在"艺术样条"对话框的 [类型] 区域中选择 [通过点] 选项，绘制图 23.12 所示的草图 1，在"艺术样条"对话框中单击 [< 确定 >] 按钮；双击图 23.12 所示的草图 1 中的曲线 1，选择下拉菜单 [分析(L)] ➡ [曲线(C)▶] ➡ [显示曲率梳(C)] 命令，在图形区显示草绘曲线的曲率梳，拖动草绘曲线控制点，使其曲率梳呈现图 23.13a 所示的光滑形状。在"艺术样条"对话框中单击 [< 确定 >] 按钮，选中图 23.12 所示的草图 1 中的曲线 1。选择下拉菜单 [分析(L)] ➡ [曲线(C)▶] ➡ [显示曲率梳(C)] 命令，取消曲率梳的显示。用相同的方法对曲线

2 进行编辑,其曲率梳图如图 23.13b 所示;选择下拉菜单 任务(K) ➡ 完成草图(K)命令(或单击 完成草图按钮),退出草图环境。

图 23.11  草图 1(建模环境)　　　　　图 23.12  草图 1(草图环境)

a) 曲线 1 的曲率梳　　　　　　　b) 曲线 2 的曲率梳

图 23.13  草图 1 的曲率梳

Step7. 创建图 23.14 所示的基准平面。选择下拉菜单 插入(S) ➡ 基准/点(D)▶ ➡ 基准平面(D)...命令,系统弹出"基准平面"对话框;在类型区域的下拉列表中选择 曲线上 选项,在曲线区域中单击 按钮,选取图 23.12 所示的草图 1 中的曲线 1 为参照曲线;在弧长 对话框中输入值 0,其他参数采用系统默认设置;单击 <确定> 按钮,完成基准平面的创建。

Step8. 创建图 23.15 所示的草图 2。选择下拉菜单 插入(S) ➡ 在任务环境中绘制草图(V)...命令,系统弹出"创建草图"对话框;单击 按钮,选取基准平面 1 为草图平面,单击 确定 按钮;进入草图环境,绘制图 23.16 所示的草图 2(经过草图 1 中曲线 1 的端点,并且和曲线 2 相交的圆);选择下拉菜单 任务(K) ➡ 完成草图(K)命令(或单击 完成草图按钮),退出草图环境。

图 23.14  基准平面　　　图 23.15  草图 2(建模环境)　　　图 23.16  草图 2(草图环境)

Step9. 创建图 23.17 所示的扫掠特征。选择下拉菜单 插入(S) ➡ 扫掠(W)▶ ➡ 扫掠(S)...命令,系统弹出"扫掠"对话框;在截面区域中单击 按钮,选取草图 2 为截面曲线,并单击鼠标中键确认;在引导线区域中单击 按钮,分别选取草图 1 的两条曲线为引导线串,并分别单击鼠标中键确认,其他参数采用系统默认设置。

Step10. 创建图 23.18 所示的修剪体特征。选择下拉菜单 插入(S) ➡ 修剪(T) ➡ 修剪体(T)... 命令，系统弹出"修剪体"对话框；选取图 23.17 所示的扫掠特征为目标体；选取图 23.19 所示的曲面为工具体（注意：面选择过滤器中应该调整为 单个面 ▾）；其他参数采用系统默认设置；单击 < 确定 > 按钮，完成修剪体特征的创建。

图 23.17 扫掠特征

图 23.18 修剪体特征

图 23.19 选取工具体

Step11. 布尔合并。选择下拉菜单 插入(S) ➡ 组合(B) ▸ ➡ 合并(U)... 命令（或单击 按钮），系统弹出"合并"对话框；选取图 23.20 所示的实体为目标体，选取图 23.21 所示的曲面为刀具体，单击 < 确定 > 按钮，完成该布尔合并操作。

图 23.20 选取目标体

图 23.21 选取刀具体

Step12. 后面的详细操作过程请参见随书光盘中 video\ch23\reference\文件下的语音视频讲解文件 cup-r01.exe。

# 实例 **24** 饮水机开关

**实例概述：**

本实例介绍了饮水机开关的设计过程。使用曲面修剪得到产品的外形是本例设计的最大亮点。通过对本实例的学习，读者能够熟练地掌握拉伸、边倒圆、扫掠、修剪片体、有界平面、缝合和镜像等特征的应用。饮水机开关的零件模型及相应的模型树如图 24.1 所示。

图 24.1　饮水机开关的零件模型及模型树

说明：本实例前面的详细操作过程请参见随书光盘中 video\ch24\reference\文件下的语音视频讲解文件 handle-r01.exe。

Step1. 打开文件 D:\ugnx11.5\work\ch24\handle_ex.prt。

Step2. 创建图 24.2 所示的基准平面。选择下拉菜单 插入(S) ➡ 基准/点(D)▶ ➡ □ 基准平面(D)... 命令，系统弹出"基准平面"对话框；在 类型 区域的下拉列表中选择 ⊾ 按某一距离 选项。在 平面参考 区域中单击 ⊕ 按钮，选取 XY 基准平面为对象平面；在 偏置 区域的 距离 文本框中输入值 8，其他参数采用系统默认设置；单击 < 确定 > 按钮，完成基准平面的创建。

图 24.2　基准平面

Step3. 创建图 24.3 所示的草图 1。选择下拉菜单 插入(S) ➡ ⊞ 在任务环境中绘制草图(V)... 命令，系统弹出"创建草图"对话框；单击 ⊕ 按钮，选取 YZ 基准平面为草图平面，单击 确定 按钮；进入草图环境。选择下拉菜单 插入(S) ➡ 曲线(C)▶ ➡ ✦ 艺术样条(D)... 命令（或者在草图工具栏中单击"艺术样条"按钮 ✦ ），系统弹出"艺术样条"对话框，在

"艺术样条"对话框 类型 区域的下拉列表中选择 根据极点 选项，绘制图 24.3 所示的草图 1，在"艺术样条"对话框中单击 确定 按钮；双击图 24.3 所示的草图 1，选择下拉菜单 分析(L) ➡ 曲线(C)▶ ➡ 显示曲率梳(C) 命令，在图形区显示草图曲线的曲率梳，拖动草图曲线控制点，使其曲率梳呈现图 24.4 和图 24.5 所示的光滑的形状。选择下拉菜单 分析(L) ➡ 曲线(C)▶ ➡ 显示曲率梳(C) 命令，取消曲率梳的显示，在"艺术样条"对话框中单击 确定 按钮；选择下拉菜单 任务(K) ➡ 完成草图(K) 命令（或单击 完成草图 按钮），退出草图环境。

图 24.3 草图 1（草图环境）

图 24.4 草图 1 中曲线 1 的曲率梳

Step4. 创建图 24.6 所示的草图 2。选择下拉菜单 插入(S) ➡ 在任务环境中绘制草图(V)... 命令，系统弹出"创建草图"对话框；选取基准平面为草图平面；绘制图 24.6 所示的草图 2（草图 2 中的圆弧分别与草图 1 中的曲线 1 和曲线 2 的端点重合，并且原点与 Y 基准轴重合）；选择下拉菜单 任务(K) ➡ 完成草图(K) 命令（或单击 完成草图 按钮），退出草图环境。

图 24.5 草图 1 中曲线 2 的曲率梳

图 24.6 草图 2

Step5. 创建图 24.7 所示的扫掠特征 1。选择下拉菜单 插入(S) ➡ 扫掠(W)▶ ➡ 沿引导线扫掠(G)... 命令，系统弹出"沿引导线扫掠"对话框；在 截面 区域中单击 按钮，选取图 24.8 所示的截面线串参照；在 引导线 区域中单击 按钮，选取图 24.8 所示的引导线串参照；将 偏置 区域中的 第一偏置 和 第二偏置 都设为 0，其余参数采用系统默认设置。单击 〈确定〉 按钮，完成扫掠特征 1 的创建。

图 24.7 扫掠特征 1

图 24.8 定义截面线串和引导线串参照

Step6. 创建图 24.9 所示的扫掠特征 2。选择下拉菜单 插入(S) ➡ 扫掠(W)▶ ➡ 沿引导线扫掠(G)... 命令，系统弹出"沿引导线扫掠"对话框；选取图 24.10 所示的截面线串参照；选取图 24.10 所示的引导线串参照；其余参数采用系统默认设置；单击 < 确定 > 按钮，完成扫掠特征 2 的创建。

图 24.9 扫掠特征 2

图 24.10 定义截面线串和引导线串参照

Step7. 创建图 24.11 所示的修剪特征 1。选择下拉菜单 插入(S) ➡ 修剪(T) ➡ 修剪片体(R)... 命令，系统弹出"修剪片体"对话框；选取图 24.12 所示的 Step5 中创建的扫掠特征 1 为目标体，选取 Step6 中创建的扫掠特征 2 为边界对象；在 区域 区域中选中 ⊙ 保留 单选项；其他参数采用系统默认设置；单击 < 确定 > 按钮，完成修剪特征 1 的创建。

图 24.11 修剪特征 1

图 24.12 定义目标体和边界对象

Step8. 创建图 24.13 所示的修剪特征 2。选择下拉菜单 插入(S) ➡ 修剪(T) ➡ 修剪片体(R)... 命令，系统弹出"修剪片体"对话框；选取图 24.14 所示的目标体和边界对象；在 区域 区域中选中 ⊙ 保留 单选项；其他参数采用系统默认设置；单击 < 确定 > 按钮，完成修剪特征 2 的创建。

图 24.13 修剪特征 2

图 24.14 定义目标体和边界对象

Step9. 创建图 24.15 所示的有界平面（图中隐藏了实体部分）。选择下拉菜单 插入(S) ➡ 曲面(R)▶ ➡ 有界平面(P)... 命令，系统弹出"有界平面"对话框；选取图 24.16 所示的曲线串为边界；单击 < 确定 > 按钮，完成有界平面的创建。

图 24.15　有界平面

曲线串

图 24.16　定义有界平面边界

Step10. 曲面缝合。选择下拉菜单 插入(S) ➡ 组合(B) ➡ 缝合(W)... 命令，系统弹出"缝合"对话框；在 类型 区域的下拉列表中选择 片体 选项；选取修剪特征 2 为目标体；选取修剪特征 1 和有界平面为工具体；其他参数采用系统默认设置；单击 确定 按钮，完成曲面缝合的操作。

Step11. 创建合并特征。选择下拉菜单 插入(S) ➡ 组合(B) ➡ 合并 命令，系统弹出"合并"对话框；选取图 24.17 所示的实体为目标体、曲面为工具体；单击 确定 按钮，完成合并特征的创建。

Step12. 创建图 24.18 所示的拉伸特征 1。选择下拉菜单 插入(S) ➡ 设计特征(E)▶ ➡ 拉伸(E)... 命令；选取 XY 基准平面为草图平面；绘制图 24.19 所示的截面草图；在"拉伸"对话框 限制-区域的 开始 下拉列表中选择 值 选项，并在其下的 距离 文本框中输入值 0；在 限制-区域的 结束 下拉列表中选择 值 选项，并在其下的 距离 文本框中输入值 10；在 布尔区域的下拉列表中选择 减去 选项；其他参数采用系统默认设置；单击对话框中的 < 确定 > 按钮，完成拉伸特征 1 的创建。

此为工具体参照　　　此为目标体参照

放大图

图 24.17　定义目标体和工具体　　图 24.18　拉伸特征 1　　图 24.19　截面草图

Step13. 创建图 24.20 所示的拉伸特征 2。选择下拉菜单 插入(S) ➡ 设计特征(E)▶ ➡ 拉伸(E)... 命令（或单击 按钮）；选取图 24.21 所示的模型表面为草图平面；绘制图 24.22 所示的截面草图；在"拉伸"对话框 限制-区域的 开始 下拉列表中选择 值 选项，并在其下的 距离 文本框中输入值 0；在 限制-区域的 结束 下拉列表中选择 贯通 选项，并在 方向 区域单击 按钮；在 布尔区域的下拉列表中选择 减去 选项，系统将自动与模型中唯一个体进行布尔求差运算；其他参数采用系统默认设置；单击 < 确定 > 按钮，完成拉伸特征 2 的创建。

此平面为草图平面

5

图 24.20　拉伸特征 2　　　　　图 24.21　定义草图平面　　　　　图 24.22　截面草图

Step14. 创建图 24.23 所示的拉伸特征 3。选择下拉菜单 插入(S) ➤ 设计特征(E)▶ ➤ 🔲 拉伸(E)... 命令（或单击 🔲 按钮）；选取图 24.24 所示的模型表面为草图平面；绘制图 24.25 所示的截面草图；在"拉伸"对话框 限制-区域的 开始 下拉列表中选择 🟆 值 选项，并在其下 的 距离 文本框中输入值 0；在 限制-区域的 结束 下拉列表中选择 🟆 值 选项，并在其下的 距离 文 本框中输入值 0.5，在 方向 区域单击 ✗ 按钮；在 布尔 区域的下拉列表中选择 🟆 合并 选项，系 统将自动与模型中唯一个体进行布尔合并运算；其他参数采用系统默认设置；单击 ＜确定＞ 按钮，完成拉伸特征 3 的创建。

此平面为草图平面

R13.5
0.2

图 24.23　拉伸特征 3　　　　　图 24.24　定义草图平面　　　　　图 24.25　截面草图

Step15. 创建图 24.26 所示的镜像特征 1。选择下拉菜单 插入(S) ➤ 关联复制(A)▶ ➤ 🔩 镜像特征(M)... 命令，系统弹出 "镜像特征" 对话框；选取拉伸特征 3 为镜像特征对象； 选取 XZ 基准平面为镜像平面；单击 ＜确定＞ 按钮，完成镜像特征 1 的创建。

Step16. 创建图 24.27 所示的旋转特征。选择下拉菜单 插入(S) ➤ 设计特征(E)▶ ➤ 🔴 旋转(R)... 命令；单击对话框中的 "绘制截面" 按钮 🖼️，系统弹出 "创建草图" 对话框。 单击 ➕ 按钮，选取 XZ 基准平面为草图平面，单击 确定 按钮，进入草图环境，绘制图 24.28 所示的截面草图，选择下拉菜单 任务(K) ➤ 🚩 完成草图(K) 命令（或单击 🚩 完成草图 按 钮），退出草图环境；在"旋转"对话框的 ⋮ 下拉列表中选择 🛠 选项，在图形区选取图 24.29 所示的边为旋转轴；在 布尔 区域的下拉列表中选择 🟆 减去 选项；其他参数采用系统默 认设置；单击 ＜确定＞ 按钮，完成旋转特征的创建。

图 24.26　镜像特征 1　　　　　　　　　　　图 24.27　旋转特征

图 24.28 截面草图

选取此边为旋转轴

图 24.29 定义旋转轴

Step17. 创建边倒圆特征 1。选择图 24.30 所示的边线为边倒圆参照，其圆角半径值为 0.2。

Step18. 创建边倒圆特征 2。选择图 24.31 所示的边线为边倒圆参照，其圆角半径值为 2。

此边线为边倒圆参照

图 24.30 选取边倒圆参照

此边线为边倒圆参照

图 24.31 选取边倒圆参照

Step19. 创建边倒圆特征 3。选择图 24.32 所示的边线为边倒圆参照，其圆角半径值为 0.1。

Step20. 创建图 24.33 所示的拉伸特征 4。选择下拉菜单 插入(S) ➡ 设计特征(E) ➡ 拉伸(E)... 命令(或单击 按钮)；选取图 24.34 所示的模型表面为草图平面，绘制图 24.35 所示的截面草图；在"拉伸"对话框 限制 区域的 开始 下拉列表中选择 值 选项，并在其下的 距离 文本框中输入值 0；在 限制 区域的 结束 下拉列表中选择 值 选项，并在其下的 距离 文本框中输入值 1.5；在 布尔 区域的下拉列表中选择 合并 选项，系统将自动与模型中唯一一个体进行布尔合并运算；其他参数采用系统默认设置；单击 < 确定 > 按钮，完成拉伸特征 4 的创建。

此边线为边倒圆参照

选取此面

图 24.32 定义边倒圆参照

图 24.33 拉伸特征 4

图 24.34 定义草图平面

Step21. 创建图 24.36 所示的镜像特征 2。选择下拉菜单 插入(S) ➡ 关联复制(A) ➡ 镜像特征(M)... 命令，系统弹出"镜像特征"对话框；选取拉伸特征 3 为镜像对象；选取 XZ 基准平面为镜像平面；单击 < 确定 > 按钮，完成镜像特征 2 的创建。

图 24.35 截面草图

图 24.36 镜像特征 2

Step22. 保存零件模型。选择下拉菜单 文件(F) ➡ 保存(S) 命令，即可保存零件模型。

# 实例 **25** 笔 帽

**实例概述**:

本实例介绍了笔帽的设计过程。通过学习本例，读者可以掌握旋转、拉伸、阵列及拔模等特征的应用，其中引用几何体是本实例的一个亮点。本实例在设计过程中，巧妙地使用了引用几何体和合并特征命令。笔帽的零件模型及相应的模型树如图 25.1 所示。

从 A 向查看

图 25.1  笔帽的零件模型及模型树

**Step1**. 新建文件。选择下拉菜单 文件(F) ➙ 新建(N)... 命令，系统弹出"新建"对话框。在 模型 选项卡的 模板 区域中选取模板类型为 模型，在 名称 文本框中输入文件名称 pen_cap，单击 确定 按钮，进入建模环境。

**Step2**. 创建图 25.2 所示的旋转特征 1。选择下拉菜单 插入(S) ➙ 设计特征(E) ➙ 旋转(R)... 命令（或单击 按钮），系统弹出"旋转"对话框；单击截面区域中的 按钮，系统弹出"创建草图"对话框，选取 ZX 基准平面为草图平面，单击 确定 按钮，进入草图环境。绘制图 25.3 所示的截面草图，选择下拉菜单 任务(K) ➙ 完成草图(K)命令（或单击 完成草图 按钮），退出草图环境；在绘图区域中选取 ZC 基准轴为旋转轴；在"旋转"对话框 限制 区域的 开始 下拉列表中选择 值 选项，并在其下的 角度 文本框中输入值 0，在 结束 下拉列表中选择 值 选项，并在其下的 角度 文本框中输入值 360，其他参数采用系统默认设置；单击 < 确定 > 按钮，完成旋转特征 1 的创建。

**Step3**. 创建图 25.4 所示的旋转特征 2。选择下拉菜单 插入(S) ➙ 设计特征(E) ➙ 旋转(R)... 命令（或单击 按钮），系统弹出"旋转"对话框；单击截面区域中的 按钮，系统弹出"创建草图"对话框，选取 ZX 基准平面为草图平面，单击 确定 按钮，进入草图环境。绘制图 25.5 所示的截面草图，选择下拉菜单 任务(K) ➙ 完成草图(K)命令（或

单击 ![完成草图] 按钮），退出草图环境；在绘图区域中选取基准轴 ZC 为旋转轴；在"旋转"对话框 限制 区域的 开始 下拉列表中选择 ![值] 选项，并在其下的 角度 文本框中输入值 0；在 结束 下拉列表中选择 ![值] 选项，并在其下的 角度 文本框中输入值 360；在 布尔 区域的下拉列表中选择 ![减去] 选项，采用系统默认的求差对象；单击 ![< 确定 >] 按钮，完成旋转特征 2 的创建。

图 25.2　旋转特征 1　　　　　　　　　图 25.3　截面草图

图 25.4　旋转特征 2　　　　　　　　　图 25.5　截面草图

**Step4.** 创建图 25.6 所示的旋转特征 3。选择下拉菜单 插入(S) ➡ 设计特征(E) ➡ ![旋转(R)]... 命令，系统弹出"旋转"对话框；选取 ZX 基准平面为草图平面，绘制图 25.7 所示的截面草图；在绘图区域中选取基准轴 ZC 为旋转轴，选取坐标原点为旋转点。在"旋转"对话框 限制 区域的 开始 下拉列表中选择 ![值] 选项，并在其下的 角度 文本框中输入值 0；在 结束 下拉列表中选择 ![值] 选项，并在其下的 角度 文本框中输入值 360；在 布尔 区域的下拉列表中选择 ![减去] 选项，采用系统默认的求差对象。单击 ![< 确定 >] 按钮，完成旋转特征 3 的创建。

图 25.6　旋转特征 3　　　　　　　　　图 25.7　截面草图

**Step5.** 创建拔模特征。选择下拉菜单 插入(S) ➡ 细节特征(L) ▶ ➡ ![拔模(T)]... 命令（或单击 ![按钮] 按钮），系统弹出"拔模"对话框；在 类型 区域中选择 ![面] 选项；在"拔模方向"区域中单击 ![按钮] 按钮，在其下拉菜单中选择 ![ZC] 选项，定义 ZC 轴正方向为拔模方向；选择图 25.8 所示的模型表面为拔模固定平面，选择图 25.9 所示的模型表面为要拔模的面，在 角度 1 文本框中输入值 2；单击"拔模"对话框中的 ![< 确定 >] 按钮，完成拔模特征的创建。

此面为拔模固定平面

此面为拔模面

图 25.8　定义拔模固定平面　　　　　　　图 25.9　定义拔模面

Step6. 创建图 25.10 所示的拉伸特征 1。选择下拉菜单 插入(S) ➡ 设计特征(E) ➡ 📖 拉伸(E)... 命令（或单击 📖 按钮），系统弹出"拉伸"对话框；单击"拉伸"对话框中的"绘制截面"按钮 🔄，系统弹出"创建草图"对话框。单击 ➕ 按钮，选取图 25.11 所示的平面为草图平面，单击 确定 按钮，进入草图环境；绘制图 25.12 所示的截面草图；选择下拉菜单 任务(K) ➡ 💢完成草图(K) 命令（或单击 💢完成草图 按钮），退出草图环境；在"拉伸"对话框 限制 区域的 开始 下拉列表中选择 值 选项，并在其下的 距离 文本框中输入值 0；在 限制 区域的 结束 下拉列表中选择 贯通 选项；在 布尔 区域的下拉列表中选择 减去 选项，采用系统默认的求差对象；单击 〈 确定 〉 按钮，完成拉伸特征 1 的创建。

此面为草图平面

图 25.10　拉伸特征 1　　　　图 25.11　定义草图平面　　　图 25.12　截面草图

Step7. 创建图 25.13 所示的阵列特征。选择下拉菜单 插入(S) ➡ 关联复制(A)▶ ➡ 💠 阵列特征(A)... 命令（或单击 💠 按钮），系统弹出"阵列特征"对话框；在模型树中选取 Step6 所创建的拉伸特征 1；在"阵列特征"对话框 阵列定义 区域的 布局 下拉列表中选择 圆形 选项；在 方向 1 区域中激活 ✔ 指定矢量，在绘图区选取 ZC 基准轴；在"阵列特征"对话框的 间距 下拉列表中选择 数量和间隔 选项，在 数量 文本框中输入值 4，在 节距角 文本框中输入值 90；单击"阵列特征"对话框中的 确定 按钮，完成阵列特征的创建。

Step8. 创建图 25.14 所示的旋转特征 4。选择下拉菜单 插入(S) ➡ 设计特征(E) ➡ 📖 旋转(R)... 命令；选取 ZX 基准平面为草图平面，绘制图 25.15 所示的截面草图；在绘图区域中选取 ZC 基准轴为旋转轴，在"旋转"对话框 限制 区域的 开始 下拉列表中选择 值 选项，并在其下的 角度 文本框中输入值 0；在 结束 下拉列表中选择 值 选项，并在其下的 角度 文本框中输入值 360；在 布尔 区域的下拉列表中选择 合并 选项，采用系统默认的合并对象；单击 〈 确定 〉 按钮，完成旋转特征 4 的创建。

Step9. 创建图 25.16 所示的拉伸特征 2。选择下拉菜单 插入(S) ➡ 设计特征(E) ➡ 📖 拉伸(E)... 命令，选取图 25.17 所示的平面为草图平面；绘制图 25.18 所示的截面草图；在"拉伸"对话框 限制 区域的 开始 下拉列表中选择 值 选项，在其下的 距离 文本框中输入值 0；

在 限制 区域的 结束 下拉列表中选择 值 选项，并在其下的 距离 文本框中输入值 14；定义 ZC 基准轴正方向为拉伸方向；在 布尔 区域的下拉列表中选择 减去 选项，选取实体模型为求差对象；单击 < 确定 > 按钮，完成拉伸特征 2 的创建。

图 25.13　阵列特征　　　　图 25.14　旋转特征 4　　　　图 25.15　截面草图

图 25.16　拉伸特征 2　　　　图 25.17　定义草图平面　　　　图 25.18　截面草图

Step10. 创建图 25.19b 所示的边倒圆特征 1。选择下拉菜单 插入(S) ➡ 细节特征(L) ▶ ➡ 边倒圆(E) 命令（或单击 按钮），系统弹出"边倒圆"对话框；在 边 区域中单击 按钮，选取图 25.19a 所示的边线为边倒圆参照，并在 半径 1 文本框中输入值 0.2；单击 < 确定 > 按钮，完成边倒圆特征 1 的创建。

a）倒圆角前　　　　　　　　　　　　　　b）倒圆角后

图 25.19　边倒圆特征 1

Step11. 创建边倒圆特征 2。选取图 25.20 所示的边线为边倒圆参照，其圆角半径值为 0.2。

Step12. 创建边倒圆特征 3。选取图 25.21 所示的两条边线为边倒圆参照，其圆角半径值为 0.5。

图 25.20　选取边倒圆参照　　　　　　　图 25.21　选取边倒圆参照

Step13. 创建图 25.22b 所示的倒斜角特征。选择下拉菜单 插入(S) ➡ 细节特征(L) ▶ ➡ 倒斜角(C)... 命令（或单击 按钮），系统弹出"倒斜角"对话框；在 边 区域中单击 按钮，选择图 25.22a 所示的边线为倒斜角参照，在 偏置 区域的 横截面 下拉列表中选择选项，并在距离文本框中输入值 1；单击 〈 确定 〉 按钮，完成倒斜角特征的创建。

此边线为倒斜角参照

a）倒斜角前

b）倒斜角后

图 25.22　倒斜角特征

Step14. 创建偏置曲面特征。选择下拉菜单 插入(S) ➡ 偏置/缩放(O) ➡ 偏置曲面(O)... 命令（或单击 按钮），系统弹出"偏置曲面"对话框；在 偏置 1 文本框中输入值 0.2，在绘图区域选取图 25.23 所示的曲面，采用系统默认的偏置方向；单击"偏置曲面"对话框中的 〈 确定 〉 按钮，完成偏置曲面特征的创建。

Step15. 创建图 25.24 所示的拉伸特征 3。选择下拉菜单 插入(S) ➡ 设计特征(E) ➡ 拉伸(E)... 命令（或单击 按钮），系统弹出"拉伸"对话框；单击"拉伸"对话框中的"绘制截面"按钮 ，系统弹出"创建草图"对话框。单击 按钮，选取 ZX 基准平面为草图平面，单击 确定 按钮，进入草图环境，绘制图 25.25 所示的截面草图，选择下拉菜单 任务(K) ➡ 完成草图(K)命令（或单击 完成草图 按钮），退出草图环境；在"拉伸"对话框 限制-区域的 开始 下拉列表中选择 直至选定 选项，选取图 25.26 所示的面为拉伸开始面；在 限制-区域的 结束 下拉列表中选择 直至选定 选项，选取 Step14 所创建的偏置曲面为拉伸终止面；在 布尔 区域的下拉列表中选择 无 选项，其他参数采用系统默认设置。单击 〈 确定 〉 按钮，完成拉伸特征 3 的创建。

选取此面为偏置曲面

图 25.23　定义偏置曲面　　　图 25.24　拉伸特征 3　　　图 25.25　截面草图

Step16. 创建图 25.27b 所示的阵列几何体特征。选择下拉菜单 插入(S) ➡ 关联复制(A) ➡ 阵列几何特征(T)... 命令，系统弹出"阵列几何特征"对话框；在对话框的 布局 下拉列表中选择 圆形 选项，选取 Step15 所创建的拉伸特征 3，在对话框的 旋转轴 区域中单击 ＊指定矢量 后面的 按钮，选择 ZC 轴为旋转轴；单击 ＊指定点 后面的 按钮，选取默认的原点为中心点；在对话框 角度方向 区域的 间距 下拉列表中选择 数量和间隔 选项，然后在 数量 文本框中输入阵列数量值为 15，在 节距角 文本框中输入阵列角度值为 24，完成阵列几何体特征的操作。

Step17. 对实体进行合并操作。选择下拉菜单 插入(S) ➡ 组合(B) ▶ ➡ 合并(U)...命令（或单击 按钮），系统弹出"合并"对话框；选取图 25.28 所示的特征为目标体，依次选取图 25.29 所示的特征（即 Step15 所创建的拉伸特征 3 和 Step16 所创建的阵列几何体特征）为刀具体；单击 〈确定〉按钮，完成该布尔合并操作。

图 25.26　定义拉伸开始面

a) 引用前

图 25.27　阵列几何体特征

b) 引用后

图 25.28　定义目标体

图 25.29　定义刀具体

Step18. 创建拔模特征。选择下拉菜单 插入(S) ➡ 细节特征(L) ▶ ➡ 拔模(T)...命令（或单击 按钮），系统弹出"拔模"对话框；在 类型 区域中选择 面 选项，激活 指定矢量，指定 ZC 基准轴的正方向为拔模方向，选择图 25.30 所示的模型表面为拔模固定平面，选择图 25.31 所示的模型表面为要拔模的面，在 角度 1 文本框中输入值 1；单击"拔模"对话框中的 〈确定〉按钮，完成拔模特征的创建。

图 25.30　定义拔模固定平面

图 25.31　定义拔模面

Step19. 设置隐藏。选择下拉菜单 编辑(E) ➡ 显示和隐藏(H) ➡ 隐藏(H)...命令（或单击 按钮），系统弹出"类选择"对话框；单击"类选择"对话框 过滤器 区域中的 按钮，系统弹出"根据类型选择"对话框，按住 Ctrl 键，选择对话框列表中的 片体 和 基准 选项，单击 确定 按钮。系统再次弹出"类选择"对话框，单击对话框 对象 区域中的"全选" 按钮；单击对话框中的 确定 按钮，完成对设置对象的隐藏。

Step20. 保存零件模型。选择下拉菜单 文件(F) ➡ 保存(S)命令，即可保存零件模型。

# 实例 26 插 接 器

**实例概述:**

本实例介绍了插接器的设计过程。本实例主要运用了实体建模与曲面建模相结合的方法，设计过程中主要运用了拉伸、旋转、有界平面、缝合和阵列等命令。插接器的零件模型及相应的模型树如图 26.1 所示。

图 26.1 插接器的零件模型及模型树

Step1. 新建文件。选择下拉菜单 文件(F) ➡ 新建(N)... 命令，系统弹出"新建"对话框。在 模型 选项卡的 模板 区域中选择模板类型为 模型，在 名称 文本框中输入文件名称 plug，单击 确定 按钮，进入建模环境。

Step2. 创建图 26.2 所示的拉伸特征 1。选择下拉菜单 插入(S) ➡ 设计特征(E) ➡ 拉伸(E)... 命令（或单击 按钮），系统弹出"拉伸"对话框；单击"拉伸"对话框中的"绘制截面"按钮，系统弹出"创建草图"对话框。单击 按钮，选取 ZX 基准平面为草图平面，单击 确定 按钮，进入草图环境；绘制图 26.3 所示的截面草图，选择下拉菜单 任务(K) ➡ 完成草图(K) 命令（或单击 完成草图 按钮），退出草图环境；在"拉伸"对话框 限制 区域的 开始 下拉列表中选择 值 选项，并在其下的 距离 文本框中输入值 0；在 限制 区域的 结束 下拉列表中选择 值 选项，并在其下的 距离 文本框中输入值 11.5；单击 方向 区域的"反向"按钮，定义 YC 基准轴正方向为拉伸方向，其他参数采用系统默认设置；单击 < 确定 > 按钮，完成拉伸特征 1 的创建。

图 26.2 拉伸特征 1

图 26.3 截面草图

Step3. 创建图 26.4 所示的拉伸特征 2。选择下拉菜单 插入(S) ➡ 设计特征(E)▶ ➡ 拉伸(E)... 命令，选取 ZX 基准平面为草图平面，绘制图 26.5 所示的截面草图；在"拉伸"对话框 限制-区域的 开始 下拉列表中选择 值 选项，并在其下的 距离 文本框中输入值 0；在 限制-区域的 结束 下拉列表中选择 值 选项，并在其下的 距离 文本框中输入值 1，定义 YC 基准轴负方向为拉伸方向；在 布尔 区域的下拉列表中选择 合并 选项，系统将自动与模型中唯一个体进行布尔合并运算；单击 < 确定 > 按钮，完成拉伸特征 2 的创建。

图 26.4　拉伸特征 2

图 26.5　截面草图

Step4. 创建图 26.6 所示的拉伸特征 3。选择下拉菜单 插入(S) ➡ 设计特征(E)▶ ➡ 拉伸(E)... 命令，选取图 26.7 所示的平面为草图平面；绘制图 26.8 所示的截面草图；在"拉伸"对话框 限制-区域的 开始 下拉列表中选择 值 选项，并在其下的 距离 文本框中输入值 0；在 限制-区域的 结束 下拉列表中选择 贯通 选项，并单击 方向 区域的"反向"按钮 ；在 布尔 区域的下拉列表中选择 减去 选项，系统将自动与模型中唯一个体进行布尔求差运算；单击 < 确定 > 按钮，完成拉伸特征 3 的创建。

图 26.6　拉伸特征 3

图 26.7　定义草图平面

图 26.8　截面草图

Step5. 创建图 26.9 所示的旋转特征 1。选择下拉菜单 插入(S) ➡ 设计特征(E) ➡ 旋转(R)... 命令（或单击 按钮），系统弹出"旋转"对话框；单击 截面 区域中的 按钮，系统弹出"创建草图"对话框，选取 XY 基准平面为草图平面，单击 确定 按钮，进入草图环境；绘制图 26.10 所示的截面草图，选择下拉菜单 任务(K) ➡ 完成草图(K) 命令（或单击 完成草图 按钮），退出草图环境；选取图 26.10 所示的直线为旋转轴；在"旋转"对话框 限制-区域的 开始 下拉列表中选择 值 选项，并在其下的 角度 文本框中输入值 0，在 结束 下拉列表中选择 值 选项，并在其下的 角度 文本框中输入值 360；在 布尔 区域的下拉列表中选择 合并 选项，采用系统默认的合并对象；单击 < 确定 > 按钮，完成旋转特征 1 的创建。

Step6. 创建图 26.11 所示的镜像特征。选择下拉菜单 插入(S) ➡ 关联复制(A)▶ ➡ 镜像特征(M)... 命令，系统弹出"镜像特征"对话框；在"镜像平面"区域中单击 按钮，选取 YZ 基准平面为镜像平面；在模型树中选取 Step5 创建的旋转特征 1 为镜像特征；单击 〈 确定 〉按钮，完成镜像特征的创建。

图 26.9　旋转特征 1

图 26.10　截面草图

图 26.11　镜像特征

Step7. 创建图 26.12 所示的拉伸特征 4。选择下拉菜单 插入(S) ➡ 设计特征(E)▶ ➡ 拉伸(E)... 命令，选取图 26.13 所示的平面为草图平面；绘制图 26.14 所示的截面草图；在"拉伸"对话框 限制-区域的 开始 下拉列表中选择 值 选项，并在其下的 距离 文本框中输入值 0；在 限制-区域的 结束 下拉列表中选择 值 选项，并在其下的 距离 文本框中输入值 5.5；在 布尔 区域的下拉列表中选择 无 选项；在 体类型 下拉列表中选择 片体 选项，其他参数采用系统默认设置；单击 〈 确定 〉 按钮，完成拉伸特征 4 的创建。

图 26.12　拉伸特征 4

图 26.13　定义草图平面

图 26.14　截面草图

Step8. 创建片体加厚特征。选择下拉菜单 插入(S) ➡ 偏置/缩放(O) ➡ 加厚(T)... 命令，系统弹出"加厚"对话框；在 面 区域中单击 按钮，选择 Step7 所创建的拉伸特征 4；在 偏置 1 文本框中输入值 0.5，在 偏置 2 文本框中输入值 0，采用系统默认的加厚方向；单击 〈 确定 〉 按钮，完成加厚特征的创建。

Step9. 对实体进行合并操作。选择下拉菜单 插入(S) ➡ 组合(B) ➡ 合并(U)... 命令（或单击 按钮），系统弹出"合并"对话框；选取图 26.15 所示的特征为目标体，选取图 26.16 所示的特征为工具体；单击 〈 确定 〉 按钮，完成该布尔合并操作。

图 26.15　定义目标体

图 26.16　定义工具体

Step10. 创建图 26.17 所示的孔特征 1。选择下拉菜单 插入(S) ➡ 设计特征(E)▶ ➡ 孔(H)... 命令（或单击 按钮），系统弹出"孔"对话框；在 类型 下拉列表中选择 常规孔 选项，单击"孔"对话框中的"绘制截面"按钮 ，然后在绘图区域中选取图 26.18 所示的孔的放置面，单击 确定 按钮，进入草图环境；系统自动弹出"草图点"对话框，在"草图点"对话框中的下拉列表中选择 选项，然后在图 26.18 所示的孔的放置面上单击，单击 关闭 按钮，退出"草图点"对话框；标注图 26.19 所示的尺寸；单击 完成草图 按钮，退出草图环境；在 成形 下拉列表中选择 简单 选项，在 直径 文本框中输入值 2，在 深度限制 下拉列表中选择 值 选项，在 深度 文本框中输入值 50，在 顶锥角 文本框中输入值 118，其余参数采用系统默认设置；单击 < 确定 > 按钮，完成孔特征 1 的创建。

图 26.17　孔特征 1　　　图 26.18　定义孔放置面　　　图 26.19　定义孔位置

Step11. 创建图 26.20 所示的阵列特征 1。选择下拉菜单 插入(S) ➡ 关联复制(A)▶ ➡ 阵列特征(A)... 命令，系统弹出"阵列特征"对话框；在绘图区选取 Step10 所创建的孔特征 1；在"阵列特征"对话框的 布局 下拉列表中选择 线性 选项；在"阵列特征"对话框 方向 1 区域的 指定矢量 下拉列表中选择 XC 选项，在 间距 下拉列表中选择 数量和间隔 选项，在 数量 文本框中输入值 5，并在 节距 文本框中输入值 2.5；单击 确定 按钮，完成阵列特征 1 的创建。

Step12. 创建图 26.21a 所示的孔特征 2。参考 Step10 中孔特征 1 的创建步骤，孔的定位尺寸如图 26.21b 所示，完成孔特征 2 的创建。

a)
b)

图 26.20　阵列特征 1　　　　　　图 26.21　孔特征 2 及定位尺寸

Step13. 创建图 26.22 所示的阵列特征 2。选择下拉菜单 插入(S) ➡ 关联复制(A)▶ ➡ 阵列特征(A)... 命令，系统弹出"阵列特征"对话框；在绘图区选取 Step12 所创建的孔特征 2；在"阵列特征"对话框的 布局 下拉列表中选择 线性 选项；在"阵列特征"对话框 方向 1 区域的 指定矢量 下拉列表中选择 XC 选项，在 间距 下拉列表中选择 数量和间隔 选项，在 数量 文本框中输入值 4，并在 节距 文本框中输入值 2.5；单击 确定 按钮，完成阵列特征 2 的创建。

Step14. 创建图 26.23 所示的基准平面 1。选择下拉菜单 插入(S) ➡ 基准/点(D) ➡ 基准平面(D)... 命令（或单击 按钮），系统弹出"基准平面"对话框；在 类型 区域的下拉列表中选择 按某一距离 选项，在绘图区选取 YZ 基准平面，在 偏置 区域的 距离 文本框中输入值

5，并单击"反向"按钮；在"基准平面"对话框中单击 < 确定 > 按钮，完成基准平面1的创建。

图 26.22　阵列特征 2　　　　　　　图 26.23　基准平面 1

Step15. 创建图 26.24 所示的旋转特征 2。选择下拉菜单 插入(S) ➡ 设计特征(E) ➡ 旋转(R)... 命令（或单击 按钮），系统弹出"旋转"对话框；单击 截面 区域中的 按钮，系统弹出"创建草图"对话框，选取基准平面 1 为草图平面，单击 确定 按钮，进入草图环境，绘制图 26.25 所示的截面草图，选择下拉菜单 任务(K) ➡ 完成草图(K) 命令（或单击 完成草图 按钮），退出草图环境；选取图 26.25 所示的直线为旋转轴；在"旋转"对话框 限制 区域的 开始 下拉列表中选择 值 选项，并在其下的 角度 文本框中输入值 0，在 结束 下拉列表中选择 值 选项，并在其下的 角度 文本框中输入值 360；在 布尔 区域中选择 合并 选项，采用系统默认的合并对象；单击 < 确定 > 按钮，完成旋转特征 2 的创建。

图 26.24　旋转特征 2　　　　　　　图 26.25　截面草图

Step16. 创建图 26.26b 所示的阵列特征 3。选择下拉菜单 插入(S) ➡ 关联复制(A)▸ ➡ 阵列特征(A)... 命令，系统弹出"阵列特征"对话框；在绘图区选取 Step15 所创建的旋转特征 2；在"阵列特征"对话框的 布局 下拉列表中选择 线性 选项；在"阵列特征"对话框 方向 1 区域的 ✔ 指定矢量 下拉列表中选择 XC 选项，在 间距 下拉列表中选择 数量和间隔 选项，在 数量 文本框中输入值 5，并在 节距 文本框中输入值 2.5；单击 确定 按钮，完成阵列特征 3 的创建。

a）创建前　　　　　　　　　　　　　　　b）创建后

图 26.26　阵列特征 3

Step17. 创建图 26.27 所示的基准平面 2。选择下拉菜单 插入(S) ➡ 基准/点(D) ➡ 基准平面(D)... 命令（或单击 按钮），系统弹出"基准平面"对话框；在 类型 区域的下拉列

表中选择 ![按某一距离] 选项，选取 Step14 所创建的基准平面 1，在 ![偏置] 区域的 ![距离] 文本框中输入值 1.5，并单击"反向"按钮 ![X]；在"基准平面"对话框中单击 ![< 确定 >] 按钮，完成基准平面 2 的创建。

Step18. 创建图 26.28 所示的旋转特征 3。选择下拉菜单 ![插入(S)] ➡ ![设计特征(E)▶] ➡ ![旋转(R)...] 命令，系统弹出"旋转"对话框。选取基准平面 2 为草图平面，绘制图 26.29 所示的截面草图；在绘图区域中选取图 26.29 所示的直线为旋转轴；在"旋转"对话框 ![限制] 区域的 ![开始] 下拉列表中选择 ![值] 选项，并在其下的 ![角度] 文本框中输入值 0；在 ![结束] 下拉列表中选择 ![值] 选项，并在其下的 ![角度] 文本框中输入值 360；在 ![布尔] 区域的下拉列表中选择 ![合并] 选项；单击 ![< 确定 >] 按钮，完成旋转特征 3 的创建。

图 26.27 基准平面 2      图 26.28 旋转特征 3      图 26.29 截面草图

Step19. 创建图 26.30b 所示的阵列特征 4。选择下拉菜单 ![插入(S)] ➡ ![关联复制(A)▶] ➡ ![阵列特征(A)...] 命令，系统弹出"阵列特征"对话框；在绘图区选取 Step18 所创建的旋转特征 3；在"阵列特征"对话框的 ![布局] 下拉列表中选择 ![线性] 选项；在"阵列特征"对话框 ![方向 1] 区域的 ![✔指定矢量] 下拉列表中选择 ![XC] 选项，在 ![间距] 下拉列表中选择 ![数量和间隔] 选项，在 ![数量] 文本框中输入值 4，并在 ![节距] 文本框中输入值 2.5；单击 ![确定] 按钮，完成阵列特征 4 的创建。

a）创建前                    b）创建后

图 26.30 阵列特征 4

Step20. 创建图 26.31 所示的拉伸特征 5。选择下拉菜单 ![插入(S)] ➡ ![设计特征(E)▶] ➡ ![拉伸(E)...] 命令，系统弹出"拉伸"对话框。选取图 26.32 所示的平面为草图平面；绘制图 26.33 所示的截面草图；在"拉伸"对话框 ![限制] 区域的 ![开始] 下拉列表中选择 ![值] 选项，并在其下的 ![距离] 文本框中输入值 0；在 ![限制] 区域的 ![结束] 下拉列表中选择 ![值] 选项，并在其下的 ![距离] 文本框中输入值 16.5；在 ![布尔] 区域的下拉列表中选择 ![无] 选项；在 ![体类型] 下拉列表中选择 ![片体] 选项；其他参数采用系统默认设置；单击 ![< 确定 >] 按钮，完成拉伸特征 5 的创建。

图 26.31 拉伸特征 5

图 26.32 定义草图平面

图 26.33 截面草图

Step21. 创建图 26.34 所示的基准平面 3。选择下拉菜单 插入(S) ➞ 基准/点(D) ➞ 基准平面(D)... 命令（或单击 按钮），系统弹出"基准平面"对话框；在类型区域的下拉列表中选择 按某一距离 选项，在绘图区选取 ZX 基准平面，在偏置区域的距离文本框中输入值 16.5；在"基准平面"对话框中单击 < 确定 > 按钮，完成基准平面 3 的创建。

Step22. 创建图 26.35 所示的拉伸特征 6。选择下拉菜单 插入(S) ➞ 设计特征(E)▶ ➞ 拉伸(E)... 命令，选取基准平面 3 为草图平面；绘制图 26.36 所示的截面草图；在"拉伸"对话框限制区域的开始下拉列表中选择 值 选项，并在其下的距离文本框中输入值 0；在限制区域的结束下拉列表中选择 值 选项，并在其下的距离文本框中输入值 5，在布尔区域的下拉列表中选择 无 选项；在体类型下拉列表中选择 片体 选项；其他参数采用系统默认设置；单击 < 确定 > 按钮，完成拉伸特征 6 的创建。

图 26.34 基准平面 3

图 26.35 拉伸特征 6

图 26.36 截面草图

Step23. 创建图 26.37b 所示的有界平面特征。选择下拉菜单 插入(S) ➞ 曲面(R) ➞ 有界平面(P)... 命令，系统弹出"有界平面"对话框；根据系统 选择有界平面的曲线 的提示，选取图 26.37a 所示边线；单击 < 确定 > 按钮，完成有界平面的创建。

选取这两条边线

a）创建前

b）创建后

图 26.37 有界平面特征

Step24. 创建曲面缝合特征。选择下拉菜单 插入(S) ➞ 组合(B)▶ ➞ 缝合(W)... 命令，系统弹出"缝合"对话框；在目标区域中单击 按钮，选取图 26.38 所示的面为缝合目标体；在刀具区域中单击 按钮，选取图 26.39 所示的面为缝合工具体；在"缝合"对话框中单击 确定 按钮，完成缝合特征的创建。

Step25. 创建图 26.40b 所示的边倒圆特征。选择下拉菜单 插入(S) ➞ 细节特征(L)▶

➡️ 🔲 边倒圆(E). 命令（或单击 🔲 按钮），系统弹出"边倒圆"对话框；在 边 区域中单击 🔲 按钮，选取图 26.40a 所示的边线为边倒圆参照，并在 半径 1 文本框中输入值 0.4；单击 < 确定 > 按钮，完成边倒圆特征的创建。

图 26.38　定义目标体　　　　　　　　　　图 26.39　定义工具体

a）倒圆角前　　　　　　　　　　　　　b）倒圆角后

图 26.40　边倒圆特征

Step26. 创建图 26.41b 所示的片体加厚特征。选择下拉菜单 插入(S) ➡️ 偏置/缩放(O) ➡️ 🔲 加厚(T)... 命令，系统弹出"加厚"对话框；在 面 区域中单击 🔲 按钮，选取图 26.41a 所示的曲面特征；在 偏置 1 文本框中输入值 0.3，在 偏置 2 文本框中输入值 0，采用系统默认的加厚方向；单击 < 确定 > 按钮，完成加厚特征的创建。

a）加厚前　　　　　　　　　　　　　b）加厚后

图 26.41　片体加厚特征

Step27. 创建图 26.42b 所示的倒斜角特征。选择下拉菜单 插入(S) ➡️ 细节特征(L) ▶ ➡️ 🔲 倒斜角(O)... 命令，系统弹出"倒斜角"对话框；在 边 区域中单击 🔲 按钮，选取图 26.42a 所示的两条边线为倒斜角参照，在 偏置 区域的 横截面 下拉列表中选择 对称 选项，并在 距离 文本框中输入值 0.6；单击 < 确定 > 按钮，完成倒斜角特征的创建。

a）倒斜角前　　　　　　　　　　　　　b）倒斜角后

图 26.42　倒斜角特征

Step28. 保存零件模型。选择下拉菜单 文件(F) ➡️ 🔲 保存(S) 命令，即可保存零件模型。

# 实例 **27** 座 椅

**实例概述：**

本实例介绍了座椅的设计过程。整个模型的主要设计思路是构建特性曲线，通过曲线得到模型整体曲面；曲线的质量直接影响整个模型面的质量，在本例中对样条曲线的调整是一个难点，同时也是关键点。座椅的零件模型及相应的模型树如图 27.1 所示。

图 27.1 座椅的零件模型及模型树

Step1. 新建文件。选择下拉菜单 文件(F) ➡ 新建(N)... 命令，系统弹出"新建"对话框。在 模型 选项卡的 模板 区域中选取模板类型为 模型 ；在 名称 文本框中输入文件名称 chair，单击 确定 按钮，进入建模环境。

Step2. 创建图 27.2 所示的草图 1。选择下拉菜单 插入(S) ➡ 在任务环境中绘制草图(V)... 命令，系统弹出"创建草图"对话框；选取 YZ 基准平面为草图平面，单击 确定 按钮；进入草图环境。选择下拉菜单 插入(S) ➡ 曲线(C)▶ ➡ 艺术样条(D)... 命令（或在草图工具栏中单击"艺术样条"按钮 ），系统弹出"艺术样条"对话框，在"艺术样条"对话框 类型 区域的下拉列表中选择 根据极点 选项，绘制图 27.2 所示的草图 1，在"艺术样条"对话框中单击 确定 按钮；双击图 27.2 所示的草图 1，选择下拉菜单 分析(L) ➡ 曲线(C)▶ ➡ 显示曲率梳(C) 命令，在图形区显示草图曲线的曲率梳，拖动草图曲线控制点，使其曲率梳呈现图 27.3 所示的光滑的形状。在"艺术样条"对话框中单击 < 确定 > 按钮，选择下拉菜单 分析(L) ➡ 曲线(C)▶ ➡ 显示曲率梳(C) 命令，取消曲率梳的显示；选择下拉菜单 任务(K) ➡ 完成草图(K) 命令（或单击 完成草图 按钮），退出草图环境。

Step3. 创建图 27.4 所示的基准平面 1。选择下拉菜单 插入(S) ➡ 基准/点(D)▶ ➡ 基准平面(D)... 命令，系统弹出"基准平面"对话框；在 类型 区域的下拉列表中选择 按某一距离 选项。在 平面参考 区域单击 ⊕ 按钮，选取 YZ 基准平面为对象平面；在 偏置 区域的 距离 文本框中输入值 160，单击 按钮，定义 XC 基准轴的反方向为参考方向，其他参数采用系统默认设置；单击 < 确定 > 按钮，完成基准平面 1 的创建。

图 27.2　草图 1　　　　　　　　　图 27.3　草图 1 的曲率梳

**Step4.** 创建图 27.5 所示的草图 2。选择下拉菜单 插入(S) ➡ 在任务环境中绘制草图(V)... 命令，系统弹出"创建草图"对话框；单击 ⊕ 按钮，选取基准平面 1 为草图平面，选取 Z 轴为竖直方向参照，单击 确定 按钮；进入草图环境，绘制图 27.5 所示的草图 2；选择下拉菜单 任务(K) ➡ 完成草图(K) 命令（或单击 完成草图 按钮），退出草图环境。

图 27.4　基准平面 1　　　　　　　　　　图 27.5　草图 2

**Step5.** 创建图 27.6 所示的基准平面 2。选择下拉菜单 插入(S) ➡ 基准/点(D) ➡ 基准平面(D)... 命令，系统弹出"基准平面"对话框；在 类型 区域的下拉列表中选择 按某一距离 选项，选取 YZ 基准平面为对象平面；在 偏置 区域的 距离 文本框中输入值 270，单击 按钮，定义 XC 基准轴的反方向为参考方向，其他参数采用系统默认设置；单击 < 确定 > 按钮，完成基准平面 2 的创建。

**Step6.** 创建图 27.7 所示的草图 3。选择下拉菜单 插入(S) ➡ 在任务环境中绘制草图(V)... 命令，系统弹出"创建草图"对话框；选取基准平面 2 为草图平面；选取 Z 轴为竖直方向参照，绘制图 27.7 所示的草图 3（草图 3 的曲率梳如图 27.8 所示，参照 Step2 中调整曲率梳的方法），选择下拉菜单 任务(K) ➡ 完成草图(K) 命令，退出草图环境。

图 27.6　基准平面 2　　　　图 27.7　草图 3　　　　图 27.8　草图 3 的曲率梳

Step7. 创建图 27.9 所示的镜像曲线。选择下拉菜单 插入(S) ➡ 派生曲线(U) ➡

镜像 命令，系统弹出"镜像曲线"对话框；选择 Step4 和 Step6 中所绘制的曲线为镜像曲线；在 平面 下拉列表中选择 现有平面 选项，并单击 按钮，选取 YZ 基准平面为镜像平面；其他参数采用系统默认设置；单击 确定 按钮，完成镜像曲线的创建。

Step8. 创建图 27.10 所示的曲面特征。选择下拉菜单 插入(S) ➡ 网格曲面(M)▶

通过曲线组(T)... 命令，系统弹出"通过曲线组"对话框；依次选取图 27.11 所示的曲线 1、曲线 2、曲线 3、曲线 4 和曲线 5 为截面曲线，并分别单击中键确认；在 输出曲面选项 区域中选中 ☑ 垂直于终止截面 复选框；单击 < 确定 > 按钮，完成曲面特征的创建。

图 27.9　镜像曲线

图 27.10　曲面特征

图 27.11　定义截面曲线

Step9. 创建图 27.12 所示的拉伸特征 1。选择下拉菜单 插入(S) ➡ 设计特征(E)▶

拉伸(E)... 命令（或单击 按钮），系统弹出"拉伸"对话框；单击对话框中的"绘制截面"按钮，系统弹出"创建草图"对话框。单击 按钮，选取基准平面 2 为草图平面，单击 确定 按钮，进入草图环境，绘制图 27.13 所示的截面草图（参照 Step2 中调整曲率梳的方法，使其曲率梳呈现图 27.14 所示的光滑的形状），选择下拉菜单 任务(K) ➡ 完成草图(K) 命令（或单击 完成草图 按钮），退出草图环境；在"拉伸"对话框 方向 区域的 ✔ 指定矢量 下拉列表中选择 XC 选项，在 限制-区域的 开始 下拉列表中选择 值 选项，并在其下的 距离 文本框中输入值-50；在 限制-区域的 结束 下拉列表中选择 值 选项，并在其下的 距离 文本框中输入值 600；在 布尔 区域的下拉列表中选择 无 选项，其他参数采用系统默认设置；单击 < 确定 > 按钮，完成拉伸特征 1 的创建。

图 27.12　拉伸特征 1　　　　　图 27.13　截面草图　　　　　图 27.14　截面草图的曲率梳

Step10. 创建图 27.15 所示的修剪特征 1。选择下拉菜单 插入(S) ➡ 修剪(T) ➡

修剪片体(R)... 命令，系统弹出"修剪片体"对话框；选择图 27.16 所示的目标体和边界对象；在 区域 区域中选中 ⊙保留 单选项；其他参数采用系统默认设置；单击 确定 按钮，完成修剪特征 1 的创建。

图 27.15 修剪特征 1

图 27.16 定义目标体和边界对象

Step11. 创建图 27.17 所示的拉伸特征 2。选择下拉菜单 插入(S) ➡ 设计特征(E)▶ ➡ 拉伸(E)... 命令，系统弹出"拉伸"对话框；选取 XZ 基准平面为草图平面；绘制图 27.18 所示的截面草图；选择下拉菜单 任务(K) ➡ 完成草图(K) 命令（或单击 完成草图 按钮），退出草图环境；在"拉伸"对话框 限制-区域的 开始 下拉列表中选择 值 选项，并在其下的 距离 文本框中输入值-50；在 限制-区域的 结束 下拉列表中选择 值 选项，并在其下的 距离 文本框中输入值 300，在 布尔 区域的下拉列表中选择 无 选项，其他参数采用系统默认设置；单击 〈确定〉 按钮，完成拉伸特征 2 的创建。

图 27.17 拉伸特征 2

图 27.18 截面草图

Step12. 创建图 27.19 所示的修剪特征 2。选择下拉菜单 插入(S) ➡ 修剪(T) ➡ 修剪片体(R)... 命令，系统弹出"修剪片体"对话框；选取图 27.20 所示的目标体和边界对象；在 区域 区域中选中 ⊙保留 单选项；其他参数采用系统默认设置；单击 确定 按钮，完成修剪特征 2 的创建。

图 27.19 修剪特征 2

图 27.20 定义目标体和边界对象

Step13. 创建图 27.21 所示的拉伸特征 3。选择下拉菜单 插入(S) ➡ 设计特征(E)▶ ➡ 拉伸(E)... 命令，系统弹出"拉伸"对话框；选取 XY 基准平面为草图平面；绘制图 27.22

所示的截面草图；选择下拉菜单 任务(K) ➡ 完成草图(K) 命令（或单击 完成草图 按钮），退出草图环境；在"拉伸"对话框 限制-区域的 开始 下拉列表中选择 值 选项，并在其下的 距离 文本框中输入值-60；在 限制-区域的 结束 下拉列表中选择 值 选项，在其下的 距离 文本框中输入值 60；在 布尔 区域的下拉列表中选择 减去 选项；其他参数采用系统默认设置；单击 〈 确定 〉 按钮，完成拉伸特征 3 的创建。

图 27.21 拉伸特征 3

图 27.22 截面草图

**Step14.** 创建图 27.23 所示的加厚特征。选择下拉菜单 插入(S) ➡ 偏置/缩放(O) ➡ 加厚(T)... 命令，系统弹出"加厚"对话框；选取图 27.24 所示的曲面为加厚对象；在 厚度 区域的 偏置 1 文本框中输入值 7，其他参数采用系统默认设置；单击 〈 确定 〉 按钮，完成片体加厚特征的创建。

图 27.23 加厚特征

此为加厚参照

图 27.24 定义加厚对象

**Step15.** 创建图 27.25 所示的边倒圆特征 1。选择下拉菜单 插入(S) ➡ 细节特征(L) ➡ 边倒圆(E)... 命令（或单击 按钮），系统弹出"边倒圆"对话框；选取图 27.26 所示的两条边为边倒圆参照，并在 半径 1 文本框中输入值 30；单击 〈 确定 〉 按钮，完成边倒圆特征 1 的创建。

此边为边倒圆参照　　　　　　　　　　此边为边倒圆参照

放大图　　　　　放大图

图 27.25 边倒圆特征 1　　　　　　　　图 27.26 边倒圆参照

**Step16.** 创建图 27.27 所示的边倒圆特征 2。选择下拉菜单 插入(S) ➡ 细节特征(L) ➡ 边倒圆(E)... 命令，系统弹出"边倒圆"对话框；选取图 27.28 所示的两条边为边倒圆参照，并在 半径 1 文本框中输入值 20；单击 〈 确定 〉 按钮，完成边倒圆特征 2 的创建。

图 27.27　边倒圆特征 2　　　　　　　　　图 27.28　　边倒圆参照

Step17. 创建图 27.29 所示的边倒圆特征 3。选择下拉菜单 插入(S) ➔ 细节特征(L)▶ ➔ 边倒圆(E)... 命令，系统弹出"边倒圆"对话框；在 半径 1 文本框中输入值 30，选取图 27.30 所示的两条边为边倒圆参照；单击 〈 确定 〉 按钮，完成边倒圆特征 3 的创建。

图 27.29　　边倒圆特征 3　　　　　　　　图 27.30　　边倒圆参照

Step18. 创建图 27.31 所示的边倒圆特征 4。选择下拉菜单 插入(S) ➔ 细节特征(L)▶ ➔ 边倒圆(E)... 命令，系统弹出"边倒圆"对话框；在 半径 1 文本框中输入值 2，选取图 27.32 所示的两条边为边倒圆参照；单击 〈 确定 〉 按钮，完成边倒圆特征 4 的创建。

图 27.31　　边倒圆特征 4　　　　　　　　图 27.32　　边倒圆参照

Step19. 设置隐藏。选择下拉菜单 编辑(E) ➔ 显示和隐藏(H) ➔ 隐藏(H)... 命令（或单击 按钮），系统弹出"类选择"对话框；单击"类选择"对话框 过滤器 区域的 按钮，系统弹出"根据类型选择"对话框，按住 Ctrl 键，选择对话框列表中的 草图 、 片体 、曲线 和 基准 选项，单击 确定 按钮。系统再次弹出"类选择"对话框，单击 对象 区域中的"全选"按钮 ；单击对话框中的 确定 按钮，完成对设置对象的隐藏。

Step20. 保存零件模型。选择下拉菜单 文件(F) ➔ 保存(S) 命令，即可保存零件模型。

# 实例 **28** 面 板

**实例概述**：

本实例介绍了一款面板的设计过程。本例模型外形比较规则，所以在设计过程中只绘制相应的特性曲线就可以对产品的外形有很充分的控制。要注意的是，本例利用镜像方法得到模型整体，这就对特征曲线的绘制提出比较高的要求，因为镜像后不能有很生硬的过渡。在模型的设计过程中对此有比较好的处理方法。当然这种方法不只是在此例中才适用，更不是唯一的。面板的零件模型及相应的模型树如图 28.1 所示。

图 28.1 面板的零件模型及模型树

Step1. 新建文件。选择下拉菜单 文件(F) ➡ 新建(N)... 命令，系统弹出"新建"对话框。在 模型 选项卡的 模板 区域中选取模板类型为 模型 ；在 名称 文本框中输入文件名称 face_cover；单击 确定 按钮，进入建模环境。

Step2. 创建图 28.2 所示的草图 1。选择下拉菜单 插入(S) ➡ 在任务环境中绘制草图(V)... 命令，系统弹出"创建草图"对话框；单击 ⊕ 按钮，选取 XY 基准平面为草图平面，单击 确定 按钮；选择下拉菜单 插入(S) ➡ 曲线(C)▸ ➡ 艺术样条(D)... 命令（或者在草图工具栏中单击"艺术样条"按钮 ），系统弹出"艺术样条"对话框，在"艺术样条"对话框 类型 区域的下拉列表中选择 根据极点 选项，单击"指定极点"按钮 ⊕ ，绘制图 28.3 所示的草图 1，在"艺术样条"对话框中单击 确定 按钮；双击图 28.3 所示的草图 1，选择下拉菜单 分析(L) ➡ 曲线(C)▸ ➡ 显示曲率梳 命令，在图形区显示草图曲线的曲率梳，拖动草图曲线控制点，使其曲率梳呈现图 28.4 所示的光滑的形状，在"艺术样条"对话框中单击 < 确定 > 按钮，选择下拉菜单 分析(L) ➡ 曲线(C)▸ ➡ 显示曲率梳(C) 命令，取消曲率梳的显示；选择下拉菜单 任务(K) ➡ 完成草图(K) 命令（或单击 完成草图 按钮），退出草图环境。

图 28.2　草图 1（建模环境）

图 28.3　草图 1（草图环境）

**Step3.** 创建图 28.5 所示的基准平面 1。选择下拉菜单 插入(S) ➡ 基准/点(D)➡ ➡ 基准平面(D)... 命令，系统弹出"基准平面"对话框；单击 〈确定〉 按钮，完成基准平面 1 的创建（注：具体参数和操作参见随书光盘）。

图 28.4　草图 1 的曲率梳

图 28.5　基准平面 1

**Step4.** 创建图 28.6 所示的草图 2。选择下拉菜单 插入(S) ➡ 在任务环境中绘制草图(V)... 命令，系统弹出"创建草图"对话框；单击 ⊕ 按钮，选取图 28.5 所示基准平面 1 为草图平面，单击 确定 按钮；进入草图环境，绘制图 28.7 所示的草图 2；选择下拉菜单 插入(S) ➡ 曲线(C)➡ ➡ 艺术样条(D)... 命令，或者在草图工具栏中单击"艺术样条"按钮 ，系统弹出"艺术样条"对话框，在"艺术样条"对话框 类型 区域的下拉列表中选择 根据极点 选项，绘制草图 2，在"艺术样条"对话框中单击 〈确定〉 按钮；双击图 28.7 所示的草图 2，选择下拉菜单 分析(L) ➡ 曲线(C)➡ ➡ 显示曲率梳(C) 命令，在图形区显示草图曲线的曲率梳，拖动草图曲线控制点，使其曲率梳呈现图 28.8 所示的光滑的形状。在"艺术样条"对话框中单击 〈确定〉 按钮，选择下拉菜单 分析(L) ➡ 曲线(C)➡ ➡ 显示曲率梳(C) 命令，取消曲率梳的显示；选择下拉菜单 任务(K) ➡ 完成草图(K) 命令（或单击 完成草图 按钮），退出草图环境。

图 28.6　草图 2（建模环境）

图 28.7　草图 2（草图环境）

**Step5.** 创建图 28.9 所示的基准平面 2。选择下拉菜单 插入(S) ➡ 基准/点(D)➡ ➡ 基准平面(D)... 命令，系统弹出"基准平面"对话框；在 类型 区域的下拉列表中选择 按某一距离 选项。在 平面参考 区域中单击 ⊕ 按钮，选取 XY 基准平面为对象平面；在 偏置 区域的 距离 文本框中输入值为 5，其他参数采用系统默认设置；单击 〈确定〉 按钮，完成基准平面 2 的创建。

图 28.8　草图 2 的曲率梳　　　　图 28.9　基准平面 2

Step6. 创建图 28.10 所示的草图 3。选择下拉菜单 插入(S) ➡️ 在任务环境中绘制草图(V)... 命令，系统弹出"创建草图"对话框；选取图 28.9 所示基准平面 2 为草图平面；绘制图 28.11 所示的草图 3，选择下拉菜单 分析(L) ➡️ 曲线(C)▶ ➡️ 显示曲率梳(C) 命令，参照 Step2 调整曲率梳，使其曲率梳呈现图 28.12 所示的光滑的形状；选择下拉菜单 任务(K) ➡️ 完成草图(K) 命令，退出草图环境。

图 28.10　草图 3（建模环境）　　图 28.11　草图 3（草图环境）　　图 28.12　草图 3 的曲率梳

Step7. 创建图 28.13 所示的草图 4。选择下拉菜单 插入(S) ➡️ 在任务环境中绘制草图(V)... 命令，系统弹出"创建草图"对话框；选取 ZX 基准平面为草图平面；绘制图 28.13 所示的草图 4（草图左右对称，圆弧端点为草图 1、草图 2 和草图 3 三条曲线的端点）；选择下拉菜单 任务(K) ➡️ 完成草图(K) 命令，退出草图环境。

Step8. 创建图 28.14 所示的曲面特征。选择下拉菜单 插入(S) ➡️ 网格曲面(M)▶ ➡️ 通过曲线网格(M)... 命令，系统弹出"通过曲线网格"对话框；依次选取图 28.15 所示的曲线 1、曲线 2 和曲线 3 为主曲线，并分别单击中键确认，选取曲线 4 和曲线 5 为交叉线串，并分别单击中键确认；单击 < 确定 > 按钮，完成曲面特征的创建。

图 28.13　草图 4　　　图 28.14　曲面特征　　　图 28.15　定义曲线特征

Step9. 创建图 28.16 所示的镜像几何体特征。选择下拉菜单 插入(S) ➡️ 关联复制(A)▶ ➡️ 镜像几何体(G)... 命令，系统弹出"镜像几何体"对话框；选取 Step8 创建的网格曲面特征为镜像体，并单击中键确认；选取 ZX 基准平面为镜像平面；单击 确定 按钮，完成镜像几何体特征的创建。

Step10. 缝合曲面。选择下拉菜单 插入(S) ➡️ 组合(B)▶ ➡️ 📖 缝合(W)... 命令，系统弹出"缝合"对话框；在 类型 区域的下拉列表中选择 ◆片体 选项；选择曲面特征为目标体；选择镜像几何体特征为刀具体；其他参数采用系统默认设置；单击 确定 按钮，完成缝合曲面的操作。

Step11. 创建图 28.17 所示的草图 5。选择下拉菜单 插入(S) ➡️ 🔲 在任务环境中绘制草图(V)... 命令，系统弹出"创建草图"对话框；选取基准平面 1 为草图平面，选择草图水平方向参考为 XC 轴，单击 确定 按钮，进入草图环境；绘制图 28.18 所示的草图 5；选择下拉菜单 任务(K) ➡️ 🔲 完成草图(K) 命令，退出草图环境。

图 28.16　镜像几何体特征　　　图 28.17　草图 5（建模环境）　　　图 28.18　草图 5（草图环境）

Step12. 创建图 28.19 所示的草图 6。选择下拉菜单 插入(S) ➡️ 🔲 在任务环境中绘制草图(V)... 命令，系统弹出"创建草图"对话框；选取基准平面 2 为草图平面，选择草图水平方向参考为 X 轴，单击 确定 按钮，进入草图环境；绘制图 28.19 所示的草图 6（草图 6 是由草图 5 偏移得到的曲线）；选择下拉菜单 任务(K) ➡️ 🔲 完成草图(K) 命令，退出草图环境。

Step13. 创建图 28.20 所示的草图 7。选择下拉菜单 插入(S) ➡️ 🔲 在任务环境中绘制草图(V)... 命令，系统弹出"创建草图"对话框；选取 ZX 基准平面为草图平面；绘制图 28.20 所示的草图 7，选取下拉菜单 分析(L) ➡️ 曲线(C)▶ ➡️ 🔲 显示曲率梳(C) 命令，参照 Step2 调整曲率梳，使其曲率梳呈现图 28.21 所示的光滑的形状（样条曲线的两个端点约束在草图 6 和草图 7 的曲线上；绘制前在模型树中隐藏缝合特征、草图 1、草图 2、草图 3 和草图 4）；选择下拉菜单 任务(K) ➡️ 🔲 完成草图(K) 命令，退出草图环境。

图 28.19　草图 6　　　　　　　图 28.20　草图 7　　　　图 28.21　草图 7 的曲率梳

Step14. 创建图 28.22 所示的扫掠特征。选择下拉菜单 插入(S) ➡️ 扫掠(W)▶ ➡️ ◆ 扫掠(S)... 命令，系统弹出"扫掠"对话框；在 截面 区域中单击 🔲 按钮，选择图 28.23 所示曲线 2 为截面曲线，并单击中键确认；在 引导线 区域中单击 🔲 按钮，选取图 28.23 所示曲线 1 为引导线 1，并单击中键确认；选取图 28.23 所示曲线 3 为引导线 2，并单击中键确认；

其他参数采用系统默认设置；单击 确定 按钮，完成扫掠特征的创建。

图 28.22　扫掠特征　　　　　　　　　图 28.23　定义截面线串和引导线串

Step15. 创建图 28.24 所示的延伸特征。选择下拉菜单 插入(S) ➡ 修剪(T) ➡
修剪与延伸(N)... 命令，系统弹出"修剪和延伸"对话框；在 类型 区域的下拉列表中选择 按距离
选项；选取图 28.25 所示边；在 延伸 区域的 距离 文本框中输入值 2；其他参数采用系统默认
设置；单击 确定 按钮，完成曲面延伸特征的创建。

图 28.24　延伸特征　　　　　　　　　图 28.25　定义修剪和延伸边

Step16. 创建图 28.26b 所示的修剪特征 1。选择下拉菜单 插入(S) ➡ 修剪(T) ➡
修剪片体(R)... 命令，系统弹出"修剪片体"对话框；选择图 28.27 所示的目标体和边界对
象；在 区域 区域中选中 ⊙ 保留 单选项；投影方向为沿矢量，其他参数采用系统默认设置；
单击 确定 按钮，完成修剪特征 1 的创建。

a）修剪前　　　　　b）修剪后　　　　　　　　　　　　　　此为目标体

图 28.26　修剪特征 1　　　　　　　　图 28.27　定义目标体和边界对象

Step17. 创建图 28.28b 所示的修剪特征 2。选择下拉菜单 插入(S) ➡ 修剪(T)
➡ 修剪片体(R)... 命令，系统弹出"修剪片体"对话框。选择图 28.29 所示的目标体，
选择图 28.30 所示的边界对象；在 区域 区域中选中 ⊙ 保留 单选项；投影方向为沿矢量，其他
参数采用系统默认设置；单击 确定 按钮，完成修剪特征 2 的创建。

a）修剪前　　　　　　　　　　　　　　　　　　　　　　　b）修剪后

图 28.28　修剪特征 2

此曲面为目标体

图 28.29　定义目标体

此曲面为边界对象

图 28.30　定义边界对象

Step18. 缝曲面合。选择下拉菜单 插入(S) ➔ 组合(B)▶ ➔ ▋▋缝合(W)... 命令，系统弹出"缝合"对话框；在 类型 区域的下拉列表中选择 ◆ 片体 选项；选择图 28.31 所示曲面为目标体，选择图 28.32 所示曲面为工具体；其他参数采用系统默认设置；单击 确定 按钮，完成缝合曲面的操作。

此曲面为目标体

图 28.31　定义目标体

此曲面为工具体

图 28.32　定义工具体

Step19. 创建图 28.33 所示的边倒圆特征。选择下拉菜单 插入(S) ➔ 细节特征(L)▶ ➔ ◀ 边倒圆(E)... 命令，系统弹出"边倒圆"对话框；选择图 28.34 所示的边为边倒圆参照，并在 半径 1 文本框中输入值 1；单击 < 确定 > 按钮，完成边倒圆特征的创建。

图 28.33　边倒圆特征

选取此边

图 28.34　定义边倒圆参照

Step20. 创建图 28.35 所示的片体加厚特征。选择下拉菜单 插入(S) ➔ 偏置/缩放(O)▶ ➔ ◀ 加厚(T)... 命令，系统弹出"加厚"对话框；选取图 28.36 所示的曲面为加厚对象；在 厚度 区域的 偏置 1 文本框中输入值 1，其他参数采用系统默认设置；单击 < 确定 > 按钮，完成片体加厚特征的创建。

放大图

图 28.35　加厚特征

图 28.36　定义加厚对象

Step21. 设置隐藏。选择下拉菜单 编辑(E) ➔  ➔  命令

（或单击 ![] 按钮），系统弹出"类选择"对话框；单击"类选择"对话框 过滤器 区域中的"类型过滤器"按钮 ![]，系统弹出"根据类型选择"对话框，选择对话框列表中的 点 、草图 、片体 和 基准 选项，单击 确定 按钮。系统返回到"类选择"对话框，单击 对象 区域中的"全选"按钮 ![]；单击对话框中的 确定 按钮，完成对设置对象的隐藏。

Step22. 保存零件模型。选择下拉菜单 文件(F) ➡ 保存(S) 命令，即可保存零件模型。

# 实例 **29** 矿泉水瓶

**实例概述**：

本实例介绍了矿泉水瓶的设计过程。通过对本实例的学习，读者能熟练地掌握边倒圆、通过曲线组、扫掠、修剪体、实例几何体、合并、求差和抽壳等特征的应用。矿泉水瓶的零件模型及模型树如图 29.1 所示。

图 29.1　矿泉水瓶的零件模型及模型树

说明：本应用前面的详细操作过程请参见随书光盘中 video\ch29\reference\文件下的语音视频讲解文件 bottle-r01.exe。

Step1. 打开文件 D:\ugnx11.5\work\ch29\bottle_ex.prt。

Step2. 创建图 29.2b 所示的边倒圆特征 1。选择下拉菜单插入(S) ➡ 细节特征(L)▶ ➡ 边倒圆(E)...命令（或单击 按钮），系统弹出"边倒圆"对话框；选取图 29.2a 所示的边线为边倒圆参照，并在半径 1 文本框中输入值 5；在"边倒圆"对话框中单击 < 确定 > 按钮，完成边倒圆特征 1 的创建。

此边线为边倒圆参照

a）圆角前　　　　　　　　　　　　b）圆角后

图 29.2　边倒圆特征 1

Step3. 创建图 29.3b 所示的边倒圆特征 2。选择下拉菜单 插入(S) ➡ 细节特征(L)▶ ➡ 边倒圆(E)... 命令；选取图 29.3a 所示的两条边线为边倒圆参照，其半径值为 2。

a）圆角前

图 29.3  边倒圆特征 2

Step4. 创建图 29.4b 所示的边倒圆特征 3。选择下拉菜单 插入(S) ➡ 细节特征(L)▶ ➡ 边倒圆(E)... 命令；选取图 29.4a 所示的两条边线为边倒圆参照，其半径值为 2。

a）圆角前

图 29.4  边倒圆特征 3

Step5. 创建图 29.5b 所示的边倒圆特征 4。选择下拉菜单 插入(S) ➡ 细节特征(L)▶ ➡ 边倒圆(E)... 命令；选取图 29.5a 所示的边线为边倒圆参照，其半径值为 2。

a）圆角前

图 29.5  边倒圆特征 4

Step6. 创建图 29.6b 所示的边倒圆特征 5。选择下拉菜单 插入(S) ➡ 细节特征(L)▶ ➡ 边倒圆(E)... 命令；选取图 29.6a 所示的边线为边倒圆参照，其半径值为 2。

a）圆角前

图 29.6  边倒圆特征 5

Step7. 创建图 29.7b 所示的边倒圆特征 6。选择下拉菜单 插入(S) ➡ 细节特征(L)▶ ➡ 边倒圆(E)... 命令；选取图 29.7a 所示的边线为边倒圆参照，其半径值为 3。

a）圆角前

图 29.7  边倒圆特征 6

Step8. 创建图 29.8 所示的草图 1。选择下拉菜单 插入(S) ➡️ 🔳 在任务环境中绘制草图(V)... 命令，系统弹出"创建草图"对话框；选取 YZ 基准平面为草图平面，单击 确定 按钮；进入草图环境，绘制图 29.8 所示的草图 1；选择下拉菜单 任务(K) ➡️ 💠 完成草图(K) 命令（或单击 完成草图 按钮），退出草图环境。

说明：绘制草图时使用"通过点"模式的艺术样条曲线。

Step9. 创建图 29.9 所示的投影曲线。选择下拉菜单 插入(S) ➡️ 派生曲线(U) ➡️ 🔳 投影(P)... 命令，系统弹出"投影曲线"对话框；选择草图 1 为投影曲线；选择图 29.10 所示的曲面为投影对象；在 投影方向 区域的 方向 下拉列表中选择 沿矢量 选项，在 * 指定矢量 (0) 下拉列表中选择 ⤢ XC 选项；其他参数采用系统默认设置；在"投影曲线"对话框中单击 〈 确定 〉 按钮，完成投影曲线的创建。

图 29.8  草图 1    图 29.9  投影曲线    图 29.10  定义投影面

Step10. 创建图 29.11 所示的草图 2。选择下拉菜单 插入(S) ➡️ 🔳 在任务环境中绘制草图(V)... 命令；选取 XZ 基准平面为草图平面；绘制图 29.11 所示的草图 2：先创建点 1，选择下拉菜单 插入(S) ➡️ 派生曲线(U) ➡️ 🔳 交点(N)... 命令，系统弹出"交点"对话框。在 要相交的曲线 区域中单击 🔳 按钮，选取图 29.9 所示的投影曲线，单击"循环解"按钮 🔁，切换到图 29.11 所示的点 1 的位置，单击 确定 按钮，完成点 1 的创建；用同样的方法创建点 2。绘制草图中的圆弧，并将圆弧的两个端点约束在点 1 和点 2 上。

图 29.11  草图 2

Step11. 创建图 29.12 所示的曲面特征（瓶体已隐藏）。选择下拉菜单 插入(S) ➡️ 网格曲面(M)▶ ➡️ 🔳 通过曲线组(T)... 命令，系统弹出"通过曲线组"对话框；依次选取图 29.13 所示的曲线 1、草图 2 和曲线 2（曲线 1 和曲线 2 为投影曲线的部分曲线，单击"选择条"工具条中的 🔳 按钮后可选取曲线 1 和曲线 2）为截面曲线，并分别单击中键确认；在"通过曲线组"对话框 输出曲面选项 区域的 补片类型 下拉列表中选择 单个 选项，单

击 < 确定 > 按钮，完成曲面特征的创建。

Step12. 创建图 29.14 所示的偏置曲面（创建偏置曲面之前隐藏瓶体）。选择下拉菜单 插入(S) → 偏置/缩放(O) → 偏置曲面(O)... 命令，系统弹出"偏置曲面"对话框；选择曲面特征为偏置曲面；在 要偏置的面 区域的 偏置1 文本框中输入值 1；其他参数采用系统默认设置；单击 < 确定 > 按钮，完成偏置曲面的创建。

图 29.12  曲面特征　　　　图 29.13  定义截面线串　　　　　图 29.14  偏置曲面

Step13. 创建实例几何体特征 1。选择下拉菜单 插入(S) → 关联复制(A) → 阵列几何特征(T)... 命令，系统弹出"阵列几何特征"对话框；在绘图区选取 Step12 所创建的偏置曲面，在对话框的 布局 下拉列表中选择 圆形 选项，在对话框的 旋转轴 区域中单击 *指定矢量 后面的 按钮，选择 ZC 轴为旋转轴；选取坐标原点为旋转点；在 角度方向 区域的 间距 下拉列表中选择 数量和间隔 选项，然后在 数量 文本框中输入阵列数量为 4，在 节距角 文本框中输入阵列角度值为 90；单击 < 确定 > 按钮，完成实例几何体特征 1 的创建。

Step14. 创建图 29.15 所示的修剪体特征 1。选择下拉菜单 插入(S) → 修剪(T) → 修剪体(T)... 命令，系统弹出"修剪体"对话框；选取图 29.16 所示的实体为目标体和工具体（偏置曲面）；在"修剪体"对话框中单击 < 确定 > 按钮，完成修剪体特征 1 的创建。

图 29.15　修剪体特征 1　　　　　图 29.16　定义目标体和工具体

Step15. 创建图 29.17 所示的修剪体特征 2。参考 Step14 的操作步骤和图 29.17、图 29.18 所示，选取实例几何体特征 1 中的第 1 个曲面作为工具体，完成修剪体特征 2 的创建。

图 29.17　修剪体特征 2　　　　　图 29.18　定义目标体和工具体

Step16. 创建图 29.19 所示的修剪体特征 3。参考 Step14 的操作步骤和图 29.19、图 29.20 所示，选取实例几何体特征 1 中的第 2 个曲面作为工具体，完成修剪体特征 3 的创建。

图 29.19　修剪体特征 3　　　　　图 29.20　定义目标体和工具体

Step17. 创建图 29.21 所示的修剪体特征 4。参考 Step14 的操作步骤和图 29.21、图 29.22 所示，选取实例几何体特征 1 中的第 3 个曲面作为工具体，完成修剪体特征 4 的创建。

图 29.21　修剪体特征 4

图 29.22　定义目标体和工具体

Step18. 创建图 29.23 所示的旋转特征。选择下拉菜单 插入(S) ➡ 设计特征(E)▶ ➡ 旋转(R)... 命令（或单击 按钮），系统弹出"旋转"对话框；单击对话框中的"绘制截面"按钮 ，系统弹出"创建草图"对话框。选取 YZ 基准平面为草图平面，单击 确定 按钮，进入草图环境，绘制图 29.24 所示的截面草图（圆弧中心约束到 Z 轴上），选择下拉菜单 任务(K) ➡ 完成草图(K) 命令（或单击 完成草图 按钮），退出草图环境；在 轴 区域的 * 指定矢量 下拉列表中选择 ZC 选项，并定义原点为旋转点；在 布尔 区域的 布尔 下拉列表中选择 求差 选项，选取图 29.25 所示的实体为求差对象；单击 < 确定 > 按钮，完成旋转特征的创建。

图 29.23　旋转特征　　　　图 29.24　截面草图　　　　图 29.25　定义求差对象

Step19. 创建图 29.26 所示的草图 3。选择下拉菜单 插入(S) ➡ 在任务环境中绘制草图(V)... 命令；选取 ZX 基准平面为草图平面；绘制图 29.26 所示的草图 3。

Step20. 创建图 29.27 所示的草图 4。选择下拉菜单 插入(S) ➡ 在任务环境中绘制草图(V)... 命令；选取 YZ 基准平面为草图平面；绘制图 29.27 所示的草图 4（草图 4 所绘的椭圆圆心约束在草图 3 圆弧端点上）。

图 29.26　草图 3　　　　　　　　　　　图 29.27　草图 4

Step21. 创建图 29.28 所示的扫掠特征 1。选择下拉菜单 插入(S) ➡ 扫掠(W)▶ ➡ 沿引导线扫掠(G)... 命令，系统弹出"沿引导线扫掠"对话框；选择草图 4 为截面线串；选取草图 3 为引导线串；在 布尔 区域的下拉列表中选择 无 选项；其余参数采用系统默认设置；单击 < 确定 > 按钮，完成扫掠特征 1 的创建。

Step22. 创建图 29.29 所示的实例几何体特征 2。选择下拉菜单 插入(S) → 关联复制(A) → 生成实例几何特征(G)... 命令，系统弹出"实例几何体"对话框；在 类型 下拉列表中选取 旋转 选项，选取 Step21 所创建的扫掠特征 1，在 指定矢量 下拉列表中选择 ZC 选项；选取坐标原点为旋转点；在 角度 文本框中输入值 72，在 距离 文本框中输入值 0，在 副本数 文本框中输入值 4；单击 < 确定 > 按钮，完成实例几何体特征 2 的创建。

图 29.28  扫掠特征 1

图 29.29  实例几何体特征 2

Step23. 创建图 29.30 所示的求差特征。选择下拉菜单 插入(S) → 组合(B) → 减去(S)... 命令，系统弹出"求差"对话框；选取图 29.31 所示的目标体和工具体；在"求差"对话框中单击 < 确定 > 按钮，完成布尔求差特征的创建。

图 29.30  求差特征

这 5 个实体为工具体参照　　　此实体为目标体参照

图 29.31  定义目标体和工具体

Step24. 创建图 29.32b 所示的边倒圆特征 7。选择下拉菜单 插入(S) → 细节特征(L) → 边倒圆(E)... 命令；选取图 29.32a 所示的边线（修剪特征 1 的边线）为边倒圆参照，其半径值为 2。

此边线为边倒圆参照

a）圆角前

b）圆角后

图 29.32  边倒圆特征 7

Step25. 创建图 29.33b 所示的边倒圆特征 8。选择下拉菜单 插入(S) → 细节特征(L) → 边倒圆(E)... 命令；选取图 29.33a 所示的边线（修剪特征 2 的边线）为边倒圆参照，其半径值为 2。

此边线为边倒圆参照

a）圆角前

b）圆角后

图 29.33  边倒圆特征 8

Step26. 创建图 29.34b 所示的边倒圆特征 9。选择下拉菜单 插入(S) ➡ 细节特征(L)▶ ➡ 边倒圆(E)... 命令；选取图 29.34a 所示的边线（修剪特征 3 的边线）为边倒圆参照，其半径值为 2。

a) 圆角前　　　　　　　　　　　　　　　　　　　　　b) 圆角后

图 29.34　边倒圆特征 9

Step27. 创建图 29.35b 所示的边倒圆特征 10。选择下拉菜单 插入(S) ➡ 细节特征(L)▶ ➡ 边倒圆(E)... 命令；选取图 29.35a 所示的边线（修剪特征 4 的边线）为边倒圆参照，其半径值为 2。

a) 圆角前　　　　　　　　　　　　　　　　　　　　　b) 圆角后

图 29.35　边倒圆特征 10

Step28. 创建图 29.36b 所示的边倒圆特征 11。选择下拉菜单 插入(S) ➡ 细节特征(L)▶ ➡ 边倒圆(E)... 命令；选取图 29.36a 所示的 5 条边线为边倒圆参照，其半径值为 5。

a) 圆角前　　　　　　　　　　　　　　　　　　　　　b) 圆角后

图 29.36　边倒圆特征 11

Step29. 创建图 29.37b 所示的边倒圆特征 12。选择下拉菜单 插入(S) ➡ 细节特征(L)▶ ➡ 边倒圆(E)... 命令；选取图 29.37a 所示的 5 条边线为边倒圆参照，其半径值为 5。

a) 圆角前　　　　　　　　　　　　　　　　　　　　　b) 圆角后

图 29.37　边倒圆特征 12

Step30. 创建图 29.38 所示的抽壳特征。选择下拉菜单 插入(S) ➡ 偏置/缩放(O)▶ ➡ 抽壳(H)... 命令（或单击 按钮），系统弹出"抽壳"对话框；在"抽壳"对话框 类型 区域的下拉列表中选择 移除面，然后抽壳 选项；选择图 29.39 所示的面为移除面，并在 厚度 文本框中输入值 0.5；其他参数采用系统默认设置值；在"抽壳"对话框中单击 ＜确定＞ 按钮，完成抽壳特征的创建。

图 29.38　抽壳特征

此面为移除面参照

图 29.39　定义移除面

Step31. 创建图 29.40 所示的螺旋线。选择下拉菜单插入(S) ➡ 曲线(C)▶ ➡
🌀 螺旋线(X)...命令，系统弹出"螺旋线"对话框；在"螺旋线"对话框类型区域的下拉列
表中选择 沿矢量 选项，单击方位区域的"CSYS 对话框"按钮 📐，系统弹出"CSYS"对
话框，在操控器区域中单击 ➕ 按钮，系统弹出"点"对话框；在"点"对话框的类型下拉列
表中选择 圆弧中心/椭圆中心/球心 选项，选取图 29.41 所示的圆弧，连续单击 确定 按钮两
次，在"螺旋线"对话框的大小区域中选中 ⊙ 直径 单选项，在规律类型下拉列表中选择
恒定 选项，然后输入直径值为 26；在"螺旋线"对话框螺距区域的规律类型下拉列表中
选择 恒定 选项，然后输入螺距值 5；在"螺旋线"对话框长度区域的方法下拉列表中
选择圈数选项，输入圈数值 4；在"螺旋线"对话框设置区域的旋转方向下拉列表中选择右手选
项；单击对话框中的 < 确定 > 按钮，完成螺旋线的创建。

放大图

图 29.40　螺旋线

此边为定义点参照

放大图

图 29.41　定义螺旋线起点

Step32. 创建图 29.42 所示的基准平面 1。选择下拉菜单插入(S) ➡ 基准/点(D)▶ ➡
🔲 基准平面(D)...命令，系统弹出"基准平面"对话框；在"基准平面"对话框类型区域的下
拉列表中选择 点和方向选项；选取图 29.43 所示的螺旋线的上端点（点 1）；在 ✓ 指定矢量 下
拉列表中选择 YC 选项；其他参数采用系统默认设置；在"基准平面"对话框中单击 < 确定 >
按钮，完成基准平面 1 的创建。

Step33. 创建图 29.44 所示的草图 5。选择下拉菜单插入(S) ➡ 🔳 在任务环境中绘制草图(V)...
命令；选取基准平面 1 为草图平面；绘制图 29.44 所示的草图 5（草图 5 所绘圆的圆心约束
在螺旋曲线上）。

基准平面 1

图 29.42　基准平面 1

点 1

放大图

图 29.43　定义点

Step34. 创建图 29.45 所示的基准平面 2。选择下拉菜单插入(S) ➡ 基准/点(D)▶ ➡

□ 基准平面(D)... 命令，系统弹出"基准平面"对话框；在"基准平面"对话框 类型 区域的下拉列表中选择 点和方向 选项；选取螺旋线的下端点（螺旋线的另一个端点）；其他参数采用系统默认设置；在"基准平面"对话框中单击 < 确定 > 按钮，完成基准平面 2 的创建。

图 29.44　草图 5　　　　　　　　　图 29.45　基准平面 2

Step35. 创建图 29.46 所示的草图 6。选择下拉菜单 插入(S) ➡ 在任务环境中绘制草图(V)... 命令；选取基准平面 2 为草图平面；绘制图 29.46 所示的草图 6（草图 6 中竖直线的中点约束在图 29.46 所示的螺旋线的相应位置上）。

Step36. 创建图 29.47 所示的草图 7。选择下拉菜单 插入(S) ➡ 在任务环境中绘制草图(V)... 命令；选取基准平面 2 为草图平面；绘制图 29.47 所示的草图 7（草图 7 所绘圆的圆心约束在螺旋曲线的端点上）。

图 29.46　草图 6　　　　　　　　　图 29.47　草图 7

Step37. 创建图 29.48 所示的扫掠特征 2。选择下拉菜单 插入(S) ➡ 扫掠(W) ➡ 扫掠(S)... 命令，系统弹出"扫掠"对话框；依次选取草图 7 所绘的曲线、草图 6 所绘的曲线和草图 5 所绘的曲线为截面曲线，并分别单击中键确认，再单击中键确定；选取螺旋线为引导线 1，并单击中键确认；其他参数采用系统默认设置；在"扫掠"对话框中单击 < 确定 > 按钮，完成扫掠特征 2 的创建。

说明：选取截面曲线时，系统自动产生矢量方向应为同向，否则不是图 29.48 所示的扫掠特征 2。

Step38. 创建图 29.49 所示的修剪体特征 5。选择下拉菜单 插入(S) ➡ 修剪(T) ➡ 修剪体(T)... 命令；选取 Step37 创建的扫掠特征 2 为目标体，选取图 29.50 所示的曲面（瓶口外表面）为工具体；在 工具 区域中单击 ⤢ 按钮调整修剪方向为向内；单击 < 确定 > 按钮，完成修剪体特征 5 的创建。

图 29.48　扫掠特征 2

图 29.49　修剪体特征 5

Step39. 创建图 29.51 所示的基准平面 3。选择下拉菜单插入(S) ➡ 基准/点(D)▶ ➡ ▢ 基准平面(D)...命令，系统弹出"基准平面"对话框；在类型区域的下拉列表中选择 ⊞ 按某一距离 选项。在 平面参考 区域单击 ⊕ 按钮，选取 XY 基准平面为对象平面；在偏置区域的 距离 文本框中输入值 162；其他参数采用系统默认设置；在"基准平面"对话框中单击 ＜确定＞ 按钮，完成基准平面 3 的创建。

图 29.50　定义目标体和工具体

图 29.51　基准平面 3

Step40. 创建图 29.52 所示的拉伸特征。选择下拉菜单插入(S) ➡ 设计特征(E)▶ ➡ ▥ 拉伸(E)...命令（或单击 ▥ 按钮），系统弹出"拉伸"对话框；单击对话框中的"绘制截面"按钮 ▦，系统弹出"创建草图"对话框。选取基准平面 3 为草图平面，单击 确定 按钮，进入草图环境，绘制图 29.53 所示的截面草图，选择下拉菜单任务(K) ➡ ▨ 完成草图(K)命令（或单击 ▨ 完成草图按钮），退出草图环境；在"拉伸"对话框限制-区域的开始下拉列表中选择 ⊞ 值 选项，并在其下的距离文本框中输入值 0；在限制-区域的结束下拉列表中选择 ⊞ 值 选项，并在其下的距离文本框中输入值 1.5，在方向-区域的 ＊指定矢量 (0)下拉列表中选择 ZC↑ 选项；在布尔区域的下拉列表中选择 ⊞ 合并选项，选取图 29.54 所示的实体为合并对象；其他参数采用系统默认设置；单击对话框中的 ＜确定＞ 按钮，完成拉伸特征的创建。

图 29.52　拉伸特征

图 29.53　截面草图

Step41. 创建合并特征。选择下拉菜单插入(S) ➡ 组合(B) ➡ ⊡ 合并(U)...命令，系统弹出"合并"对话框；选取图 29.55 所示的实体为目标体和工具体；在"合并"对话框中单击 ＜确定＞ 按钮，完成布尔合并特征的创建。

此实体为合并对象参照

此实体为目标体参照

此实体为工具体参照

放大图

图 29.54　定义合并对象

图 29.55　定义目标体和工具体

Step42. 保存零件模型。选择下拉菜单 文件(F) ➡ 🖫 保存(S) 命令, 即可保存零件模型。

# 实例 **30**　轴　承

**实例概述**：

本实例详细讲解了轴承的创建和装配过程：首先是创建轴承的内环、保持架及钢球，它们分别生成各自的模型文件，然后装配模型，并在装配体中创建零件模型。其中，在创建外环时运用了"在装配体中创建零件模型"方法。轴承的装配组件模型如图 30.1 所示。

### Stage1. 创建零件模型——轴承内环

下面介绍轴承内环的设计过程，如图 30.2 所示。

图 30.1　轴承设计

图 30.2　轴承内环

Step1. 新建文件。选择下拉菜单 文件(F) ➡ 新建(N)... 命令，系统弹出"新建"对话框。在 模型 选项卡的 模板 区域中选取模板类型为 模型，在 名称 文本框中输入文件名称 bearing_in，单击 确定 按钮，进入建模环境。

Step2. 创建图 30.3 所示的旋转特征 1。选择下拉菜单 插入(S) ➡ 设计特征(E) ➡ 旋转(R)... 命令（或单击 按钮），系统弹出"旋转"对话框；单击 截面 区域中的 按钮，系统弹出"创建草图"对话框，选取 XY 基准平面为草图平面，单击 确定 按钮，进入草图环境，绘制图 30.4 所示的截面草图，选择下拉菜单 任务(K) ➡ 完成草图(K) 命令（或单击 完成草图 按钮），退出草图环境；在绘图区中选取 YC 基准轴为旋转轴；在"旋转"对话框 限制 区域的 开始 下拉列表中选择 值 选项，在其下的 角度 文本框中输入值 0，在 结束 下拉列表中选择 值 选项，在其下的 角度 文本框中输入值 360，其他参数采用系统默认设置；单击 < 确定 > 按钮，完成旋转特征 1 的创建。

图 30.3　旋转特征 1

图 30.4　截面草图

Step3. 将对象移动至图层并隐藏。选择下拉菜单 编辑(E) ➡ 显示和隐藏(H) ➡

全部显示(A) 命令，隐藏的所有对象将会处于显示状态；选择下拉菜单 格式(R) ➡️ 移动至图层(M)... 命令，系统弹出"类选择"对话框；在过滤器区域中单击 ➕ 按钮，系统弹出"根据类型选择"对话框；在此对话框中选择 基准 选项，单击对话框中的 确定 按钮，系统再次弹出"类选择"对话框；单击 全选 选项后的 ➕ 按钮，单击 确定 按钮，此时系统弹出"图层移动"对话框，在目标图层或类别文本框中输入值 2，单击 确定 按钮；选择下拉菜单 格式(R) ➡️ 图层设置(S)... 命令，系统弹出"图层设置"对话框，在 显示 下拉列表中选择 所有图层 选项，在 图层 下拉列表中选择 ☑2 选项，然后单击 图层控制 区域的 设为不可见 右边的 ⬟ 按钮，单击 关闭 按钮，完成对象的隐藏。

Step4. 编辑对象的显示。选择下拉菜单 编辑(E) ➡️ 对象显示(T)... 命令，系统弹出"类选择"对话框；单击 Step2 所创建的旋转特征 1，单击 确定 按钮，系统弹出"编辑对象显示"对话框；单击 颜色 后的 选项，系统弹出"颜色"对话框，调节颜色 ID 为 168，然后按 Enter 键，单击 确定 按钮，完成颜色选择；在 线型 下拉列表中选择虚线，在 宽度 下拉列表中选择粗线宽度；单击 确定 按钮，完成编辑对象显示。

Step5. 保存零件模型。选择下拉菜单 文件(F) ➡️ 保存(S) 命令，即可保存零件模型。

## Stage2. 创建零件模型——轴承保持架

下面介绍轴承保持架的设计过程，模型零件及相应的模型树如图 30.5 所示。

图 30.5 零件模型及模型树

Step1. 新建文件。选择下拉菜单 文件(F) ➡️ 新建(N)... 命令，系统弹出"新建"对话框。在 模型 选项卡的 模板 区域中选取模板类型为 模型，在 名称 文本框中输入文件名称 bearing_ring，单击 确定 按钮，进入建模环境。

Step2. 创建图 30.6 所示的旋转特征 2。选择下拉菜单 插入(S) ➡️ 设计特征(E) ➡️ 旋转(R)... 命令（或单击 ⬟ 按钮），系统弹出"旋转"对话框；单击截面区域中的 ⬟ 按钮，系统弹出"创建草图"对话框，选取 XY 基准平面为草图平面，单击 确定 按钮，进入草图环境，绘制图 30.7 所示的截面草图，选择下拉菜单 任务(K) ➡️ 完成草图(K) 命令（或单击 完成草图 按钮），退出草图环境；在绘图区中选取 YC 基准轴为旋转轴；在"旋转"

对话框 限制-区域的 开始 下拉列表中选择 值 选项,并在其下的 角度 文本框中输入值 0,在 结束 下拉列表中选择 值 选项,并在其下的 角度 文本框中输入值 360,其他参数采用系统默认设置;单击 〈确定〉 按钮,完成旋转特征 2 的创建。

图 30.6 旋转特征 2

图 30.7 截面草图

Step3. 创建图 30.8 所示的拉伸特征。选择下拉菜单 插入(S) → 设计特征(E) → 拉伸(E)... 命令(或单击 按钮),系统弹出"拉伸"对话框;单击"拉伸"对话框中的"绘制截面"按钮 ,系统弹出"创建草图"对话框,单击 按钮,选取 XY 基准平面为草图平面,单击 确定 按钮,进入草图环境,绘制图 30.9 所示的截面草图,选择下拉菜单 任务(K) → 完成草图(K) 命令(或单击 完成草图 按钮),退出草图环境;在"拉伸"对话框 限制-区域的 开始 下拉列表中选择 值 选项,并在其下的 距离 文本框中输入值 0;在 限制-区域的 结束 下拉列表中选择 贯通 选项,采用系统默认方向;在 布尔 区域中选择 减去 选项,采用系统默认的求差对象;单击 〈确定〉 按钮,完成拉伸特征的创建。

Step4. 创建图 30.10 所示的阵列特征 1。选择下拉菜单 插入(S) → 关联复制(A)▶ → 阵列特征(A)... 命令(或单击 按钮),系统弹出"阵列特征"对话框;在模型树中选取 Step3 所创建的拉伸特征;在"阵列特征"对话框 阵列定义 区域的 布局 下拉列表中选择 圆形 选项;在 *指定矢量 区域的下拉列表中选择 YC 选项;在"阵列特征"对话框的 间距 下拉列表中选择 数量和间隔 选项,在 数量 文本框中输入值 12,在 节距角 文本框中输入值 30;单击"阵列特征"对话框中的 确定 按钮,完成阵列特征 1 的创建。

图 30.8 拉伸特征

图 30.9 截面草图

图 30.10 阵列特征 1

Step5. 将对象移动至图层并隐藏。选择下拉菜单 编辑(E) → 显示和隐藏(H) → 全部显示(A) 命令,隐藏的所有对象将会处于显示状态;选择下拉菜单 格式(R) → 移动至图层(M)... 命令,系统弹出"类选择"对话框;在 过滤器 区域中单击 按钮,系统弹出"根据类型选择"对话框;在此对话框中选择 基准 选项,单击对话框中的 确定 按钮,系统弹出"类选择"对话框;单击 全选 选项后的 按钮,单击 确定 按钮,此时系统弹出"图层移动"对话框,在 目标图层或类别 文本框中输入值 2,单击 确定 按钮;选择下拉菜单 格式(R) → 图层设置(S)... 命令,系统弹出"图层设置"对话框,在

显示 下拉列表中选择 所有图层 选项，在 图层 列表框中选择 ☑2 选项，然后单击 设为不可见 右边的 ⬥ 按钮，单击 关闭 按钮，完成对象的隐藏。

Step6. 编辑对象的显示。选择下拉菜单 编辑(E) ➡ 对象显示(J)... 命令，系统弹出"类选择"对话框；单击 Step2 所创建的旋转特征 2，单击 确定 按钮，系统弹出"编辑对象显示"对话框；单击 颜色 后的 选项，系统弹出"颜色"对话框，调节颜色 ID 为 138，然后按 Enter 键，单击 确定 按钮，完成颜色选择；在 线型 下拉列表中选择虚线，在 宽度 下拉列表中选择粗线宽度；单击 确定 按钮，完成编辑对象显示。

Step7. 保存零件模型。选择下拉菜单 文件(F) ➡ 🖫 保存(S) 命令，即可保存零件模型。

### Stage3. 创建零件模型——钢球

Step1. 新建文件。选择下拉菜单 文件(F) ➡ 🗋 新建(N)... 命令，系统弹出"新建"对话框。在 模型 选项卡的 模板 区域中选取模板类型为 🔵模型，在 名称 文本框中输入文件名称 ball，单击 确定 按钮，进入建模环境。

Step2. 创建图 30.11 所示的球特征。选择下拉菜单 插入(S) ➡ 设计特征(E) ➡ 🔵 球(S)... 命令（或单击 🔵 按钮），系统弹出"球"对话框；在 类型 下拉列表中选择 ✦ 中心点和直径 选项；接受系统默认的坐标原点（0,0,0）为中心点；在 直径 文本框中输入值 9；其他参数采用系统默认设置；单击 确定 按钮，完成球特征的创建。

图 30.11　球特征

Step3. 编辑对象的显示。选择下拉菜单 编辑(E) ➡ 对象显示(J)... 命令，系统弹出"类选择"对话框；单击 Step2 所创建的球特征，单击 确定 按钮，系统弹出"编辑对象显示"对话框；单击 颜色 后的 选项，系统弹出"颜色"对话框，调节颜色 ID 为 138，然后按 Enter 键，单击 确定 按钮，完成颜色选择；在 线型 下拉列表中选择虚线，在 宽度 下拉列表中选择粗线宽度；单击 确定 按钮，完成编辑对象显示。

Step4. 保存零件模型。选择下拉菜单 文件(F) ➡ 🖫 保存(S) 命令，即可保存零件模型。

### Stage4. 装配模型

Step1. 新建文件。选择下拉菜单 文件(F) ➡ 🗋 新建(N)... 命令，系统弹出"新建"对话框。在 模型 选项卡的 模板 区域中选取模板类型为 🟡装配，在 名称 文本框中输入文件名称 bearing_asm，单击 确定 按钮，进入装配环境。

Step2. 添加图 30.12 所示的轴承内环。在"添加组件"对话框的 打开 区域中单击 📂 按钮，在弹出的"部件名"对话框中选择文件 bearing_in.prt，单击 OK 按钮，系统返回到"添加组件"对话框；在 放置 区域的 定位 下拉列表中选择 绝对原点 选项，单击 确定 按钮，此时轴承内环已被添加到装配文件中。

Step3. 添加图 30.13 所示的轴承保持架并定位。选择下拉菜单 装配(A) ➡ 组件(C) ➡ 添加组件(A)... 命令，系统弹出"添加组件"对话框；在"添加组件"对话框的 打开 区域中单击 按钮，在弹出的"部件名"对话框中选择文件 bearing_ring.prt，单击 OK 按钮，系统返回到"添加组件"对话框；在 放置 区域的 定位 下拉列表中选择 绝对原点 选项，单击 确定 按钮，此时轴承保持架已被添加到装配文件中。

图 30.12　添加轴承内环　　　　　　　图 30.13　添加轴承保持架

Step4. 添加图 30.14 所示的钢球并定位。选择下拉菜单 装配(A) ➡ 组件(C) ➡ 添加组件(A)... 命令，系统弹出"添加组件"对话框；在"添加组件"对话框的 打开 区域中单击 按钮，在弹出的"部件名"对话框中选择文件 ball.prt，单击 OK 按钮，系统返回到"添加组件"对话框；在 放置 区域的 定位 下拉列表中选择 选择原点 选项，单击 确定 按钮，系统弹出"点"对话框。在 X 文本框中输入值 0，在 Y 文本框中输入值 0，在 Z 文本框中输入值 28，单击 确定 按钮，此时钢球已被添加到装配文件中。

Step5. 创建图 30.15 所示的阵列特征 2。选择下拉菜单 装配(A) ➡ 组件(C) ➡ 阵列组件(P)... 命令，系统弹出"类选择"对话框；在绘图区选取 Step4 所添加的钢球，单击 确定 按钮，系统弹出"创建组件阵列"对话框；在弹出的"创建组件阵列"对话框的 阵列定义 选项组中选择 ⊙ 圆形 单选项，单击 确定 按钮，在系统弹出的"创建圆形阵列"对话框中选择 ⊙ 圆柱面 单选项，在绘图区选取图 30.16 所示的圆柱面，在对话框的 总数 文本框中输入值 12，在 角度 文本框中输入值 30，单击 确定 按钮，完成阵列特征 2 的创建。

选取此圆柱面

图 30.14　添加钢球　　　图 30.15　阵列特征 2　　　图 30.16　选取圆柱面

**Stage5. 在装配体中创建轴承外环**

下面介绍轴承外环的创建过程，模型零件及相应的模型树如图 30.17 所示。

图 30.17　零件模型及模型树

**Step1.** 添加部件。选择下拉菜单 装配(A) ➡ 组件(C) ➡ 新建组件(C)...命令，系统弹出"新组件文件"对话框，选取模板类型为 模型，输入文件名称 bearing_out，单击 确定 按钮，系统弹出"新建组件"对话框。采用系统的默认设置，单击对话框中的 确定 按钮。

**Step2.** 单击左边资源工具条中的"装配导航器"按钮 ，右击装配导航器中的 bearing out 选项，在弹出的快捷菜单中选择 设为工作部件 选项；然后在 应用模块 功能选项卡的 设计 区域单击 建模 按钮，进入建模环境。

**Step3.** 创建图 30.18 所示的求交曲线特征。选择下拉菜单 插入(S) ➡ 派生曲线(U) ➡ 求交(I)...命令，系统弹出"相交曲线"对话框；在绘图区选取图 30.19 所示的面（所选球面要与 XY 基准面垂直），单击中键后选取 XY 基准平面；单击 < 确定 > 按钮，完成求交曲线特征的创建。

**注意：** 选取球时，需要在"上边框条"中的"选择范围"下拉列表中选择 整个装配 选项。

**说明：** 创建此曲线的目的是为了方便下一步绘制旋转剖面草图时添加有效的约束。

图 30.18　求交曲线特征

图 30.19　定义相交平面

**Step4.** 创建图 30.20 所示的旋转特征 3。选择下拉菜单 插入(S) ➡ 设计特征(E) ➡ 旋转(R)...命令（或单击 按钮），系统弹出"旋转"对话框；单击截面区域中的 按钮，系统弹出"创建草图"对话框，选取 XY 基准平面为草图平面，单击 确定 按钮，进入草图环境，绘制图 30.21 所示的截面草图，选择下拉菜单 任务(K) ➡ 完成草图(K) 命令（或单击 完成草图 按钮），退出草图环境；在绘图区域中选取 YC 基准轴为旋转轴，选取坐标原点为旋转点；在"旋转"对话框 限制 区域的 开始 下拉列表中选择 值 选项，并在其下的 角度 文本框中输入值 0，在 结束 下拉列表中选择 值 选项，并在其下的 角度 文本框中输入值 360，在 布尔 区域的下拉列表中选择 无 选项；其他参数采用系统默认设置；单击 < 确定 > 按钮，完成旋转特征 3 的创建。

图 30.20　旋转特征 3

图 30.21　截面草图

Step5. 编辑对象的显示。选择下拉菜单 编辑(E) ➡ 对象显示(J)… 命令，系统弹出"类选择"对话框；在绘图区选取 Step4 所创建的旋转特征 3，单击 确定 按钮，系统弹出"编辑对象显示"对话框；单击 颜色 后的 选项，系统弹出"颜色"对话框，调节颜色 ID 为 83，然后按 Enter 键，单击 确定 按钮，完成颜色选择；在 线型 下拉列表中选择虚线，在 宽度 下拉列表中选择粗线宽度；单击 确定 按钮，完成编辑对象显示。

Step6. 转换成工作部件。单击右边资源工具条中的"装配导航器"按钮 ，在装配导航器中的 ☑ bearing_asm 部件上右击，在弹出的快捷菜单中选择 设为工作部件 命令，将其设置为工作部件。

Step7. 替换引用集。选中 ☑ bearing_out 组件并右击，在弹出的快捷菜单里选中 替换引用集 ➡ MODEL 选项，此时设计的模型显示出来。

Step8. 保存零件模型。选择下拉菜单 文件(F) ➡ 保存(S) 命令，即可保存零件模型。

# 实例 **31** 台 灯

## 31.1 概 述

通过图 31.1.1 所示的台灯的设计，读者可以学习和掌握产品装配的一般过程，熟悉装配的操作流程。本实例先通过设计每个零部件，然后再到装配，循序渐进、由浅入深地展示一个完整模型的设计过程。

a）方位一

b）方位二

灯罩上盖
灯罩下盖
灯头
灯管
加重块
底座下盖
支撑管
底座上盖
按钮

c）模型爆炸图

图 31.1.1 台灯的设计

## 31.2 加 重 块

本节重点介绍加重块的设计过程。读者通过对该零件进行设计，可以进一步加深对拔模特征、拉伸特征、孔特征和边倒圆特征的学习，设计过程中应注意创建倒角的先后顺序。加重块的零件模型及相应的模型树如图 31.2.1 所示。

图 31.2.1 加重块的零件模型及模型树

Step1. 新建文件。选择下拉菜单 文件(F) ➡ 新建(N)... 命令，系统弹出"新建"对话框。在 模型 选项卡的 模板 区域中选取模板类型为 模型，在 名称 文本框中输入文件名称 aggravate_block，单击 确定 按钮，进入建模环境。

Step2. 创建图 31.2.2 所示的拉伸特征 1。选择下拉菜单 插入(S) ➡ 设计特征(E)▶ ➡ 拉伸(E)... 命令（或单击 按钮），系统弹出"拉伸"对话框；单击"拉伸"对话框中的"绘制截面"按钮 ，系统弹出"创建草图"对话框。单击 按钮，选取 XY 基准平面为草图平面，单击 确定 按钮，进入草图环境，绘制图 31.2.3 所示的截面草图，选择下拉菜单 任务(K) ➡ 完成草图(K) 命令（或单击 完成草图 按钮），退出草图环境；在"拉伸"对话框 限制 区域的 开始 下拉列表中选择 值 选项，并在其下的 距离 文本框中输入值 0；在 限制 区域的 结束 下拉列表中选择 值 选项，并在其下的 距离 文本框中输入值 20；采用系统默认的拉伸方向；单击 < 确定 > 按钮，完成拉伸特征 1 的创建。

图 31.2.2 拉伸特征 1

图 31.2.3 截面草图

Step3. 创建图 31.2.4 所示的拉伸特征 2。选择下拉菜单 插入(S) ➡ 设计特征(E)▶ ➡ 拉伸(E)... 命令（或单击 按钮），系统弹出"拉伸"对话框；单击"拉伸"对话框中的"绘制截面"按钮 ，系统弹出"创建草图"对话框。单击 按钮，选取图 31.2.5 所示的模型表面为草图平面，单击 确定 按钮，进入草图环境，绘制图 31.2.6 所示的截面草图，选择下拉菜单 任务(K) ➡ 完成草图(K) 命令（或单击 完成草图 按钮），退出草图环境；在"拉伸"对话框 限制 区域的 开始 下拉列表中选择 值 选项，并在其下的 距离 文本框中输入值 0；在 限制 区域的 结束 下拉列表中选择 贯通 选项，并单击"反向"按钮 ；在 布尔 区域中选择 减去 选项，采用系统默认的求差对象；单击 < 确定 > 按钮，完成拉伸特征 2 的创建。

图 31.2.4 拉伸特征 2

此面为草图平面

图 31.2.5 定义草图平面

φ 10
125

图 31.2.6 截面草图

Step4. 创建拔模特征。选择下拉菜单 插入(S) ➡ 细节特征(L)▶ ➡ 拔模(T)... 命令（或单击 按钮），系统弹出"拔模"对话框；在 类型 区域中选择 面 选项，在 指定矢量 下拉列表中选取 ZC 选项，以 ZC 轴的正方向为拔模方向。选择图 31.2.7 所示的平面为固定面，单击中键确认，选取图 31.2.8 所示的面为要拔模的面，在 角度 文本框中输入值 5；单击"拔模"对话框中的 < 确定 > 按钮，完成拔模特征的创建。

图 31.2.7　定义拔模固定面　　　　　　　　　图 31.2.8　定义拔模面

Step5. 创建图 31.2.9b 所示的边倒圆特征 1。选择下拉菜单 插入(S) ➡ 細节特征(L) ▶ ➡ 边倒圆(E) 命令（或单击 按钮），系统弹出"边倒圆"对话框；在 边 区域中单击 按钮，选择图 31.2.9a 所示的两条边线为边倒圆参照，并在 半径 1 文本框中输入值 3；单击 < 确定 > 按钮，完成边倒圆特征 1 的创建。

a）圆角前　　　　　　　　　　　　　　b）圆角后

图 31.2.9　边倒圆特征 1

Step6. 创建边倒圆特征 2。选取图 31.2.10 所示的 4 条边线为边倒圆参照，其圆角半径值为 5。

Step7. 创建边倒圆特征 3。选取图 31.2.11 所示的 8 条边线为边倒圆参照，其圆角半径值为 3。

Step8. 创建倒斜角特征。选择下拉菜单 插入(S) ➡ 細节特征(L) ▶ ➡ 倒斜角(C)... 命令（或单击 按钮），系统弹出"倒斜角"对话框；在 边 区域中单击 按钮，选取图 31.2.12 所示的边线为倒斜角参照，在 偏置 区域的 横截面 下拉列表中选择 对称 选项，并在 距离 文本框中输入值 1；单击 < 确定 > 按钮，完成倒斜角特征的创建。

图 31.2.10　选取边倒圆参照　　　图 31.2.11　选取边倒圆参照　　　图 31.2.12　倒斜角参照

Step9. 将对象移动至图层并隐藏。选择下拉菜单 编辑(E) ➡ 显示和隐藏(H) ➡ 全部显示(A) 命令，隐藏的所有对象将会处于显示状态；选择下拉菜单格式(R) ➡ 移动至图层(M)...命令，系统弹出"类选择"对话框；在过滤器区域中单击⊕按钮，系统弹出"根据类型选择"对话框；在此对话框中选择基准选项，单击对话框中的确定按钮，系统返回到"类选择"对话框；单击"全选"按钮⊕，单击确定按钮，此时系统弹出"图层移动"对话框，在目标图层或类别文本框中输入值 2，单击确定按钮；选择下拉菜单格式(R) ➡ 图层设置(S)...命令，系统弹出"图层设置"对话框，在显示下拉列表中选择所有图层选项，在图层列表框中选择☑2选项，单击图层控制区域的设为不可见右边的按钮，单击关闭按钮，完成对象的隐藏。

Step10. 保存零件模型。选择下拉菜单文件(F) ➡ 保存(S)命令，即可保存零件模型。

## 31.3 按　　钮

本节介绍按钮的设计过程。通过练习本例，读者可以练习拔模特征、拉伸特征、边倒圆特征以及孔特征的运用。按钮的零件模型及相应的模型树如图 31.3.1 所示。

图 31.3.1　按钮的零件模型及模型树

Step1. 新建文件。选择下拉菜单文件(F) ➡ 新建(N)...命令，系统弹出"新建"对话框。在模型选项卡的模板区域中选取模板类型为模型，在名称文本框中输入文件名称 button，单击确定按钮，进入建模环境。

Step2. 创建图 31.3.2 所示的拉伸特征 1。选择下拉菜单插入(S) ➡ 设计特征(E)▶ ➡ 拉伸(E)...命令（或单击按钮），系统弹出"拉伸"对话框；单击"拉伸"对话框中的"绘制截面"按钮，系统弹出"创建草图"对话框。单击⊕按钮，选取 XY 基准平面为草图平面，单击确定按钮，进入草图环境，绘制图 31.3.3 所示的截面草图，选择下拉菜单任务(K) ➡ 完成草图(K)命令（或单击完成草图按钮），退出草图环境；在"拉伸"对话框限制区域的开始下拉列表中选择值选项，并在其下的距离文本框中输入值 0；在限制-区域的结束下拉列表中选择值选项，并在其下的距离文本框中输入值 14；其他参数采用系统默认设置；单击<确定>按钮，完成拉伸特征 1 的创建。

图 31.3.2　拉伸特征 1

图 31.3.3　截面草图

Step3. 创建拔模特征。选择下拉菜单 插入(S) ➡ 细节特征(L) ▶ ➡ 拔模(T)... 命令（或单击 ◆ 按钮），系统弹出"拔模"对话框；在 类型 区域中选择 ◆ 面 选项，在 ✔ 指定矢量 下拉列表中选取 ZC↑ 选项；选择图 31.3.4 所示的模型表面为固定面，单击鼠标中键，选取图 31.3.5 所示的面为要拔模的面，在 角度 1 文本框中输入值 2；单击"拔模"对话框中的 < 确定 > 按钮，完成拔模特征的创建。

图 31.3.4　定义拔模固定面

图 31.3.5　定义拔模面

Step4. 创建图 31.3.6 所示的拉伸特征 2。选择下拉菜单 插入(S) ➡ 设计特征(E) ▶ ➡ 拉伸(E)... 命令，选取 YZ 基准平面为草图平面；绘制图 31.3.7 所示的截面草图；在"拉伸"对话框 限制 区域的 开始 下拉列表中选择 贯通 选项，在 限制 区域的 结束 下拉列表中选择 贯通 选项；在 布尔 区域中选择 减去 选项，采用系统默认的求差对象；单击 < 确定 > 按钮，完成拉伸特征 2 的创建。

图 31.3.6　拉伸特征 2

图 31.3.7　截面草图

Step5. 创建边倒圆特征 1。选择下拉菜单 插入(S) ➡ 细节特征(L) ▶ ➡ 边倒圆(E) 命令（或单击 按钮），系统弹出"边倒圆"对话框；在 边 区域中单击 按钮，选取图 31.3.8 所示的两条边线为边倒圆参照，并在 半径 1 文本框中输入值 2；单击 < 确定 > 按钮，完成边倒圆特征 1 的创建。

Step6. 创建边倒圆特征 2。选取图 31.3.9 所示的边线为边倒圆参照，其圆角半径值为 1。

Step7. 创建图 31.3.10 所示的拉伸特征 3。选择下拉菜单 插入(S) ➡ 设计特征(E) ▶ ➡ 拉伸(E)... 命令，选取 XY 基准平面为草图平面；绘制图 31.3.11 所示的截面草图；在"拉伸"对话框 限制-区域的 开始 下拉列表中选择 值 选项，并在其下的 距离 文本框中输入值 0；在 限制-区域的 结束 下拉列表中选择 值 选项，并在其下的 距离 文本框中输入值 5，在 布尔区域的下拉列表中选择 合并 选项，采用系统默认的合并对象；单击 〈 确定 〉 按钮，完成拉伸特征 3 的创建。

图 31.3.8　选取边倒圆参照

图 31.3.9　选取边倒圆参照

图 31.3.10　拉伸特征 3

图 31.3.11　截面草图

Step8. 创建图 31.3.12 所示的孔特征 1。选择下拉菜单 插入(S) ➡ 设计特征(E)▶ ➡ 孔(H)... 命令（或单击 按钮），系统弹出"孔"对话框；在 类型 下拉列表中选择 常规孔 选项，单击 指定点 (0) 右方的 按钮，确认"选择条"工具条中的 按钮被按下，选择图 31.3.13 所示的圆弧边线，完成孔中心点的指定；在 成形 下拉列表中选择 沉头 选项，在 沉头直径 文本框中输入值 5，在 沉头深度 文本框中输入值 2，在 直径 文本框中输入值 3，在 深度限制 下拉列表中选择 贯通体 选项，其余参数采用系统默认设置；单击 〈 确定 〉 按钮，完成孔特征 1 的创建。

图 31.3.12　孔特征 1

图 31.3.13　定义孔位置

Step9. 创建图 31.3.14 所示的孔特征 2。参照 Step8 的操作步骤，选取图 31.3.15 所示的圆弧边线，其余参数设置同孔特征 1，完成孔特征 2 的创建。

图 31.3.14　孔特征 2

图 31.3.15　定义孔位置

Step10. 将对象移动至图层并隐藏。选择下拉菜单 编辑(E) ➡ 显示和隐藏(H) ➡

■ 全部显示(A) 命令，隐藏的所有对象将会处于显示状态；选择下拉菜单 格式(R) ➡️
■ 移动至图层(M)... 命令，系统弹出"类选择"对话框；在 过滤器 区域中单击 ➕ 按钮，系统弹出"根据类型选择"对话框；在此对话框中选择 基准 选项，单击对话框中的 确定 按钮，系统再次弹出"类选择"对话框；单击 全选 选项后的 ➕ 按钮，单击 确定 按钮，此时系统弹出"图层移动"对话框，在 目标图层或类别 文本框中输入值 2，单击 确定 按钮；选择下拉菜单 格式(R) ➡️ ■ 图层设置(S)... 命令，弹出"图层设置"对话框，在 显示 下拉列表中选择 所有图层 选项，在 图层 列表框中选择 ☑2 选项，然后单击 设为不可见 右边的 ■ 按钮，单击 关闭 按钮，完成对象的隐藏。

Step11. 保存零件模型。选择下拉菜单 文件(F) ➡️ ■ 保存(S) 命令，即可保存零件模型。

# 31.4 灯 头

本节介绍灯头的设计过程。通过练习本例，读者可以练习拉伸特征、边倒圆特征、倒斜角特征以及孔特征的运用。灯头的零件模型及相应的模型树如图 31.4.1 所示。

图 31.4.1 灯头的零件模型及模型树

Step1. 新建文件。选择下拉菜单 文件(F) ➡️ ■ 新建(N)... 命令，系统弹出"新建"对话框。在 模型 选项卡的 模板 区域中选取模板类型为 ■ 模型，在 名称 文本框中输入文件名称 light_socket，单击 确定 按钮，进入建模环境。

Step2. 创建图 31.4.2 所示的拉伸特征 1。选择下拉菜单 插入(S) ➡️ 设计特征(E)▶ ➡️ ■ 拉伸(E)... 命令（或单击 ■ 按钮），系统弹出"拉伸"对话框；单击"拉伸"对话框中的"绘制截面"按钮 ■，系统弹出"创建草图"对话框。单击 ➕ 按钮，选取 XY 基准平面为草图平面，单击 确定 按钮，进入草图环境，绘制图 31.4.3 所示的截面草图，选择下拉菜单 任务(K) ➡️ ■ 完成草图(K) 命令（或单击 ■ 完成草图 按钮），退出草图环境；选取 ZC 轴作为拉伸方向，在"拉伸"对话框 限制 区域的 开始 下拉列表中选择 ■ 值 选项，并在其下的 距离 文本框中输入值 0；在 限制 区域的 结束 下拉列表中选择 ■ 值 选项，并在其下的 距离 文本框中输入值 22；其他参数采用系统默认设置；单击 < 确定 > 按钮，完成拉伸特征 1 的创建。

图 31.4.2　拉伸特征 1

图 31.4.3　截面草图

Step3. 创建图 31.4.4 所示的拉伸特征 2。选择下拉菜单 插入(S) ➡ 设计特征(E)▶ ➡

拉伸(E)... 命令，选取 ZX 基准平面为草图平面；绘制图 31.4.5 所示的截面草图；在"拉伸"

对话框 限制 区域的 开始 下拉列表中选择 对称值 选项，并在其下的 距离 文本框中输入值 2.5；

在 布尔 区域的下拉列表中选择 合并 选项，采用系统默认的合并对象；单击 < 确定 > 按钮，

完成拉伸特征 2 的创建。

图 31.4.4　拉伸特征 2

图 31.4.5　截面草图

Step4. 创建图 31.4.6 所示的孔特征 1。选择下拉菜单 插入(S) ➡ 设计特征(E)▶ ➡

孔(O)... 命令（或单击 按钮），系统弹出"孔"对话框；在 类型 下拉列表中选择 常规孔

选项；单击 * 指定点 (0) 右方的 按钮，确认"选择条"工具条中的 按钮被按下，选择图

31.4.7 所示的圆弧边线，完成孔中心点的指定；在 成形 下拉列表中选择 沉头 选项，在 沉头直径

文本框中输入值 5，在 沉头深度 文本框中输入值 3，在 直径 文本框中输入值 3，在 深度限制 下

拉列表中选择 贯通体 选项，其余参数采用系统默认设置；单击 < 确定 > 按钮，完成孔特征 1

的创建。

图 31.4.6　孔特征 1

选取此边

图 31.4.7　定义孔位置

Step5. 创建图 31.4.8 所示的孔特征 2。参照 Step4 的操作步骤，选取图 31.4.9 所示的圆

弧边线，其余参数设置同孔特征 1，完成孔特征 2 的创建。

图 31.4.8　孔特征 2

选取此边

图 31.4.9　定义孔位置

Step6. 创建图 31.4.10 所示的拉伸特征 3。选择下拉菜单 插入(S) ➡ 设计特征(E)▸ ➡
拉伸(E)... 命令，选取图 31.4.11 所示的模型表面为草图平面；绘制图 31.4.12 所示的截面草
图；选取 ZC 轴为拉伸方向，在"拉伸"对话框 限制-区域的 开始 下拉列表中选择 值 选项，
并在其下的 距离 文本框中输入值 0；在 限制-区域的 结束 下拉列表中选择 值 选项，并在其下
的 距离 文本框中输入值 15；在 布尔 区域的下拉列表中选择 减去 选项，采用系统默认的求差
对象；单击 < 确定 > 按钮，完成拉伸特征 3 的创建。

图 31.4.10 拉伸特征 3

此面为草图平面
图 31.4.11 定义草图平面

图 31.4.12 截面草图

Step7. 创建边倒圆特征。选择下拉菜单 插入(S) ➡ 细节特征(L)▸ ➡ 边倒圆(E)...
命令（或单击 按钮），系统弹出"边倒圆"对话框；在 边 区域中单击 按钮，选取图
31.4.13 所示的 8 条边线为边倒圆参照，并在 半径 1 文本框中输入值 2；单击 < 确定 > 按钮，
完成边倒圆特征的创建。

Step8. 创建倒斜角特征。选择下拉菜单 插入(S) ➡ 细节特征(L)▸ ➡ 倒斜角(C)...
命令（或单击 按钮），系统弹出"倒斜角"对话框；在 边 区域中单击 按钮，选取图 31.4.14
所示的边线为倒斜角参照，在 偏置 区域的 横截面 下拉列表中选择 对称 选项，并在 距离 文本框
中输入值 0.5；单击 < 确定 > 按钮，完成倒斜角特征的创建。

这 8 条边线为边倒圆参照
图 31.4.13 选取边倒圆参照

这 3 处边线为倒斜角参照
图 31.4.14 选取倒斜角参照

Step9. 将对象移动至图层并隐藏。选择下拉菜单 编辑(E) ➡ 显示和隐藏(H) ➡
全部显示(A) 命令，隐藏的所有对象将会处于显示状态；选择下拉菜单
格式(R) ➡ 移动至图层(M)... 命令，系统弹出"类选择"对话框；在 过滤器 区域中单击 按
钮，系统弹出"根据类型选择"对话框；在此对话框中选择 基准 选项，单击对话框中的
确定 按钮，系统再次弹出"类选择"对话框；单击 全选 选项后的 按钮，单击 确定
按钮，此时系统弹出"图层移动"对话框，在 目标图层或类别 文本框中输入值 2，单击 确定
按钮；选择下拉菜单 格式(R) ➡ 图层设置(S)... 命令，弹出"图层设置"对话框，在 显示
下拉列表中选择 所有图层 选项，在 图层 列表框中选择 ☑2 选项，然后单击 设为不可见 右边的

按钮，单击 关闭 按钮，完成对象的隐藏。

Step10. 保存零件模型。选择下拉菜单 文件(F) ➡ 🔳 保存(S) 命令，即可保存零件模型。

# 31.5 灯 管

本节介绍灯管的设计过程。通过设计该零件，读者可以熟悉对拉伸特征、边倒圆特征和扫掠特征的运用。灯管的零件模型及相应的模型树如图 31.5.1 所示。

图 31.5.1 灯管的零件模型及模型树

Step1. 新建文件。选择下拉菜单 文件(F) ➡ 🔳 新建(N)... 命令，系统弹出"新建"对话框。在 模型 选项卡的 模板 区域中选取模板类型为 📄模型，在 名称 文本框中输入文件名称 light，单击 确定 按钮，进入建模环境。

Step2. 创建图 31.5.2 所示的草图 1。选择下拉菜单 插入(S) ➡ 🔠 在任务环境中绘制草图(V)...命令，系统弹出"创建草图"对话框；选取 XY 基准平面为草图平面，单击 确定 按钮；进入草图环境，绘制图 31.5.2 所示的草图 1；选择下拉菜单 任务(K) ➡ 🔣 完成草图(K) 命令（或单击 🔣完成草图 按钮），退出草图环境。

Step3. 创建图 31.5.3 所示的草图 2。选择下拉菜单 插入(S) ➡ 🔠 在任务环境中绘制草图(V)...命令，选取 YZ 基准平面为草图平面，绘制图 31.5.3 所示的草图 2。

说明：草图 2 中的圆心与 Step2 所创建的草图 1 的端点重合。

图 31.5.2 草图 1　　　　　　　　　　　　图 31.5.3 草图 2

Step4. 创建图 31.5.4 所示的扫掠特征。选择下拉菜单 插入(S) ➡ 🔷 扫掠(W) ➡
🔷 扫掠(S)...命令（或单击工具栏中的 🔷 按钮），系统弹出"扫掠"对话框；在 截面 区域中单

击 ![]按钮，在绘图区域中选取 Step3 所创建的草图 2，采用系统默认方向；在 引导线(最多 3 根) 区域中单击 ![]按钮，在绘图区域中选取 Step2 所创建的草图 1，采用系统默认方向；单击 "扫掠"对话框中的 < 确定 > 按钮，完成扫掠特征的创建。

Step5. 创建图 31.5.5 所示的拉伸特征 1。选择下拉菜单 插入(S) ➡ 设计特征(E) ▶ ➡ 拉伸(E)... 命令（或单击 按钮），系统弹出"拉伸"对话框；单击"拉伸"对话框中的"绘制截面"按钮 ，系统弹出"创建草图"对话框，单击 按钮，选取 YZ 基准平面为草图平面，单击 确定 按钮，进入草图环境，绘制图 31.5.6 所示的截面草图，选择下拉菜单 任务(K) ➡ 完成草图(K)命令（或单击 完成草图 按钮），退出草图环境；选取-XC 方向为拉伸方向，在"拉伸"对话框 限制-区域的 开始 下拉列表中选择 值 选项，并在其下的 距离 文本框中输入值 0；在 限制-区域的 结束 下拉列表中选择 值 选项，并在其下的 距离 文本框中输入值 3；在 布尔 区域的下拉列表中选择 合并 选项，采用系统默认的合并对象；单击 < 确定 > 按钮，完成拉伸特征 1 的创建。

图 31.5.4 扫掠特征     图 31.5.5 拉伸特征 1     图 31.5.6 截面草图

Step6. 创建图 31.5.7 所示的拉伸特征 2。选择下拉菜单 插入(S) ➡ 设计特征(E) ▶ ➡ 拉伸(E)... 命令，选取图 31.5.8 所示的模型表面为草图平面，绘制图 31.5.9 所示的截面草图；在"拉伸"对话框 限制-区域的 开始 下拉列表中选择 值 选项，并在其下的 距离 文本框中输入值 0；在 限制-区域的 结束 下拉列表中选择 值 选项，并在其下的 距离 文本框中输入值 10，采用系统默认的拉伸方向；在 布尔 区域的下拉列表中选择 合并 选项，采用系统默认的合并对象；单击 < 确定 > 按钮，完成拉伸特征 2 的创建。

图 31.5.7 拉伸特征 2     图 31.5.8 定义草图平面     图 31.5.9 截面草图

Step7. 创建边倒圆特征 1。选择下拉菜单 插入(S) ➡ 细节特征(L) ▶ ➡ 边倒圆(E)... 命令（或单击 按钮），系统弹出"边倒圆"对话框；在 边 区域中单击 按钮，选取图 31.5.10 所示的边线为边倒圆参照，并在 半径 1 文本框中输入值 1；单击 < 确定 > 按钮，完成边倒圆特征 1 的创建。

Step8. 创建边倒圆特征 2。选取图 31.5.11 所示边线为边倒圆参照，其圆角半径值为 2。

图 31.5.10 边倒圆特征 1 · · · · · · · · · 图 31.5.11 边倒圆特征 2

Step9. 创建边倒圆特征 3。选取图 31.5.12 所示边线为边倒圆参照，其圆角半径值为 1。

Step10. 创建图 31.5.13 所示的拉伸特征 3。选择下拉菜单 插入(S) ➡️ 设计特征(E)▶ ➡️ 拉伸(E)... 命令，选取图 31.5.14 所示的模型表面为草图平面，绘制图 31.5.15 所示的截面草图；在"拉伸"对话框 限制-区域的 开始 下拉列表中选择 值 选项，并在其下的 距离 文本框中输入值 0；在 限制-区域的 结束 下拉列表中选择 值 选项，并在其下的 距离 文本框中输入值 22，采用系统默认的拉伸方向；在 布尔 区域的下拉列表中选择 合并 选项，采用系统默认的合并对象；单击 < 确定 > 按钮，完成拉伸特征 3 的创建。

图 31.5.12 边倒圆特征 3 · · · · · · · · · 图 31.5.13 拉伸特征 3

图 31.5.14 定义草图平面 · · · · · · · · · 图 31.5.15 截面草图

Step11. 创建图 31.5.16 所示的拉伸特征 4。选择下拉菜单 插入(S) ➡️ 设计特征(E)▶ ➡️ 拉伸(E)... 命令，选取图 31.5.17 所示的模型表面为草图平面，绘制图 31.5.18 所示的截面草图；在"拉伸"对话框 限制-区域的 开始 下拉列表中选择 值 选项，并在其下的 距离 文本框中输入值 0；在 限制-区域的 结束 下拉列表中选择 值 选项，并在其下的 距离 文本框中输入值 22，采用系统默认的拉伸方向；在 布尔 区域的下拉列表中选择 合并 选项，采用系统默认的合并对象；单击 < 确定 > 按钮，完成拉伸特征 4 的创建。

Step12. 创建边倒圆特征 4。选取图 31.5.19a 所示的两条边线为边倒圆参照，其圆角半径值为 0.8。

Step13. 创建边倒圆特征 5。选取图 31.5.19b 所示的 4 条边线为边倒圆参照，其圆角半径值为 1。

图 31.5.16 拉伸特征 4　　　　图 31.5.17 定义草图平面　　　　图 31.5.18 截面草图

图 31.5.19 选取边倒圆参照

**Step14.** 创建边倒圆特征 6。选取图 31.5.20a 所示的边线为边倒圆参照,其圆角半径值为 1。

**Step15.** 创建边倒圆特征 7。选取图 31.5.20b 所示的边线为边倒圆参照,其圆角半径值为 1。

图 31.5.20 选取边倒圆参照

**Step16.** 将对象移动至图层并隐藏。选择下拉菜单 编辑(E) ➡️ 显示和隐藏(H) ➡️ 全部显示(A) 命令,隐藏的所有对象将会处于显示状态;选择下拉菜单 格式(R) ➡️ 移动至图层(M)... 命令,系统弹出"类选择"对话框;在 过滤器 区域中单击 ➕ 按钮,系统弹出"根据类型选择"对话框;在此对话框中选择 草图 和 基准 选项,单击对话框中的 确定 按钮,系统弹出"类选择"话框;单击 全选 选项后的 ➕ 按钮,单击 确定 按钮,此时系统弹出"图层移动"对话框,在 目标图层或类别 文本框中输入值 2,单击 确定 按钮;选择下拉菜单 格式(R) ➡️ 图层设置(S)... 命令,弹出"图层设置"对话框,在 显示 下拉列表中选择 所有图层 选项,在 图层 列表框中选择 ☑2 选项,然后单击 设为不可见 右边的 ▧ 按钮,单击 关闭 按钮,完成对象的隐藏。

**Step17.** 保存零件模型。选择下拉菜单 文件(F) ➡️ 保存(S) 命令,即可保存零件模型。

## 31.6 支 撑 管

本节介绍支撑管的设计过程。通过设计该零件,读者可以进一步学习对拉伸特征和边倒圆特征的运用。支撑管的零件模型及相应的模型树如图 31.6.1 所示。

图 31.6.1  支撑管的零件模型及模型树

Step1. 新建文件。选择下拉菜单 文件(F) ➡ 新建(N)... 命令，系统弹出"新建"对话框。在 模型 选项卡的 模板 区域中选取模板类型为 模型，在 名称 文本框中输入文件名称 brace_pipe，单击 确定 按钮，进入建模环境。

Step2. 创建图 31.6.2 所示的草图 1。选择下拉菜单 插入(S) ➡ 在任务环境中绘制草图(V)... 命令，系统弹出"创建草图"对话框；选取 XY 基准平面为草图平面，单击 确定 按钮；进入草图环境，绘制图 31.6.2 所示的草图 1；选择下拉菜单 任务(K) ➡ 完成草图(K) 命令（或单击 完成草图 按钮），退出草图环境。

Step3. 创建图 31.6.3 所示的草图 2。选择下拉菜单 插入(S) ➡ 在任务环境中绘制草图(V)... 命令，选取 YZ 基准平面为草图平面，绘制图 31.6.3 所示的草图 2。

Step4. 创建图 31.6.4 所示的扫掠特征。选择下拉菜单 插入(S) ➡ 扫掠(W) ➡ 沿引导线扫掠(G)... 命令，系统弹出"沿引导线扫掠"对话框；在 截面 区域中单击 按钮，选取 Step2 所创建的草图 1 为扫掠的截面线串，并单击中键确认；在 引导线 区域中单击 按钮，选取 Step3 所创建的草图 2 为扫掠的引导线串；其他采用系统默认设置，单击 < 确定 > 按钮，完成扫掠特征的创建。

图 31.6.2  草图 1          图 31.6.3  草图 2          图 31.6.4  扫掠特征

Step5. 创建图 31.6.5 所示的拉伸特征 1。选择下拉菜单 插入(S) ➡ 设计特征(E) ➡ 拉伸(E)... 命令（或单击 按钮），系统弹出"拉伸"对话框；单击"拉伸"对话框中的"绘制截面"按钮 ，系统弹出"创建草图"对话框。单击 按钮，选取图 31.6.6 所示的模型表面为草图平面，单击 确定 按钮，进入草图环境，绘制图 31.6.7 所示的截面草图，选择下拉菜单 任务(K) ➡ 完成草图(K) 命令（或单击 完成草图 按钮），退出草图环境；在"拉伸"对话框 限制 区域的 开始 下拉列表中选择 值 选项，并在其下的 距离 文本框中输入值 0；在 限制

区域的 结束 下拉列表中选择 值 选项，并在其下的 距离 文本框中输入值 25；在 布尔 区域的下拉列表中选择 合并 选项，采用系统默认的合并对象；单击 < 确定 > 按钮，完成拉伸特征 1 的创建。

图 31.6.5　拉伸特征 1　　　　图 31.6.6　定义草图平面　　　　图 31.6.7　截面草图

Step6. 创建图 31.6.8 所示的拉伸特征 2。选择下拉菜单 插入(S) ➡ 设计特征(E)▶ ➡ 拉伸(E)... 命令，选取图 31.6.9 所示的面为草图平面，绘制图 31.6.10 所示的截面草图；在 "拉伸" 对话框 限制 区域的 开始 下拉列表中选择 值 选项，并在其下的 距离 文本框中输入值 0；在 限制 区域的 结束 下拉列表中选择 值 选项，并在其下的 距离 文本框中输入值 5；在 布尔 区域的下拉列表中选择 合并 选项，采用系统默认的合并对象；单击 < 确定 > 按钮，完成拉伸特征 2 的创建。

图 31.6.8　拉伸特征 2　　　　图 31.6.9　定义草图平面　　　　图 31.6.10　截面草图

Step7. 创建边倒圆特征。选择下拉菜单 插入(S) ➡ 细节特征(L)▶ ➡ 边倒圆(E)... 命令（或单击 按钮），系统弹出 "边倒圆" 对话框；在 边 区域中单击 按钮，选择图 31.6.11 所示的边线为边倒圆参照，并在 半径 1 文本框中输入值 1；单击 < 确定 > 按钮，完成边倒圆特征的创建。

图 31.6.11　边倒圆特征

Step8. 将对象移动至图层并隐藏。选择下拉菜单 编辑(E) ➡ 显示和隐藏(H) ➡ 全部显示(A) 命令，隐藏的所有对象将会处于显示状态；选择下拉菜单 格式(R) ➡ 移动至图层(M)... 命令，系统弹出 "类选择" 对话框；在 过滤器 区域中单击 按钮，系统弹出"根据类型选择"对话框；在此对话框中选择 草图 和 基准 选项，单击对话框中的 确定 按钮，系统弹出"类选择"对话框；单击 全选 选项后的 ✛ 按钮，单击 确定 按钮，此时系统弹出"图层移动"对话框，在 目标图层或类别 文本框中输入值2，单击 确定 按钮；选择下拉菜单 格式(R) ➡ 🔳 图层设置(S)... 命令，弹出"图层设置"对话框，在 显示 下拉列表中选择 所有图层 选项，在 图层 列表框中选择 ☑2 选项，然后单击 设为不可见 右边的 🔶 按钮，单击 关闭 按钮，完成对象的隐藏。

Step9. 保存零件模型。选择下拉菜单 文件(F) ➡ 🔳 保存(S) 命令，即可保存零件模型。

## 31.7 底座下盖

本节介绍底座下盖的设计过程。读者通过学习该零件的设计，可以进一步掌握实体拉伸、抽壳、拔模、孔和阵列等命令的应用。底座下盖的零件模型及相应的模型树如图 31.7.1 所示。

图 31.7.1 底座下盖的零件模型及模型树

Step1. 新建文件。选择下拉菜单 文件(F) ➡ 🔳 新建(N)... 命令，系统弹出"新建"对话框。在 模型 选项卡的 模板 区域中选取模板类型为 🔶 模型；在 名称 文本框中输入文件名称 base_down_cover；单击 确定 按钮，进入建模环境。

Step2. 创建图 31.7.2 所示的拉伸特征 1。选择下拉菜单 插入(S) ➡ 设计特征(E)▸ ➡ 🔳 拉伸(E)... 命令（或单击 🔳 按钮），系统弹出"拉伸"对话框；单击对话框中的"绘制截面"按钮 🔳，系统弹出"创建草图"对话框。单击 ✛ 按钮，选取 XY 基准平面为草图平面，单击 确定 按钮，进入草图环境，绘制图 31.7.3 所示的截面草图，选择下拉菜单 任务(K) ➡ 🔳 完成草图(K) 命令（或单击 🏁 完成草图 按钮），退出草图环境；单击 ＜ 确定 ＞ 按钮，完成拉伸特征 1 的创建（注：具体参数和操作参见随书光盘）。

图 31.7.2　拉伸特征 1

图 31.7.3　截面草图

Step3. 创建拔模特征 1。选择下拉菜单 插入(S) ➤ 细节特征(L)▶ ➤ 拔模(T)... 命令，系统弹出"拔模"对话框；在 类型 区域中选择 面 选项；在 脱模方向 区域的 指定矢量 下拉列表中选取 ZC 选项；选择图 31.7.4 所示的平面为固定平面，单击中键确认；选取图 31.7.5 所示的面为要拔模的面，在 角度 1 文本框中输入值 5；单击"拔模"对话框中的 < 确定 > 按钮，完成拔模特征 1 的创建。

图 31.7.4　定义固定平面

图 31.7.5　定义拔模面

Step4. 创建图 31.7.6b 所示的边倒圆特征。选择下拉菜单 插入(S) ➤ 细节特征(L)▶ ➤ 边倒圆(E)... 命令（或单击 按钮），系统弹出"边倒圆"对话框；选取图 31.7.6a 所示的边为边倒圆参照，并在 半径 1 文本框中输入值 18；单击 < 确定 > 按钮，完成边倒圆特征的创建。

a）圆角前　　　　　　　　　　　　　　　　b）圆角后

图 31.7.6　边倒圆特征

Step5. 创建图 31.7.7 所示的抽壳特征。选择下拉菜单 插入(S) ➤ 偏置/缩放(O)▶ ➤ 抽壳(H)... 命令（或单击 按钮），系统弹出"抽壳"对话框；在"抽壳"对话框 类型 区域的下拉列表中选择 移除面，然后抽壳 选项；选择图 31.7.8 所示的面为移除面，在 厚度 文本框中输入值 2，且方向朝内，其他参数采用系统默认设置；单击 < 确定 > 按钮，完成抽壳特征的创建。

图 31.7.7　抽壳特征

此面为移除面参照

图 31.7.8　定义移除面

**Step6.** 创建图 31.7.9 所示的拉伸特征 2。选择下拉菜单 插入(S) ➡ 设计特征(E) ➡ 拉伸(E)... 命令，选取 XY 基准平面为草图平面，进入草绘环境；绘制图 31.7.10 所示的截面草图；在"拉伸"对话框 限制-区域的 开始 下拉列表中选择 值 选项，并在其下的 距离 文本框中输入值-2；在 限制-区域的 结束 下拉列表中选择 值 选项，并在其下的 距离 文本框中输入值 20；采用系统默认的拉伸方向；在布尔区域的下拉列表中选择 合并 选项，采用系统默认的合并对象；其他参数采用系统默认设置；单击 <确定> 按钮，完成拉伸特征 2 的创建。

图 31.7.9　拉伸特征 2

图 31.7.10　截面草图

**Step7.** 创建图 31.7.11 所示的拉伸特征 3。选择下拉菜单 插入(S) ➡ 设计特征(E) ➡ 拉伸(E)... 命令，选取 XY 基准平面为草图平面，绘制图 31.7.12 所示的截面草图；在"拉伸"对话框 限制-区域的 开始 下拉列表中选择 值 选项，并在其下的 距离 文本框中输入值 0；在 限制-区域的 结束 下拉列表中选择 值 选项，并在其下的 距离 文本框中输入值 21；采用系统默认的拉伸方向；在布尔区域的下拉列表中选择 合并 选项，采用系统默认的合并对象；其他参数采用系统默认设置；单击对话框中的 <确定> 按钮，完成拉伸特征 3 的创建。

图 31.7.11　拉伸特征 3

图 31.7.12　截面草图

**Step8.** 创建拔模特征 2。选择下拉菜单 插入(S) ➡ 细节特征(L) ➡ 拔模(T)... 命令；在 脱模方向 区域的 *指定矢量 下拉列表中选择 ZC 选项；选取图 31.7.13 所示的面为固定平面；选取图 31.7.14 所示的面为拔模面；在 角度 1 文本框中输入值 1；其他参数采用系统默认设置；单击 <确定> 按钮，完成拔模特征 2 的创建。

此面为固定平面参照

图 31.7.13　定义固定平面

这 5 个面为要拔模的面

图 31.7.14　定义拔模面

Step9. 创建图 31.7.15 所示的拉伸特征 4。选择下拉菜单 插入(S) ➡ 设计特征(E)▸ ➡ ⬜ 拉伸(E)... 命令，选取图 31.7.16 所示的模型表面为草图平面，绘制图 31.7.17 所示的截面草图；在"拉伸"对话框 限制 区域的 开始 下拉列表中选择 ⬛ 值 选项，并在其下的 距离 文本框中输入值 0；在 限制 区域的 结束 下拉列表中选择 ⬛ 值 选项，并在其下的 距离 文本框中输入值 2，在 方向 区域中单击 ⤢ 按钮；在 布尔 区域的下拉列表中选择 ⬛ 减去 选项，采用系统默认的求差对象；其他参数采用系统默认设置；单击对话框中的 ＜ 确定 ＞ 按钮，完成拉伸特征 4 的创建。

放大图

图 31.7.15　拉伸特征 4

此面为草图平面

图 31.7.16　定义草图平面

Step10. 创建图 31.7.18 所示的拉伸特征 5。选择下拉菜单 插入(S) ➡ 设计特征(E)▸ ➡ ⬜ 拉伸(E)... 命令，选取 XY 基准平面为草图平面，绘制图 31.7.19 所示的截面草图；在"拉伸"对话框 限制 区域的 开始 下拉列表中选择 ⬛ 值 选项，并在其下的 距离 文本框中输入值 0；在 限制 区域的 结束 下拉列表中选择 ⬛ 值 选项，并在其下的 距离 文本框中输入值 12，采用系统默认的拉伸方向；在 布尔 区域的下拉列表中选择 ⬛ 合并 选项，采用系统默认的合并对象；其他参数采用系统默认设置；单击对话框中的 ＜ 确定 ＞ 按钮，完成拉伸特征 5 的创建。

放大图

图 31.7.17　截面草图

图 31.7.18　拉伸特征 5

Step11. 创建拔模特征 3。选择下拉菜单 插入(S) ➡ 细节特征(L)▸ ➡ ◉ 拔模(T)... 命令；在 脱模方向 区域的 ＊指定矢量 下拉列表中选择 ZC↑ 选项；选取图 31.7.20 所示的面为固定平面；选取图 31.7.21 所示的面为拔模面；在 角度 1 文本框中输入值 5；其他参数采用系统默认设置；单击 <确定> 按钮，完成拔模特征 3 的创建。

图 31.7.19　截面草图

图 31.7.20　定义固定平面

图 31.7.21　定义拔模面

Step12. 创建图 31.7.22 所示的简单孔特征 1。选择下拉菜单 插入(S) —— 设计特征(E) ——  孔(H)... 命令（或在"成形特征"工具条中单击  按钮），系统弹出"孔"对话框；在 类型 下拉列表中选择 常规孔 选项；单击 * 指定点 (0) 右方的  按钮，确认"选择条"工具条中的  按钮被按下，选择图 31.7.23 所示的两条圆弧边线，完成孔中心点的指定；在 成形 下拉列表中选择 简单 选项，在 直径 文本框中输入值 3，在 深度限制 下拉列表中选择 贯通体 选项，其余参数采用系统默认设置；单击 <确定> 按钮，完成简单孔特征 1 的创建。

图 31.7.22　简单孔特征 1

图 31.7.23　定义孔位置

Step13. 创建图 31.7.24 所示的拉伸特征 6。选择下拉菜单 插入(S) —— 设计特征(E) —— 拉伸(E)... 命令，选取 XY 基准平面为草图平面，绘制图 31.7.25 所示的截面草图；在"拉伸"对话框 限制-区域的 开始 下拉列表中选择 值 选项，并在其下的 距离 文本框中输入值 0；在 限制-区域的 结束 下拉列表中选择 值 选项，并在其下的 距离 文本框中输入值 6，采用系统默认的拉伸方向；在 布尔区域的下拉列表中选择 合并 选项，采用系统默认的合并对象；其他参数采用系统默认设置；单击对话框中的 <确定> 按钮，完成拉伸特征 6 的创建。

图 31.7.24　拉伸特征 6

图 31.7.25　截面草图

Step14. 创建拔模特征 4。选择下拉菜单 插入(S) —— 细节特征(L) —— 拔模(T)... 命令；在 * 指定矢量 下拉列表中选择 ZC 选项；选取图 31.7.26 所示的面为固定平面；选取 Step13 创建的拉伸特征 6 的圆柱侧面为拔模面；在 角度 1 文本框中输入值 1；其他参数采用系统默认认设置；单击 < 确定 > 按钮，完成拔模特征 4 的创建。

Step15. 创建图 31.7.27 所示的简单孔特征 2。参照 Step12 的操作方法，选取图 31.7.27 所示的圆弧边作为定位点，创建相同参数的简单孔。

此面为固定平面参照

图 31.7.26　定义固定平面

选取此圆弧边

图 31.7.27　简单孔特征 2

Step16. 创建图 31.7.28 所示的拉伸特征 7。选择下拉菜单 插入(S) ➡ 设计特征(E)▶ ➡ 拉伸(E)... 命令，选取 XY 基准平面为草图平面，绘制图 31.7.29 所示的截面草图；在"拉伸"对话框 限制-区域的 开始 下拉列表中选择 值 选项，并在其下的 距离 文本框中输入值 0；在 限制-区域的 结束 下拉列表中选择 值 选项，并在其下的 距离 文本框中输入值 6；采用系统默认的拉伸方向；在 布尔 区域的下拉列表中选择 减去 选项，采用系统默认的求差对象；其他参数采用系统默认设置；单击对话框中的 < 确定 > 按钮，完成拉伸特征 7 的创建。

放大图

图 31.7.28　拉伸特征 7

放大图

图 31.7.29　截面草图

Step17. 创建图 31.7.30b 所示的阵列特征。选择下拉菜单 插入(S) ➡ 关联复制(A)▶ ➡ 阵列特征(A)... 命令（或单击 按钮），系统弹出"阵列特征"对话框；在绘图区选取 Step10 所创建的拉伸特征 5；在"阵列特征"对话框 阵列定义 区域的 布局 下拉列表中选择 线性 选项；在 方向 1 区域中激活 *指定矢量，选取 XC 基准轴定义方向 1；在 方向 1 区域的 间距 下拉列表中选择 数量和间隔 选项，在 数量 文本框中输入值 11，在 节距 文本框中输入值 4；在 方向 2 区域中选中 ☑ 使用方向 2 复选框，激活 *指定矢量 后选取 YC 基准轴定义方向 2；在 方向 2 区域的 间距 下拉列表中选择 数量和间隔 选项，在 数量 文本框中输入值 2，在 节距 文本框中输入值 12；单击"阵列特征"对话框中的 确定 按钮，完成阵列特征的创建。

Step18. 创建图 31.7.31 所示的沉头孔特征。选择下拉菜单 插入(S) ➡ 设计特征(E)▶ ➡ 孔(H)... 命令（或在工具条中单击 按钮），系统弹出"孔"对话框；在 类型 下拉列表中选择 常规孔 选项；单击 *指定点 (0) 右方的 按钮，确认"选择条"工具条中的 按钮被按下，选择图 31.7.32 所示的 4 条圆弧边线，完成孔中心点的指定；在 成形 下拉列表中选择 沉头 选项，在 沉头直径 文本框中输入值 6，在 沉头深度 文本框中输入值 17，在 直径 文本框中输入值 3，在 深度限制 下拉列表中选择 贯通体 选项，其余参数采用系统默认设置；单击 确定 按钮，完成沉头孔特征的创建。

a）阵列前        b）阵列后

图 31.7.30 阵列特征

图 31.7.31 沉头孔特征       图 31.7.32 定义孔位置

Step19. 创建图 31.7.33 所示的拉伸特征 8。选择下拉菜单 插入(S) ➡ 设计特征(E)▶

➡ 拉伸(E)... 命令，选取图 31.7.34 所示的面为草图平面，绘制图 31.7.35 所示的截面草图；在"拉伸"对话框 限制-区域的 开始 下拉列表中选择 值 选项，并在其下的 距离 文本框中输入值 0；在 限制-区域的 结束 下拉列表中选择 值 选项，并在其下的 距离 文本框中输入值 1；在 方向 区域中单击 按钮；在 布尔 区域的下拉列表中选择 减去 选项，采用系统默认的求差对象；其他参数采用系统默认设置；单击对话框中的 <确定> 按钮，完成拉伸特征 8 的创建。

选取此面为草图平面

图 31.7.33 拉伸特征 8       图 31.7.34 定义草图平面

Step20. 创建图 31.7.36 所示的拉伸特征 9。选择下拉菜单 插入(S) ➡ 设计特征(E)▶

➡ 拉伸(E)... 命令，选取 ZX 基准平面为草图平面，绘制图 31.7.37 所示的截面草图；选取 YC 方向为拉伸方向，在"拉伸"对话框 限制-区域的 开始 下拉列表中选择 值 选项，并在其下的 距离 文本框中输入值 0；在 限制-区域的 结束 下拉列表中选择 值 选项，并在其下的 距离 文本框中输入值 122；在 布尔 区域的下拉列表中选择 减去 选项，采用系统默认的求差对象；其他参数采用系统默认设置；单击对话框中的 <确定> 按钮，完成拉伸特征 9 的创建。

Step21. 设置隐藏。选择下拉菜单 编辑(E) ➡ 显示和隐藏(H) ➡ 隐藏(H)... 命令（或单击 按钮），系统弹出"类选择"对话框；单击"类选择"对话框中的 按钮，系统弹出"根据类型选择"对话框，选择对话框列表中的 草图 和 基准 选项，单击 确定 按钮。系统返回到"类选择"对话框，单击对话框中的 ⊕ 按钮；单击对话框中的 确定 按钮，完成对设置对象的隐藏。

图 31.7.35　截面草图　　　　　　　　　　图 31.7.36　拉伸特征 9

图 31.7.37　截面草图

Step22. 保存零件模型。选择下拉菜单 文件(F) ➡ 🖫 保存(S) 命令，即可保存零件模型。

# 31.8　底 座 上 盖

本节介绍底座上盖的设计过程。在该零件设计过程中运用了拉伸特征、片体的修剪特征、缝合特征、拔模特征、孔特征、加厚片体特征和扫掠特征等。底座上盖的零件模型及相应的模型树如图 31.8.1 所示。

Step1. 新建文件。选择下拉菜单 文件(F) ➡ 🗋 新建(N)... 命令，系统弹出"新建"对话框。在 模型 选项卡的 模板 区域中选取模板类型为 🗐 模型，在 名称 文本框中输入文件名称 base_top_cover，单击 确定 按钮，进入建模环境。

Step2. 创建图 31.8.2 所示的拉伸特征 1。选择下拉菜单 插入(S) ➡ 设计特征(E)▸ ➡ 🗐 拉伸(E)... 命令（或单击 🗐 按钮），系统弹出"拉伸"对话框；单击"拉伸"对话框中的"绘制截面"按钮 🖫，系统弹出"创建草图"对话框。单击 ⊕ 按钮，选取 XY 基准平面为草图平面，单击 确定 按钮，进入草图环境，绘制图 31.8.3 所示的截面草图；选择下拉菜单 任务(K) ➡ 🖫 完成草图(K) 命令（或单击 🏁 完成草图 按钮），退出草图环境；在"拉伸"对话框 限制 区域的 开始 下拉列表中选择 🔳 值 选项，并在其下的 距离 文本框中输入值 0；在 限制 区域的 结束 下拉列表中选择 🔳 值 选项，并在其下的 距离 文本框中输入值 25；在 设置 区域的 体类型 下拉列表中选择 片体 选项，其他参数采用系统默认设置；单击 < 确定 > 按钮，完成拉伸特征 1 的创建。

图 31.8.1 底座上盖的零件模型及模型树

图 31.8.2 拉伸特征 1

图 31.8.3 截面草图

Step3. 创建图 31.8.4 所示的草图 1。选择下拉菜单 插入(S) ➡ 在任务环境中绘制草图(V)... 命令，系统弹出"创建草图"对话框；选取 ZX 基准平面为草图平面；单击 确定 按钮；进入草图环境，绘制图 31.8.4 所示的草图 1；选择下拉菜单 任务(K) ➡ 完成草图(K) 命令（或单击 完成草图 按钮），退出草图环境。

Step4. 创建图 31.8.5 所示的草图 2。选择下拉菜单 插入(S) ➡ 在任务环境中绘制草图(V)... 命令，选取 YZ 基准平面为草图平面，绘制图 31.8.5 所示的草图 2。

Step5. 创建图 31.8.6 所示的扫掠特征。选择下拉菜单 插入(S) ➡ 扫掠(W) ➡ 扫掠(S)... 命令，系统弹出"扫掠"对话框；在 截面 区域中单击 按钮，在绘图区中选取 Step4 所创建的草图 2，并单击中键确认；在 引导线（最多 3 根） 区域中单击 按钮，在绘图区中选取 Step3 所创建的草图 1，并单击中键确认；单击"扫掠"对话框中的 < 确定 > 按钮，完成扫掠特征的创建。

图 31.8.4　草图 1　　　　　　图 31.8.5　草图 2　　　　　　图 31.8.6　扫掠特征

Step6. 创建图 31.8.7 所示的修剪片体特征 1。选择下拉菜单 插入(S) ━━▶ 修剪(T) ▶

━━▶ 修剪片体(R)... 命令（或单击 按钮），系统弹出"修剪片体"对话框；选取图 31.8.8 所示的面为修剪的目标体，并单击中键确认，选取图 31.8.9 所示的面为边界对象；调整 选择区域 下面的 ⊙保留 单选项或者 ⊙放弃 单选项（参看说明）；单击 确定 按钮，完成修剪片体特征 1 的创建。

图 31.8.7　修剪片体特征 1　　图 31.8.8　定义修剪的目标体　　图 31.8.9　定义修剪边界

说明：创建"修剪片体"特征时，在 区域 区域中选择 ⊙保留 单选项还是选择 ⊙放弃 单选项，根据鼠标所单击的目标片体的部位不同而不同，可根据需要调整。

Step7. 创建图 31.8.10 所示的修剪片体特征 2。选择下拉菜单 插入(S) ━━▶ 修剪(T) ▶ ━━▶ 修剪片体(R)... 命令（或单击 按钮），系统弹出"修剪片体"对话框；选取图 31.8.11 所示面为修剪的目标体，并单击中键确认，选取图 31.8.12 所示的面为边界对象；调整 选择区域 下面的 ⊙保留 单选项或者 ⊙放弃 单选项；单击 确定 按钮，完成修剪片体特征 2 的创建。

图 31.8.10　修剪片体特征 2　　图 31.8.11　定义修剪目标体　　图 31.8.12　定义修剪边界

Step8. 创建曲面缝合特征 1。选择下拉菜单 插入(S) ━━▶ 组合(B)▶ ━━▶ 缝合(W)... 命令，系统弹出"缝合"对话框；在 目标 区域中单击 按钮，选取图 31.8.13 所示的面为缝合的目标片体；在 工具 区域中单击 按钮，选取图 31.8.14 所示的面为缝合工具片体；在"缝合"对话框中单击 确定 按钮，完成缝合特征 1 的创建。

图31.8.13　定义目标片体

图31.8.14　定义工具片体

Step9. 创建图 31.8.15b 所示的边倒圆特征 1。选择下拉菜单 插入(S) ➡ 细节特征(L)▶ ➡ 边倒圆(E) 命令（或单击 按钮），系统弹出"边倒圆"对话框；在 边 区域中单击 按钮，选取图 31.8.15a 所示的边线为边倒圆参照，并在 半径 1 文本框中输入值 8；单击 〈确定〉 按钮，完成边倒圆特征 1 的创建。

a）圆角前　　　　　　　　　　　　　　　　　　　　　b）圆角后

图31.8.15　边倒圆特征 1

Step10. 创建图 31.8.16 所示的拉伸特征 2。选择下拉菜单 插入(S) ➡ 设计特征(E)▶ ➡ 拉伸(E)... 命令，选取 XZ 基准平面为草图平面，绘制图 31.8.17 所示的截面草图；在"拉伸"对话框 限制-区域的 开始 下拉列表中选择 值 选项，并在其下的 距离 文本框中输入值 0；在 限制-区域的 结束 下拉列表中选择 值 选项，并在其下的 距离 文本框中输入值 100；其他参数采用系统默认设置。单击 〈确定〉 按钮，完成拉伸特征 2 的创建。

图31.8.16　拉伸特征 2

图31.8.17　截面草图

Step11. 创建图 31.8.18 所示的拉伸特征 3。选择下拉菜单 插入(S) ➡ 设计特征(E)▶ ➡ 拉伸(E)... 命令，选取 XY 基准平面为草图平面，绘制图 31.8.19 所示的截面草图；在"拉伸"对话框 限制-区域的 开始 下拉列表中选择 值 选项，并在其下的 距离 文本框中输入值 0；在 限制-区域的 结束 下拉列表中选择 值 选项，并在其下的 距离 文本框中输入值 50；其他参数采用系统默认设置。单击 〈确定〉 按钮，完成拉伸特征 3 的创建。

图31.8.18　拉伸特征 3

图31.8.19　截面草图

Step12. 创建图 31.8.20b 所示的修剪片体特征 3。选择下拉菜单 插入(S) ➞ 修剪(T) ▶ ➞ 修剪片体(R)... 命令（或单击 按钮），选取图 31.8.20a 所示面为修剪的目标片体，选取图 31.8.21 所示的面为修剪的边界对象；单击 确定 按钮，完成修剪片体特征 3 的创建。

此面为修剪的目标片体

a) 修剪前　　　　　　　b) 修剪后

此面为修剪边界

图 31.8.20　修剪片体特征 3　　　　　　　图 31.8.21　定义修剪边界

Step13. 创建图 31.8.22b 所示的修剪片体特征 4。选择下拉菜单 插入(S) ➞ 修剪(T) ▶ ➞ 修剪片体(R)... 命令，选取图 31.8.22a 所示面为修剪的目标片体，选取图 31.8.23 所示的面为修剪的边界对象；单击 确定 按钮，完成修剪片体特征 4 的创建。

此面为修剪的目标片体

a) 修剪前　　　　　　　b) 修剪后

此面为修剪边界

图 31.8.22　修剪片体特征 4　　　　　　　图 31.8.23　定义修剪边界

Step14. 创建曲面缝合特征 2。选择下拉菜单 插入(S) ➞ 组合(B)▶ ➞ 缝合(W)... 命令，系统弹出"缝合"对话框；在 目标 区域中单击 按钮，选取图 31.8.24 所示的面为缝合的目标片体；在 工具 区域中单击 按钮，选取图 31.8.25 所示的面为缝合的工具片体；在"缝合"对话框中单击 确定 按钮，完成缝合特征 2 的创建。

此面为目标片体

此面为工具片体

图 31.8.24　定义目标片体　　　　　　　图 31.8.25　定义工具片体

Step15. 创建修剪片体特征 5。选择下拉菜单 插入(S) ➞ 修剪(T) ▶ ➞ 修剪片体(R)... 命令，选取图 31.8.26 所示面为修剪的目标片体，选取图 31.8.27 所示的面为修剪的边界对象；单击 确定 按钮，完成修剪片体特征 5 的创建。

此面为修剪的目标片体

此面为修剪边界

图 31.8.26　定义修剪的目标片体　　　　　　　图 31.8.27　定义修剪边界

Step16. 创建图 31.8.28 所示的修剪片体特征 6。选择下拉菜单 插入(S) ➡️ 修剪(T) ➡️ 修剪片体(R)... 命令，选取图 31.8.29 所示面为修剪的目标片体，在绘图区域中单击鼠标中键，选取图 31.8.30 所示的面为修剪的边界对象；单击 确定 按钮，完成修剪片体特征 6 的创建。

图 31.8.28　修剪片体特征 6

此面为修剪的目标片体

图 31.8.29　定义修剪的目标片体

此面为修剪边界

图 31.8.30　定义修剪边界

Step17. 创建曲面缝合特征 3。选择下拉菜单 插入(S) ➡️ 组合(B) ➡️ 缝合(W)... 命令，系统弹出"缝合"对话框；在 目标 区域中单击 按钮，选取图 31.8.31 所示的面为缝合的目标片体；在 工具 区域中单击 按钮，选取图 31.8.32 所示的面为缝合工具片体；单击 确定 按钮，完成缝合特征 3 的创建。

此面为目标片体

图 31.8.31　定义目标片体

此面为工具片体

图 31.8.32　定义工具片体

Step18. 创建拔模特征 1。选择下拉菜单 插入(S) ➡️ 细节特征(L) ➡️ 拔模(T)... 命令（或单击 按钮），系统弹出"拔模"对话框；在 类型 区域中选择 面 选项，在 指定矢量 下拉列表中选取 ZC 选项，定义 ZC 基准轴的正方向为拔模方向；选择图 31.8.33 所示的面为拔模固定平面，然后单击鼠标中键，选择图 31.8.34 所示的面为要拔模的面，在 角度 1 文本框中输入值 1；单击 < 确定 > 按钮，完成拔模特征 1 的创建。

Step19. 创建边倒圆特征 2。选取图 31.8.35 所示的边线为边倒圆参照，其圆角半径值为 2。

选取此面为拔模固定平面

图 31.8.33　定义拔模固定平面

选取此面为拔模面

图 31.8.34　定义拔模的面

此边线为边倒圆参照

图 31.8.35　选取边倒圆参照

Step20. 创建边倒圆特征 3。选取图 31.8.36a 所示的边线为边倒圆参照，其圆角半径值为 2。

此边线为边倒圆参照　　放大图　　放大图

a) 圆角前　　　　　　　　　　　　　　　　b) 圆角后
图 31.8.36　选取边倒圆参照

Step21. 创建边倒圆特征 4。选取图 31.8.37a 所示的边线为边倒圆参照，其圆角半径值为 3。

图 31.8.37　选取边倒圆参照

Step22. 创建片体加厚特征。选择下拉菜单 插入(S) ➡️ 偏置/缩放(O)▸ ➡️ 加厚(T)... 命令，系统弹出"加厚"对话框；在 面 区域中单击 🔲 按钮，选取图 31.8.38 所示的曲面；在 偏置 1 文本框中输入值 2，在 偏置 2 文本框中输入值 0，并单击"反方向"按钮 ⤢；单击 < 确定 > 按钮，完成加厚特征的创建。

Step23. 创建图 31.8.39 所示的基准平面 1（隐藏片体）。选择下拉菜单 插入(S) ➡️ 基准/点(D) ▸ ➡️ 🔲 基准平面(D)... 命令（或单击 🔲 按钮），在"基准平面"对话框中单击 < 确定 > 按钮，完成基准平面 1 的创建（注：具体参数和操作参见随书光盘）。

图 31.8.38　定义加厚面

图 31.8.39　基准平面 1

Step24. 创建图 31.8.40 所示的拉伸特征 4。选择下拉菜单 插入(S) ➡️ 设计特征(E)▸ ➡️ 🔳 拉伸(E)... 命令，选取基准平面 1 为草图平面，绘制图 31.8.41 所示的截面草图；在 "拉伸"对话框 限制 区域的 开始 下拉列表中选择 🔳 值 选项，并在其下的 距离 文本框中输入值 0；在 限制 区域的 结束 下拉列表中选择 🔳 值 选项，并在其下的 距离 文本框中输入值 27，在 布尔 区域的下拉列表中选择 🔳 合并 选项，采用系统默认的合并对象；单击 < 确定 > 按钮，完成拉伸特征 4 的创建。

图 31.8.40　拉伸特征 4

图 31.8.41　截面草图

Step25. 创建图 31.8.42 所示的拉伸特征 5。选择下拉菜单 插入(S) ➡️ 设计特征(E)▸ ➡️ 🔳 拉伸(E)... 命令，选取图 31.8.43 所示的模型表面为草图平面，绘制图 31.8.44 所示的截面草图；在"拉伸"对话框中单击"反向"按钮 ；在 限制 区域的 开始 下拉列表中选择 值 选项，并在其下的 距离 文本框中输入值 0；在 限制 区域的 结束 下拉列表中选择 值 选项，并在其下的 距离 文本框中输入值 25；在 布尔 区域的下拉列表中选择 减去 选项，采用系统默认的求差对象；单击 < 确定 > 按钮，完成拉伸特征 5 的创建。

图 31.8.42 拉伸特征 5

图 31.8.43 定义草图平面

图 31.8.44 截面草图

Step26. 创建图 31.8.45 所示的拉伸特征 6。选择下拉菜单 插入(S) ➡ 设计特征(E)▶ ➡ 拉伸(E)... 命令，选取 XY 基准平面为草图平面，绘制图 31.8.46 所示的截面草图；在"拉伸"对话框 限制 区域的 开始 下拉列表中选择 值 选项，并在其下的 距离 文本框中输入值-1；在 限制 区域的 结束 下拉列表中选择 直至下一个 选项，在 布尔 区域的下拉列表中选择 合并 选项，采用系统默认的合并对象；单击 < 确定 > 按钮，完成拉伸特征 6 的创建。

图 31.8.45 拉伸特征 6

图 31.8.46 截面草图

Step27. 创建图 31.8.47 所示的基准平面 2。选择下拉菜单 插入(S) ➡ 基准/点(D)▶ ➡ 基准平面(D)... 命令（或单击  按钮），系统弹出"基准平面"对话框；在"基准平面"对话框中单击 < 确定 > 按钮，完成基准平面 2 的创建（注：具体参数和操作参见随书光盘）。

Step28. 创建图 31.8.48 所示的拉伸特征 7。选择下拉菜单 插入(S) ➡ 设计特征(E)▶ ➡ 拉伸(E)... 命令，选取基准平面 2 为草图平面，绘制图 31.8.49 所示的截面草图；在"拉伸"对话框 限制 区域的 开始 下拉列表中选择 值 选项，并在其下的 距离 文本框中输入值 0；在 限制 区域的 结束 下拉列表中选择 直至下一个 选项，在 布尔 区域的下拉列表中选择 合并 选项，采用系统默认的合并对象；单击 < 确定 > 按钮，完成拉伸特征 7 的创建。

图 31.8.47 基准平面 2

图 31.8.48 拉伸特征 7

图 31.8.49 截面草图

Step29. 创建图 31.8.50 所示的简单孔特征 1。选择下拉菜单 插入(S)  设计特征(E)▶

 孔(H)...命令（或单击 按钮），系统弹出"孔"对话框；在 类型 下拉列表中选择 常规孔 选项；单击 *指定点 (0) 右方的 按钮，确认"选择条"工具条中的 ⊙ 按钮被按下，选择图 31.8.51 所示的 4 条圆弧边线，完成孔中心点的指定；在 成形 下拉列表中选择 简单 选项，在 直径 文本框中输入值 3，在 深度限制 下拉列表中选择 值 选项，在 深度 文本框中输入值 10，在 顶锥角 文本框中输入值 0，其余参数采用系统默认设置；单击 〈确定〉 按钮，完成简单孔特征 1 的创建。

图 31.8.50 简单孔特征 1　　　　图 31.8.51 定义孔位置

Step30. 创建图 31.8.52 所示的简单孔特征 2。选择下拉菜单 插入(S) ➡ 设计特征(E)▶

➡ 孔(H)...命令（或单击 按钮），系统弹出"孔"对话框；在 类型 下拉列表中选择 常规孔 选项，单击"孔"对话框中的"绘制截面"按钮 ，然后在模型中选取图 31.8.53 所示的孔的放置面，单击 确定 按钮，进入草图环境；系统自动弹出"草图点"对话框，在草图中单击一点，然后单击 关闭 按钮，退出"草图点"对话框；标注图 31.8.54 所示的尺寸；单击 完成草图 按钮，退出草图环境；选取草图点，在 成形 下拉列表中选择 简单 选项，在 直径 文本框中输入值 12，在 深度限制 下拉列表中选择 贯通体 选项，其余参数采用系统默认设置；单击 〈确定〉 按钮，完成简单孔特征 2 的创建。

图 31.8.52 简单孔特征 2

图 31.8.53 定义孔放置面

图 31.8.54 定义孔位置

Step31. 创建图 31.8.55 所示的拉伸特征 8。选择下拉菜单 插入(S) ➡ 设计特征(E)▶

➡ 拉伸(E)...命令，选取 Step23 所创建的基准平面 1 为草图平面，绘制图 31.8.56 所示的截面草图；在"拉伸"对话框 限制-区域的 开始 下拉列表中选择 值 选项，并在其下的 距离 文本框中输入值 0；在 限制-区域的 结束 下拉列表中选择 直至下一个 选项，在 布尔 区域的下拉列表中选择 合并 选项；单击 〈确定〉 按钮，完成拉伸特征 8 的创建。

图 31.8.55 拉伸特征 8

图 31.8.56 截面草图

Step32. 创建图 31.8.57 所示的简单孔特征 3。选择下拉菜单 插入(S) ➡ 设计特征(E)▶ ➡ 孔(H)... 命令（或单击 按钮），系统弹出"孔"对话框；在 类型 下拉列表中选择 常规孔 选项，单击"孔"对话框中的"绘制截面"按钮，然后在模型中选取图 31.8.58 所示的孔的放置面，单击 确定 按钮，进入草图环境；系统自动弹出"草图点"对话框，在草图中单击一点，然后单击 关闭 按钮，退出"草图点"对话框。约束该点和图 31.8.59 所示圆弧边线的圆心点重合，然后单击 完成草图 按钮，退出草图环境；在 成形 下拉列表中选择 简单 选项，在 直径 文本框中输入值 22，在 深度限制 下拉列表中选择 值 选项，在 深度 文本框中输入值 20，在 顶锥角 文本框中输入值 0，其余参数采用系统默认设置；单击 < 确定 > 按钮，完成简单孔特征 3 的创建。

图 31.8.57　简单孔特征 3　　　　图 31.8.58　定义孔放置面　　　　图 31.8.59　定义孔位置

Step33. 创建边倒圆特征 5。选取图 31.8.60a 所示的边线为边倒圆参照，其圆角半径值为 3。

图 31.8.60　边倒圆特征 5

Step34. 创建边倒圆特征 6。选取图 31.8.61a 所示的边线为边倒圆参照，其圆角半径值为 2。

图 31.8.61　边倒圆特征 6

Step35. 创建边倒圆特征 7。选取图 31.8.62a 所示的边线为边倒圆参照，其圆角半径值为 3。

图 31.8.62　边倒圆特征 7

Step36. 创建拔模特征2。选择下拉菜单 插入(S) ➡ 细节特征(L)▶ ➡ 拔模(T)... 命令（或单击 按钮），系统弹出"拔模"对话框；在 类型 区域中选择 面 选项，在 指定矢量 下拉列表中选取 -ZC 选项，定义 ZC 基准轴的反方向为拔模方向。选择图 31.8.63 所示的平面为固定平面，选取图 31.8.64 所示的面为要拔模的面，在 角度 1 文本框中输入值 1；单击"拔模"对话框中的 <确定> 按钮，完成拔模特征 2 的创建。

此面为拔模固定平面

这5个面为拔模面

图 31.8.63　定义拔模固定平面　　　　图 31.8.64　定义拔模面

Step37. 创建图 31.8.65 所示的简单孔特征 4。选择下拉菜单 插入(S) ➡ 设计特征(E)▶ ➡ 孔(H)... 命令（或单击 按钮），系统弹出"孔"对话框；在 类型 下拉列表中选择 常规孔 选项；单击 *指定点 (0) 区域右方的 ++ 按钮，确认"选择条"工具条中的 ⊙ 按钮被按下，选择图 31.8.66 所示的两条圆弧边线，完成孔中心点位置的指定；在 成形 下拉列表中选择 简单 选项，在 直径 文本框中输入值 3，在 深度限制 下拉列表中选择 值 选项，在 深度 文本框中输入值 8，在 顶锥角 文本框中输入值 0，其余参数采用系统默认设置；单击 <确定> 按钮，完成简单孔特征 4 的创建。

放大图　　　　　　　　　　　　　　　　　选取此边线

　　　　　　　　　　　　　　　　　　　　　放大图

图 31.8.65　简单孔特征 4　　　　　图 31.8.66　定义孔位置

Step38. 创建图 31.8.67 所示的拉伸特征 9。选择下拉菜单 插入(S) ➡ 设计特征(E)▶ ➡ 拉伸(E)... 命令，选取 XY 基准平面为草图平面，绘制图 31.8.68 所示的截面草图；在"拉伸"对话框 限制-区域的 开始 下拉列表中选择 值 选项，并在其下的 距离 文本框中输入值 0；在 限制-区域的 结束 下拉列表中选择 值 选项，并在其下的 距离 文本框中输入值 1；采用系统默认的拉伸方向；在 布尔 区域的下拉列表中选择 减去 选项，采用系统默认的求差对象；其他参数采用系统默认设置；单击对话框中的 <确定> 按钮，完成拉伸特征 9 的创建。

放大图

放大图

图 31.8.67　拉伸特征 9　　　　　　图 31.8.68　截面草图

Step39. 创建图 31.8.69 所示的拉伸特征 10。选择下拉菜单 插入(S) ➡️ 设计特征(E)▶

➡️ 🔲拉伸(E)... 命令，选取 XZ 基准平面为草图平面，绘制图 31.8.70 所示的截面草图；在 "拉伸" 对话框限制-区域的开始下拉列表中选择 🔘值选项，并在其下的距离文本框中输入值 0；在限制-区域的结束下拉列表中选择 🔘贯通选项；在-方向-区域的 * 指定矢量 (0) 下拉列表中选择 YC 🢒选项；在布尔区域的下拉列表中选择 🔘减去选项，采用系统默认的求差对象；其他参数采用系统默认设置；单击对话框中的 〈 确定 〉 按钮，完成拉伸特征 10 的创建。

图 31.8.69  拉伸特征 10          图 31.8.70  截面草图

Step40. 将对象移动至图层并隐藏。选择下拉菜单 编辑(E) ➡️ 显示和隐藏(H) ➡️

🢒全部显示(A) 命令，隐藏的所有对象将会处于显示状态；选择下拉菜单格式(R) ➡️ 🢒移动至图层(M)... 命令，系统弹出 "类选择" 对话框；在过滤器区域中单击➕按钮，系统弹出 "根据类型选择" 对话框；在此对话框中选择 草图 选项，并按住 Ctrl 键，依次选取 片体 和 基准 选项，单击对话框中的 确定 按钮，系统返回到 "类选择" 对话框；单击 "全选" 按钮➕，单击 确定 按钮，此时系统弹出 "图层移动" 对话框，在目标图层或类别文本框中输入值 2，单击 确定 按钮；选择下拉菜单 格式(R) ➡️ 🢒图层设置(S)...命令，弹出 "图层设置" 对话框，在显示 下拉列表中选择所有图层选项，在图层 列表框中选择☑2选项，然后单击设为不可见右边的🢒按钮，单击 关闭 按钮，完成对象的隐藏。

Step41. 保存零件模型。选择下拉菜单文件(F) ➡️ 🔲保存(S) 命令，即可保存零件模型。

# 31.9  灯罩下盖

本节介绍灯罩下盖的设计过程。该零件设计过程中运用了拉伸、修剪片体、缝合、孔、片体加厚和扫掠等特征命令。所建的零件模型及相应的模型树如图 31.9.1 所示。

Step1. 新建文件。选择下拉菜单文件(F) ➡️ 🗋新建(N)...命令，系统弹出 "新建" 对话框。在模型选项卡的模板区域中选取模板类型为🢒模型；在名称文本框中输入文件名称 Lamp_chimney_down_cover；单击 确定 按钮，进入建模环境。

Step2. 创建图 31.9.2 所示的拉伸特征 1。选择下拉菜单插入(S) ➡️ 设计特征(E)▶ ➡️ 🔲拉伸(E)...命令（或单击🔲按钮），系统弹出 "拉伸" 对话框；单击对话框中的 "绘制截面" 按钮🢒，系统弹出 "创建草图" 对话框。单击➕按钮，选取 XY 基准平面为草图平面，单

击 确定 按钮，进入草图环境，绘制图 31.9.3 所示的截面草图，选择下拉菜单 任务(K) ➡ 完成草图(K) 命令（或单击 完成草图 按钮），退出草图环境；在"拉伸"对话框限制-区域的开始下拉列表中选择 值 选项，并在其下的距离文本框中输入值 0；在限制-区域的结束下拉列表中选择 值 选项，并在其下的距离文本框中输入值 12；其他参数采用系统默认设置；单击对话框中的 < 确定 > 按钮，完成拉伸特征 1 的创建。

图 31.9.1　灯罩下盖的零件模型及模型树

图 31.9.2　拉伸特征 1

图 31.9.3　截面草图

Step3. 创建图 31.9.4b 所示的边倒圆特征 1。选择下拉菜单 插入(S) ➡ 细节特征(L) ➡ 边倒圆(E): 命令（或单击 按钮），系统弹出"边倒圆"对话框；选取图 31.9.4a 所示的边线为边倒圆参照，并在半径 1 文本框中输入值 8；单击 确定 按钮，完成边倒圆特征 1 的创建。

a) 倒圆角前　　　　　　　　　　　　　　　　　b) 倒圆角后

图 31.9.4　边倒圆特征 1

Step4. 创建图 31.9.5 所示的拉伸特征 2。选择下拉菜单 插入(S) ➡ 设计特征(E) ➡

**拉伸(E)...** 命令（或单击 按钮），选取图 31.9.6 所示的模型表面为草图平面；绘制图 31.9.7 所示的截面草图；在"拉伸"对话框 限制-区域的 开始 下拉列表中选择 值 选项，并在其下的 距离 文本框中输入值 0；在 限制-区域的 结束 下拉列表中选择 值 选项，并在其下的 距离 文本框中输入值 3；在 布尔 区域的下拉列表中选择 合并 选项，采用系统默认的合并对象；其他参数采用系统默认设置；单击对话框中的 < 确定 > 按钮，完成拉伸特征 2 的创建。

图 31.9.5  拉伸特征 2　　　图 31.9.6  定义草图平面　　　图 31.9.7  截面草图

**Step5.** 创建图 31.9.8b 所示的边倒圆特征 2。选择下拉菜单 插入(S) ➡ 细节特征(L)▶ ➡ **边倒圆(E)...** 命令，选取图 31.9.8a 所示的拉伸特征 2 的上端面边缘为边倒圆参照，并在 半径 1 文本框中输入值 2；单击 确定 按钮，完成边倒圆特征 2 的创建。

图 31.9.8  边倒圆特征 2

**Step6.** 创建图 31.9.9 所示的抽壳特征 1。选择下拉菜单 插入(S) ➡ 偏置/缩放(O) ▶ ➡ **抽壳(H)...** 命令（或单击 按钮），系统弹出"抽壳"对话框；在"抽壳"对话框 类型 区域的下拉列表中选择 移除面，然后抽壳 选项；选取图 31.9.10 所示的面为移除面，并在 厚度 文本框中输入值 2；其他参数采用系统默认设置；单击 < 确定 > 按钮，完成抽壳特征 1 的创建。

图 31.9.9  抽壳特征 1　　　　　图 31.9.10  定义移除面

**Step7.** 创建图 31.9.11 所示的基准平面 1。选择下拉菜单 插入(S) ➡ 基准/点(D)▶ ➡ **基准平面(D)...** 命令，系统弹出"基准平面"对话框；单击 < 确定 > 按钮，完成基准平面 1 的创建（注：具体参数和操作参见随书光盘）。

**Step8.** 创建图 31.9.12 所示的草图 1。选择下拉菜单 插入(S) ➡ 在任务环境中绘制草图(V)... 命令，系统弹出"创建草图"对话框；单击 按钮，选取基准平面 1 为草图平面，单击

确定 按钮；进入草图环境，绘制图 31.9.12 所示的草图 1；选择下拉菜单
任务(K) ➡️ 完成草图(K) 命令（或单击 完成草图 按钮），退出草图环境。

图 31.9.11　基准平面 1

图 31.9.12　草图 1

Step9. 创建图 31.9.13 所示的草图 2。选择下拉菜单 插入(S) ➡️ 在任务环境中绘制草图(V)...
命令，选取图 31.9.14 所示的模型表面为草图平面；绘制图 31.9.13 所示的草图 2。

图 31.9.13　草图 2

图 31.9.14　定义草图平面

Step10. 创建图 31.9.15 所示的曲面。选择下拉菜单 插入(S) ➡️ 网格曲面(M)▶ ➡️
通过曲线组(T)... 命令，系统弹出"通过曲线组"对话框；依次选取草图 1 和草图 2 为截面
曲线，并分别单击中键确认；其他参数采用系统默认设置，单击 < 确定 > 按钮，完成曲面
的创建。

Step11. 创建图 31.9.16 所示的修剪体特征 1（曲面已被隐藏）。选择下拉菜单
插入(S) ➡️ 修剪(T) ▶ ➡️ 修剪体(T)... 命令，系统弹出"修剪体"对话框；选取抽壳特
征 1 为目标体，选取曲面为工具体，单击 工具 区域中的"反向"按钮 ⬡ 调整修剪方向；单
击 < 确定 > 按钮，完成修剪体特征 1 的创建。

注意：选取曲面时，需要在选择条的"面规则"下拉列表中选择 体的面 选项。

图 31.9.15　曲面

图 31.9.16　修剪体特征 1

Step12. 创建图 31.9.17b 所示的边倒圆特征 3。选择下拉菜单 插入(S) ➡️ 细节特征(L)▶
➡️ 边倒圆(E)... 命令；选择图 31.9.17a 所示的边线为边倒圆参照，并在 半径 1 文本框中
输入值 2；单击 确定 按钮，完成边倒圆特征 3 的创建。

Step13. 创建图 31.9.18 所示的抽壳特征 2。选择下拉菜单 插入(S) ➡️ 偏置/缩放(O) ▶
➡️ 抽壳(H)... 命令；在"抽壳"对话框 类型 区域的下拉列表中选择 移除面，然后抽壳 选项；

选择图 31.9.19 所示的面为移除面，并在 厚度 文本框中输入值 2；调整抽壳方向为向内；其他参数采用系统默认设置；单击 < 确定 > 按钮，完成抽壳特征 2 的创建。

a）圆角前  b）圆角后

图 31.9.17　边倒圆特征 3

Step14. 创建合并特征 1。选择下拉菜单 插入(S) → 组合(B)▶ → 合并(U)... 命令，系统弹出"合并"对话框；选取图 31.9.20 所示的目标体和工具体；单击 确定 按钮，完成布尔合并特征 1 的创建。

此面为要移除的面　　　此实体为工具体　此抽壳为目标体

图 31.9.18　抽壳特征 2　　图 31.9.19　定义移除面　　图 31.9.20　定义目标体和工具体

Step15. 创建图 31.9.21b 所示的边倒圆特征 4。选择下拉菜单 插入(S) → 细节特征(L)▶ → 边倒圆(E)... 命令；选择图 31.9.21a 所示的边线为边倒圆参照，并在 半径 1 文本框中输入值 2；单击 < 确定 > 按钮，完成边倒圆特征 4 的创建。

此边线为边倒圆参照

a）圆角前  b）圆角后

图 31.9.21　边倒圆特征 4

Step16. 创建图 31.9.22b 所示的边倒圆特征 5。选择下拉菜单 插入(S) → 细节特征(L)▶ → 边倒圆(E)... 命令；选择图 31.9.22a 所示的边线为边倒圆参照，并在 半径 1 文本框中输入值 4；单击 确定 按钮，完成边倒圆特征 5 的创建。

Step17. 创建图 31.9.23 所示的基准平面 2。选择下拉菜单 插入(S) → 基准/点(D)▶ → 基准平面(D)... 命令；在 类型 区域的下拉列表中选择 按某一距离 选项。在 平面参考 区域单击 ⊕ 按钮，选取 XZ 基准平面为对象平面；在 偏置 区域的 距离 文本框中输入值为 65，并单击"反向"按钮 ；其他参数采用系统默认设置；单击 < 确定 > 按钮，完成基准平面 2 的创建。

a）圆角前　　　　　　　　　　b）圆角后

图 31.9.22　边倒圆特征 5　　　　　　　　　图 31.9.23　基准平面 2

Step18. 创建图 31.9.24 所示的拉伸特征 3。选择下拉菜单 插入(S) ➡ 设计特征(E)▶ ➡ 拉伸(E)... 命令，选取基准平面 2 为草图平面；绘制图 31.9.25 所示的截面草图；在 "拉伸" 对话框 方向 区域的 * 指定矢量 (0) 下拉列表中选择 YC 选项；在 限制 区域的 开始 下拉列表中选择 值 选项，并在其下的 距离 文本框中输入值 0；在 限制 区域的 结束 下拉列表中选择 直至下一个 选项；在 布尔 区域的下拉列表中选择 无 选项；其他参数采用系统默认设置；单击对话框中的 < 确定 > 按钮，完成拉伸特征 3 的创建。

图 31.9.24　拉伸特征 3　　　　　　　　图 31.9.25　截面草图

Step19. 创建抽取特征。选择下拉菜单 插入(S) ➡ 关联复制(A) ➡ 抽取几何体(E)... 命令，系统弹出 "抽取几何特征" 对话框；在 类型 区域的下拉列表中选择 面 选项；选取 图 31.9.26 所示的 3 个面为要复制的面；在 设置 区域中选中 ☑ 固定于当前时间戳记 复选框；其他 参数采用系统默认设置；单击 确定 按钮，完成抽取特征的创建。

图 31.9.26　定义抽取面

Step20. 创建图 31.9.27b 所示的延伸特征。选择下拉菜单 插入(S) ➡ 修剪(T) ➡ 修剪与延伸(N)... 命令，系统弹出 "修剪和延伸" 对话框；在 类型 区域的下拉列表中 选择 按距离 选项。选取图 31.9.28 所示的边；在 延伸 区域的 距离 文本框中输入值 4；其他参 数采用系统默认设置；单击 < 确定 > 按钮，完成延伸特征的创建。

a）延伸前

b）延伸后

放大图

图 31.9.27 延伸特征

选取此边线为参照

放大图

图 31.9.28 选取边线

**Step21.** 创建图 31.9.29b 所示的修剪体特征 2。选择下拉菜单 插入(S) ➡ 修剪(T) ➡ 修剪体(T)... 命令，系统弹出"修剪体"对话框；选取图 31.9.30 所示的实体为目标体，选取图 31.9.31 所示的曲面为工具体；单击 < 确定 > 按钮，完成修剪体特征 2 的创建。

a）修剪前

b）修剪后

放大图

图 31.9.29 修剪体特征 2

选取目标体参照

图 31.9.30 定义目标体

选取工具体参照

图 31.9.31 定义工具体

**Step22.** 创建合并特征 2。选择下拉菜单 插入(S) ➡ 组合(B) ➡ 合并(U)... 命令，系统弹出"合并"对话框；选取图 31.9.32 所示的目标体，选取图 31.9.33 所示的工具体；单击 < 确定 > 按钮，完成布尔合并特征 2 的创建。

选取目标体参照

图 31.9.32 定义目标体

选取工具体参照

图 31.9.33 定义工具体

**Step23.** 创建图 31.9.34 所示的拉伸特征 4。选择下拉菜单 插入(S) ➡ 设计特征(E) ➡ 拉伸(E)... 命令，选取 XY 基准平面为草图平面；绘制图 31.9.35 所示的截面草图；在"拉伸"对话框 限制 区域的 开始 下拉列表中选择 值 选项，并在其下的 距离 文本框中输入值-4；在 限制 区域的 结束 下拉列表中选择 直至下一个 选项；在 方向 区域的 * 指定矢量 (D) 下拉列表中选择 ᶻᶜ↑ 选项；在 布尔 区域的下拉列表中选择 合并 选项，系统将自动与模型中唯一一个体进行布尔合并运算；其他参数采用系统默认设置；单击对话框中的 < 确定 > 按钮，完成拉伸特征 4 的创建。

图 31.9.34　拉伸特征 4　　　　　　　图 31.9.35　截面草图

Step24. 创建图 31.9.36 所示的基准平面 3。选择下拉菜单 插入(S) ➡ 基准/点(D) ➡ 基准平面(D)... 命令，系统弹出"基准平面"对话框；在 类型 区域的下拉列表中选择 相切 选项；在 子类型 下拉列表中选择 通过点 选项；选取图 31.9.37 所示的曲面为对象平面；单击 + 按钮，系统弹出"点"对话框，在 类型 区域的下拉列表中选择 交点 选项，选取 YZ 基准平面为平面对象，单击鼠标中键确认，再选取图 31.9.38 所示的曲线为相交曲线，单击 确定 按钮；系统重新弹出"基准平面"对话框，其他参数采用系统默认设置；单击 < 确定 > 按钮，完成基准平面 3 的创建。

图 31.9.36　基准平面 3　　　　图 31.9.37　定义对象平面　　　　图 31.9.38　定义相交曲线

Step25. 创建图 31.9.39a 所示的孔特征 1。选择下拉菜单 插入(S) ➡ 设计特征(E) ➡ 孔(H)... 命令，系统弹出"孔"对话框；在 类型 下拉列表中选择 常规孔 选项，单击"孔"对话框中的"绘制截面"按钮 ，然后选取 Step24 中创建的基准平面 3 为孔的放置面，单击 确定 按钮，进入草图环境；系统自动弹出"草图点"对话框，在草图中单击两点，单击 关闭 按钮，退出"草图点"对话框；添加约束使这两个点分别与图 31.9.39 所示的两个圆弧边线的圆心点重合；单击 完成草图 按钮，退出草图环境；在 方向 区域的 孔方向 下拉列表中选择 沿矢量 选项，在 指定矢量 右侧的下拉列表中选择 ᶻᶜ↓ 选项；在 成形 下拉列表中选择 沉头 选项，在 沉头直径 文本框中输入值 8，在 沉头深度 文本框中输入值 8，在 直径 文本框中输入值 3，在 深度限制 下拉列表中选择 贯通体 选项，其余参数采用系统默认设置；单击 < 确定 > 按钮，完成孔特征 1 的创建。

Step26. 创建图 31.9.40b 所示的边倒圆特征 6。选择下拉菜单 插入(S) ➡ 细节特征(L) ➡ 边倒圆(E)... 命令，选取图 31.9.40a 所示的边为边倒圆参照，并在 半径 1 文本框中输入值 4；单击 〈 确定 〉 按钮，完成边倒圆特征 6 的创建。

a）孔特征 1　　　　　b）孔的位置

图 31.9.39　孔特征 1 及孔的位置

a）圆角前　　　　　　b）圆角后

图 31.9.40　边倒圆特征 6

Step27. 创建图 31.9.41b 所示的边倒圆特征 7。选取图 31.9.41a 所示的边为边倒圆参照，其圆角半径值为 6。

a）圆角前　　　　　　b）圆角后

图 31.9.41　边倒圆特征 7

Step28. 创建图 31.9.42b 所示的边倒圆特征 8。选择图 31.9.42a 所示的边为边倒圆参照，其圆角半径值为 2。

a）圆角前　　　　　　b）圆角后

图 31.9.42　边倒圆特征 8

Step29. 创建图 31.9.43 所示的拉伸特征 5。选择下拉菜单 插入(S) ➡ 设计特征(E) ➡ 拉伸(E)... 命令，选取图 31.9.44 所示的面为草图平面，选取 X 基准轴为水平方向参照；绘制图 31.9.45 所示的截面草图；在"拉伸"对话框 方向 区域的 *指定矢量 (0) 下拉列表中选择 -ZC 选项；在 限制 区域的 开始 下拉列表中选择 值 选项，并在其下的 距离 文本框中输入值 0；在 限制 区域的 结束 下拉列表中选择 值 选项，并在其下的 距离 文本框中输入值

12；在 布尔 区域的下拉列表中选择 合并 选项，系统将自动与模型中唯一个体进行布尔合并运算；其他参数采用系统默认设置；单击对话框中的 < 确定 > 按钮，完成拉伸特征 5 的创建。

Step30. 创建图 31.9.46 所示的孔特征 2。选择下拉菜单 插入(S) ➡ 设计特征(E) ➡ 孔(H)... 命令（或单击 按钮），系统弹出"孔"对话框；在 类型 下拉列表中选择 常规孔 选项，单击"孔"对话框中的"绘制截面"按钮 ，然后在绘图区域中选取图 31.9.44 所示面为孔的放置面，单击 确定 按钮，进入草图环境；系统自动弹出"草图点"对话框，在草图中单击一点，单击 关闭 按钮，退出"草图点"对话框；添加约束使这个点与图 31.9.45 所示的圆弧圆心点重合；单击 完成草图 按钮，退出草图环境；在 成形 下拉列表中选择 沉头 选项，在 沉头直径 文本框中输入值 8，在 沉头深度 文本框中输入值 8，在 直径 文本框中输入值 3，在 深度限制 下拉列表中选择 贯通体 选项，其余参数采用系统默认设置；单击 < 确定 > 按钮，完成孔特征 2 的创建。

图 31.9.43　拉伸特征 5　　　　　　　图 31.9.44　定义草图平面

图 31.9.45　截面草图　　　　　　　图 31.9.46　孔特征 2

Step31. 创建图 31.9.47 所示的拉伸特征 6。选择下拉菜单 插入(S) ➡ 设计特征(E) ➡ 拉伸(E)... 命令，选取图 31.9.48 所示的面为草图平面；绘制图 31.9.49 所示的截面草图；在"拉伸"对话框 限制-区域的 开始 下拉列表中选择 值 选项，并在其下的 距离 文本框中输入值 0；在 限制-区域的 结束 下拉列表中选择 值 选项，并在其下的 距离 文本框中输入值 4；在 方向-区域的 *指定矢量 (0) 下拉列表中选择 -ZC 选项；在 布尔 区域的下拉列表中选择 合并 选项，系统将自动与模型中唯一个体进行布尔合并运算；其他参数采用系统默认设置；单击对话框中的 < 确定 > 按钮，完成拉伸特征 6 的创建。

图 31.9.47　拉伸特征 6　　　　　　　图 31.9.48　定义草图平面

Step32. 创建图 31.9.50 所示的孔特征 3。选择下拉菜单 插入(S) ➡ 设计特征(E) ➡

孔(O)... 命令（或单击 按钮），系统弹出"孔"对话框；在 类型 下拉列表中选择 常规孔
选项，单击"孔"对话框中的"绘制截面"按钮 ，然后在绘图区域中选取图 31.9.51 所
示面为孔的放置面，单击 确定 按钮，进入草图环境；系统自动弹出"草图点"对话框，
在草图中单击两点，单击 关闭 按钮，退出"草图点"对话框；添加约束使这两个点分别
与图 31.9.52 所示的两个圆弧边（即拉伸特征 6 的圆柱边）的圆心点重合；单击 完成草图 按
钮，退出草图环境；在 成形 下拉列表中选择 沉头 选项，在 沉头直径 文本框中输入值 8，在
沉头深度 文本框中输入值 4，在 直径 文本框中输入值 3，在 深度限制 下拉列表中选择 贯通体 选项，
其余参数采用系统默认设置；单击 < 确定 > 按钮，完成孔特征 3 的创建。

图 31.9.49 截面草图          图 31.9.50 孔特征 3

图 31.9.51 定义放置面          图 31.9.52 定义孔位置

Step33. 创建图 31.9.53 所示的拉伸特征 7。选择下拉菜单 插入(S) ➜ 设计特征(E)▸ ➜
拉伸(E)... 命令，选取图 31.9.54 所示的面为草图平面；绘制图 31.9.55 所示的截面草图；
在"拉伸"对话框 限制 区域的 开始 下拉列表中选择 直至选定对象 选项，选取图 31.9.54 所示
的面为选定对象；在 限制 区域的 结束 下拉列表中选择 值 选项，并在其下的 距离 文本框中
输入值 12；在 方向 区域的 * 指定矢量 (0) 下拉列表中选择 XC 选项；在 布尔 区域的下拉列表中选
择 减去 选项，系统将自动与模型中唯一个体进行布尔求差运算；其他参数采用系统默认
设置；单击对话框中的 < 确定 > 按钮，完成拉伸特征 7 的创建。

图 31.9.53 拉伸特征 7          图 31.9.54 定义草图平面

Step34. 创建图 31.9.56 所示的草图 3。选择下拉菜单 插入(S) ➜ 在任务环境中绘制草图(Y)...
命令；选取基准平面 2 为草图平面；绘制图 31.9.56 所示的草图 3；选择下拉菜单
任务(K) ➜ 完成草图(K) 命令（或单击 完成草图 按钮），退出草图环境。

图 31.9.55　截面草图　　　　　　　　　　图 31.9.56　草图 3

**Step35.** 创建图 31.9.57b 所示的扫掠特征。选择下拉菜单 插入(S) ➡ 扫掠(W) ➡ 沿引导线扫掠(G)... 命令，系统弹出"沿引导线扫掠"对话框；在 截面 区域中单击 按钮，选择草图 3 为截面线串；在 引导线 区域中单击 按钮，选择图 31.9.57a 所示的曲线为引导线串；偏置采用系统默认设置；在 布尔 区域的下拉列表中选择 减去 选项；单击 < 确定 > 按钮，完成扫掠特征的创建。

a) 创建前　　　　　　　　　　　　　　　　b) 创建后

图 31.9.57　扫掠特征

**Step36.** 创建图 31.9.58 所示的拉伸特征 8。选择下拉菜单 插入(S) ➡ 设计特征(E) ➡ 拉伸(E)... 命令，选取基准平面 2 为草图平面；绘制图 31.9.59 所示的截面草图；在"拉伸"对话框 限制 区域的 开始 下拉列表中选择 值 选项，并在其下的 距离 文本框中输入值 0；在 限制 区域的 结束 下拉列表中选择 值 选项，并在其下的 距离 文本框中输入值 2；在 方向 区域的 *指定矢量 (0) 下拉列表中选择 YC 选项；在 布尔 区域的下拉列表中选择 合并 选项，系统将自动与模型中唯一个体进行布尔合并运算；其他参数采用系统默认设置；单击对话框中的 < 确定 > 按钮，完成拉伸特征 8 的创建。

图 31.9.58　拉伸特征 8　　　　　　　　　图 31.9.59　截面草图

**Step37.** 创建图 31.9.60b 所示的倒斜角特征。选择下拉菜单 插入(S) ➡ 细节特征(L) ➡ 倒斜角(C)... 命令，系统弹出"倒斜角"对话框；选取图 31.9.60a 所示的边线为倒斜角参照，在 偏置 区域的 横截面 下拉列表中选择 对称 选项，在 距离 文本框中输入值 1；在 设置 区域的 偏置方法 下拉列表中选择 偏置面并修剪 选项；单击 < 确定 > 按钮，完成倒斜角特征的创建。

**Step38.** 将对象移动至图层并隐藏。选择下拉菜单 编辑(E) ➡ 显示和隐藏(H) ➡ 全部显示(A) 命令，所有对象将会处于显示状态；选择下拉菜单 格式(R) ➡ 移动至图层(M)

命令，系统弹出"类选择"对话框；在"类选择"对话框的 过滤器 区域中单击 ⊞ 按钮，系统弹出"根据类型选择"对话框；在此对话框中选择 曲线 选项，并按住 Ctrl 键，依次选取 草图 、 片体 和 基准 选项，单击对话框中的 确定 按钮，系统再次弹出"类选择"对话框；单击"类选择"对话框 对象 区域中的 ⊕ 按钮，单击 确定 按钮，此时系统弹出"图层移动"对话框，在 目标图层或类别 文本框中输入值 2，单击 确定 按钮；选择下拉菜单 格式(R) ➡ 图层设置(S)... 命令，系统弹出"图层设置"对话框，在 显示 下拉列表中选择 所有图层 选项，在 图层 列表框中选择 ☑2 选项，然后单击 设为不可见 右边的 ⊕ 按钮，单击 关闭 按钮，完成对象的隐藏。

a) 倒斜角前          b) 倒斜角后

图 31.9.60 倒斜角特征

Step39. 保存零件模型。选择下拉菜单 文件(F) ➡ 🖫 保存(S) 命令，即可保存零件模型。

# 31.10 灯 罩 上 盖

本节介绍灯罩上盖的设计过程。该零件的设计过程中运用了拉伸特征、片体的修剪特征、缝合特征、拔模特征、孔特征、加厚特征和扫掠特征等。所建的零件模型及相应的模型树如图 31.10.1 所示。

Step1. 新建文件。选择下拉菜单 文件(F) ➡ 🗋 新建(N)... 命令，系统弹出"新建"对话框。在 模型 选项卡的 模板 区域中选取模板类型为 ⬡ 模型，在 名称 文本框中输入文件名称 lamp_chimney_top_cover，单击 确定 按钮，进入建模环境。

Step2. 创建图 31.10.2 所示的拉伸特征 1。选择下拉菜单 插入(S) ➡ 设计特征(E)▶ ➡ 🔲 拉伸(E)... 命令（或单击 🔲 按钮），系统弹出"拉伸"对话框；单击"拉伸"对话框中的"绘制截面"按钮 🖾，系统弹出"创建草图"对话框。选取 XY 基准平面为草图平面，单击 确定 按钮，进入草图环境，绘制图 31.10.3 所示的截面草图，选择下拉菜单 任务(K) ➡ ☜ 完成草图(K) 命令（或单击 ☜ 完成草图 按钮），退出草图环境；在"拉伸"对话框 限制 区域的 开始 下拉列表中选择 🟦 值 选项，并在其下的 距离 文本框中输入值 0；在 限制 区域的 结束 下拉列表中选择 🟦 值 选项，并在其下的 距离 文本框中输入值 10；在 ✔ 指定矢量 下拉列表中选择 ZC↑ 选项；在 体类型 下拉列表中选择 片体 选项，其他参数采用系统默认设置；单击 < 确定 > 按钮，完成拉伸特征 1 的创建。

图 31.10.1    灯罩上盖的零件模型及模型树

**Step3.** 创建图 31.10.4 所示的基准平面 1。选择下拉菜单 插入(S) ➡ 基准/点(D) ➡ 基准平面(D)... 命令（或单击 按钮），系统弹出"基准平面"对话框；在"基准平面"对话框中单击 < 确定 > 按钮，完成基准平面 1 的创建（注：具体参数和操作参见随书光盘）。

图 31.10.2    拉伸特征 1          图 31.10.3    截面草图          图 31.10.4    基准平面 1

**Step4.** 创建图 31.10.5 所示的草图 1。选择下拉菜单 插入(S) ➡ 在任务环境中绘制草图(V)... 命令，系统弹出"创建草图"对话框；选取基准平面 1 为草图平面，单击 确定 按钮；进入草图环境，绘制图 31.10.5 所示的草图 1；选择下拉菜单 任务(K) ➡ 完成草图(K) 命令（或单击 完成草图 按钮），退出草图环境。

**Step5.** 创建图 31.10.6 所示的基准平面 2。选择下拉菜单 插入(S) ➡ 基准/点(D) ➡ 基准平面(D)... 命令（或单击 按钮），单击 < 确定 > 按钮，完成基准平面 2 的创建（注：具体参数和操作参见随书光盘）。

Step6. 创建图 31.10.7 所示的草图 2。选择下拉菜单 插入(S) ➡ 🔡 在任务环境中绘制草图(Y)...
命令（或单击🔳按钮），选取 Step5 所创建的基准平面 2 为草图平面，单击 确定 按钮，
绘制图 31.10.7 所示的草图 2。选择下拉菜单 任务(K) ➡ 🌲 完成草图(K) 命令（或单击 🌲 完成草图
按钮），退出草图环境。

图 31.10.5　草图 1　　　　图 31.10.6　基准平面 2　　　　图 31.10.7　草图 2

Step7. 创建图 31.10.8b 所示的网格曲面特征 1。选择下拉菜单 插入(S) ➡
网格曲面(M) ➡ 🔲 通过曲线网格(M)... 命令，系统弹出"通过曲线网格"对话框；选取图
31.10.8a 所示的曲线 1 和曲线 2 为主曲线，并分别单击中键确认，选取图 31.10.8a 所示的曲
线 3 和曲线 4 为交叉曲线，并分别单击中键确认；单击 〈 确定 〉 按钮，完成网格曲面特征
1 的创建。

图 31.10.8　网格曲面特征 1

**注意**：选取曲线串后，图形区显示的箭头矢量应该处于截面线串的同侧，否则生成的
片体将被扭曲。

Step8. 创建图 31.10.9b 所示的网格曲面特征 2。选择下拉菜单 插入(S) ➡ 网格曲面(M)
➡ 🔲 通过曲线组(T)... 命令，系统弹出"通过曲线网格"对话框；选取图 31.10.9a 所示的
曲线 1，单击鼠标中键后选取曲线 2，取消选中 输出曲面选项 区域的 □ 垂直于终止截面 复选框，在
连续性 区域的 第一截面 下拉列表中选择 G1（相切）选项，并单击 🔲 按钮，选取 Step7 所创建的
网格曲面特征 1；注意要在 设置 区域中勾选 ☑ 保留形状 复选框，其他参数采用系统默认设置；
单击 〈 确定 〉 按钮，完成网格曲面特征 2 的创建。

图 31.10.9　网格曲面特征 2

**注意**：在定义网格曲面特征时，应注意曲线的方向，如图 31.10.9a 所示。

Step9. 创建图 31.10.10b 所示的网格曲面特征 3。选择下拉菜单 插入(S) ➡

网格曲面(M) ➡ 通过曲线组(T)... 命令,系统弹出"通过曲线网格"对话框;选择图 31.10.10a 所示的曲线 1,单击鼠标中键后选取曲线 2,在 连续性 区域的 第一截面 下拉列表中选择 G1(相切) 选项,并单击 按钮,选取 Step7 所创建的网格曲面特征 1;注意要在 设置 区域中 勾选 ☑ 保留形状 复选框,其他参数采用系统默认设置;单击 < 确定 > 按钮,完成网格曲面特征 3 的创建。

图 31.10.10  网格曲面特征 3

**注意:**在定义网格曲面特征时,注意调整各曲线的方向,如图 31.10.10a 所示。

Step10. 创建曲面缝合特征 1。选择下拉菜单 插入(S) ➡ 组合(B) ➡ 缝合(W)... 命令,系统弹出"缝合"对话框;在 目标 区域中单击 按钮,选取图 31.10.11 所示的面为缝合的目标片体;在 刀具 区域中单击 按钮,选取图 31.10.12 所示的三个面为缝合工具片体;单击 确定 按钮,完成缝合特征 1 的创建。

图 31.10.11  定义目标片体          图 31.10.12  定义工具片体

Step11. 创建图 31.10.13 所示的拉伸特征 2。选择下拉菜单 插入(S) ➡ 设计特征(E)▶ ➡ 拉伸(E)... 命令,选取 XY 基准平面为草图平面,绘制图 31.10.14 所示的截面草图;在"拉伸"对话框 限制 区域的 开始 下拉列表中选择 值 选项,并在其下的 距离 文本框中输入值 0;在 限制 区域的 结束 下拉列表中选择 贯通 选项;在 布尔 区域的下拉列表中选择 减去 选项,系统将自动与模型中唯一一个体进行布尔求差运算;单击 < 确定 > 按钮,完成拉伸特征 2 的创建。

图 31.10.13  拉伸特征 2          图 31.10.14  截面草图

Step12. 创建图 31.10.15 所示的桥接曲线特征 1。选择下拉菜单 插入(S) ➡ 派生曲线(U) ➡ 桥接(B)... 命令,系统弹出"桥接曲线"对话框;选取图 31.10.16 所示的曲线 1 为起始对象,选取图 31.10.16 所示的曲线 2 为终止对象,在"桥接曲线"对话框

形状控制 区域的 方法 下拉列表中选择 相切幅值 选项，在 开始 和 结束 文本框中分别输入值 1，其他参数采用系统默认设置；单击 < 确定 > 按钮，完成桥接曲线特征 1 的创建。

桥接曲线

图 31.10.15 桥接曲线特征 1

曲线 1
曲线 2

图 31.10.16 定义桥接曲线

Step13. 创建图 31.10.17 所示的桥接曲线特征 2。选择下拉菜单 插入(S) ➡ 派生曲线(U) ➡ 桥接(B)... 命令（或单击 按钮），系统弹出"桥接曲线"对话框；选取图 31.10.18 所示的曲线 1 为起始对象，选取图 31.10.18 所示的曲线 2 为终止对象，在"桥接曲线"对话框 形状控制 区域的 方法 下拉列表中选择 相切幅值 选项，在 开始 和 结束 文本框中分别输入值 1，其他参数采用系统默认设置；单击 < 确定 > 按钮，完成桥接曲线特征 2 的创建。

桥接曲线

图 31.10.17 桥接曲线特征 2

曲线 1
曲线 2

图 31.10.18 定义桥接曲线

Step14. 创建图 31.10.19 所示的网格曲面特征 4。选择下拉菜单 插入(S) ➡ 网格曲面(M) ➡ 通过曲线网格(M)... 命令，系统弹出"通过曲线网格"对话框；选择图 31.10.20 所示的曲线 1 和曲线 2 为主曲线，并分别单击中键确认；在 交叉曲线 区域中单击 按钮，选择图 31.10.20 所示的曲线 3 和曲线 4 为交叉曲线，并分别单击中键确认；单击 < 确定 > 按钮，完成网格曲面特征 4 的创建。

图 31.10.19 网格曲面特征 4

曲线 1
放大图
曲线 4
曲线 3
曲线 2

图 31.10.20 定义网格曲面特征 4

**注意**：在定义网格曲面特征时，注意调整各曲线的方向，如图 31.10.20 所示。

Step15. 创建图 31.10.21 所示的网格曲面特征 5。选择下拉菜单 插入(S) ➡ 网格曲面(M) ➡ 通过曲线网格(M)... 命令，系统弹出"通过曲线网格"对话框；选取图 31.10.22 所示的曲线 1 和曲线 2，并分别单击中键确认；在 交叉曲线 区域中单击 按钮，选取图 31.10.22 所示的曲线 3 和曲线 4，并分别单击中键确认；在 连续性 区域的 第一主线串 下拉列表中选择 G1（相切） 选项，并单击 按钮，选取图 31.10.23 所示的曲面，在 第一交叉线串 下拉列表中选择 G1（相切） 选项，并单击 按钮，再一次选取图 31.10.23 所示的曲面，其他参数采用系统默认设置；单击 ＜ 确定 ＞ 按钮，完成网格曲面特征 5 的创建。

图 31.10.21　网格曲面特征 5

图 31.10.22　定义网格曲面特征 5

**注意**：在定义网格曲面特征时，注意调整各曲线的方向，如图 31.10.23 所示。

Step16. 创建曲面缝合特征 2。选择下拉菜单 插入(S) ➡ 组合(B) ➡ 缝合(W)... 命令，系统弹出"缝合"对话框；在 目标 区域中单击 按钮，选取图 31.10.24 所示的面为缝合的目标片体；在 刀具 区域中单击 按钮，选取图 31.10.25 所示的面为缝合工具片体；单击 ＜ 确定 ＞ 按钮，完成缝合特征 2 的创建。

图 31.10.23　定义网格曲面特征 5

图 31.10.24　定义目标片体

图 31.10.25　定义工具片体

Step17. 创建图 31.10.26b 所示的镜像几何体特征 1。选择下拉菜单 插入(S) ➡ 关联复制(A)▶ ➡ 镜像几何体(G)... 命令，系统弹出"镜像几何体"对话框；选取图 31.10.26a 所示的曲面为镜像几何体；选取 YZ 基准平面为镜像平面，其他参数采用系统默认设置；单击 ＜ 确定 ＞ 按钮，完成镜像几何体特征 1 的创建。

a）镜像前

b）镜像后

图 31.10.26　镜像几何体特征 1

Step18. 创建图 31.10.27b 所示的镜像几何体特征 2。选择下拉菜单 插入(S) ➡ 关联复制(A)▶ ➡ 镜像几何体(G)... 命令，系统弹出"镜像几何体"对话框；选取图 31.10.27a 所示的两个曲面；选取 ZX 基准平面；单击 确定 按钮，完成镜像几何体特征 2 的创建。

Step19. 创建曲面缝合特征 3。选择下拉菜单 插入(S) ➡ 组合(B) ➡ 缝合(W)... 命令，在 目标 区域中单击 按钮，选取图 31.10.28 所示的面为缝合的目标片体；在 刀具 区域中单击 按钮，选取图 31.10.29 所示的面为缝合工具片体；单击 确定 按钮，完成缝合特征 3 的创建。

a）镜像前

b）镜像后

图 31.10.27　镜像几何体特征 2

图 31.10.28　定义缝合目标片体

图 31.10.29　定义缝合工具片体

**Step20.** 创建图 31.10.30b 所示的边倒圆特征 1。选择下拉菜单 插入(S) ➡️ 细节特征(L) ▶ ➡️ ■ 边倒圆(E). 命令（或单击 ■ 按钮），系统弹出"边倒圆"对话框；在 边 区域中单击 ■ 按钮，选取图 31.10.30a 所示的边线为边倒圆参照，并在 半径 1 文本框中输入值 8；单击 〈 确定 〉 按钮，完成边倒圆特征 1 的创建。

a）圆角前

b）圆角后

图 31.10.30　边倒圆特征 1

**Step21.** 创建图 31.10.31 所示的加厚特征。选择下拉菜单 插入(S) ➡️ 偏置/缩放(O) ➡️ ■ 加厚(T)... 命令，系统弹出"加厚"对话框；在 面 区域中单击 ■ 按钮，选取图 31.10.32 所示的曲面；在 偏置 1 文本框中输入值 2，在 偏置 2 文本框中输入值 0，并单击"反向"按钮 ■，使其方向朝内；单击 〈 确定 〉 按钮，完成加厚特征的创建。

图 31.10.31　曲面加厚

图 31.10.32　定义加厚特征

**Step22.** 创建图 31.10.33 所示的基准平面 3。选择下拉菜单 插入(S) ➡️ 基准/点(D) ➡️ ■ 基准平面(D)... 命令（或单击 ■ 按钮），在"基准平面"对话框中单击 〈 确定 〉 按钮，完成基准平面 3 的创建（注：具体参数和操作参见随书光盘）。

**Step23.** 创建图 31.10.34 所示的拉伸特征 3。选择下拉菜单 插入(S) ➡️ 设计特征(E)▶ ➡️ ■ 拉伸(E)... 命令，选取基准平面 3 为草图平面，绘制图 31.10.35 所示的截面草图；在"拉伸"对话框 限制-区域的 开始 下拉列表中选择 ■ 值 选项，并在其下的 距离 文本框中输入值 0；在 限制-区域的 结束 下拉列表中选择 ■ 直至下一个 选项；在 ✔ 指定矢量 下拉列表中选择 ■

选项；在 布尔 区域的下拉列表中选择 无 选项；其他参数采用系统默认设置。单击 〈 确定 〉 按钮，完成拉伸特征 3 的创建。

图 31.10.33　基准平面 3

图 31.10.34　拉伸特征 3

　　Step24. 创建抽取特征 1。选择下拉菜单 插入(S) ➞ 关联复制(A)▶ ➞ 抽取几何特征(E)... 命令，系统弹出"抽取几何特征"对话框；在 类型 区域中选择 面 选项，在 面 区域的 面选项 下拉列表中选择 单个面 选项，选取图 31.10.36 所示的面为要抽取的对象，取消选中 设置 区域的所有复选框；单击 确定 按钮，完成抽取特征 1 的创建。

图 31.10.35　截面草图

图 31.10.36　抽取特征 1

　　Step25. 创建抽取特征 2。选择下拉菜单 插入(S) ➞ 关联复制(A)▶ ➞ 抽取几何特征(E)... 命令，在 类型 区域中选择 面 选项，在 面 区域的 面选项 下拉列表中选择 单个面 选项，选取图 31.10.37 所示的面为抽取对象；单击 确定 按钮，完成抽取特征 2 的创建。

　　Step26. 创建抽取特征 3。选择下拉菜单 插入(S) ➞ 关联复制(A)▶ ➞ 抽取几何特征(E) 命令，系统弹出"抽取几何特征"对话框；在 类型 区域中选择 面 选项，在 面 区域的 面选项 下拉列表中选择 单个面 选项，选取图 31.10.38 所示的面为抽取对象；单击 确定 按钮，完成抽取特征 3 的创建。

图 31.10.37　抽取特征 2

图 31.10.38　抽取特征 3

　　Step27. 创建曲面缝合特征 4。选择下拉菜单 插入(S) ➞ 组合体(B) ➞ 缝合(W)... 命令，在 目标 区域中单击 按钮，选取图 31.10.39 所示的面为缝合的目标片体；在 刀具 区域中单击 按钮，依次选取 Step25 和 Step26 所创建的抽取特征为缝合工具片体。单击 确定 按钮，完成缝合特征 4 的创建。

　　Step28. 创建图 31.10.40 所示的曲面延伸特征。选择下拉菜单 插入(S) ➞ 修剪(T)

➡  修剪与延伸(N)... 命令，系统弹出"修剪和延伸"对话框；在 类型 区域中选择  按距离 选项，在绘图区选取图 31.10.41 所示的边线，在 距离 文本框中输入值 4；单击 <确定> 按 钮，完成曲面延伸特征的创建。

图 31.10.39　定义目标片体　　　　　图 31.10.40　曲面延伸特征

图 31.10.41　定义曲面延伸特征

Step29. 创建修剪体特征。选择下拉菜单 插入(S) ➡ 修剪(T) ➡ 修剪体(T)... 命 令，系统弹出"修剪体"对话框；选取图 31.10.42 所示的特征作为修剪目标体，单击鼠标 中键，选取图 31.10.43 所示的曲面为修剪工具体，采用系统默认的修剪方向；单击 <确定> 按钮，完成修剪体特征的创建。

图 31.10.42　定义修剪目标体　　　　　图 31.10.43　定义修剪工具体

Step30. 创建合并特征。选择下拉菜单 插入(S) ➡ 组合(B)▶ ➡ 🔗 合并(U)... 命令（或 单击 🔗 按钮），系统弹出"合并"对话框；选取图 31.10.44 所示的实体为目标体，选取图 31.10.45 所示的实体为工具体；单击 <确定> 按钮，完成合并特征的创建。

图 31.10.44　定义合并目标体　　　　　图 31.10.45　定义合并工具体

Step31. 创建边倒圆特征 2。选取图 31.10.46a 所示的边线为边倒圆参照，其圆角半径值为 4。

此边线为边倒圆参照

放大图　　　　　　放大图

a）圆角前　　　　　　　　　　　　　　　　b）圆角后

图 31.10.46　选取边倒圆参照

**说明：** 为了便于选取边倒圆的边线，可将曲面进行隐藏。

Step32. 创建边倒圆特征 3。选取图 31.10.47a 所示的边线为边倒圆参照，其圆角半径值为 4。

此边线为边倒圆参照

放大图　　　　　　放大图

a）圆角前　　　　　　　　　　　　　　　　b）圆角后

图 31.10.47　选取边倒圆参照

Step33. 创建图 31.10.48 所示的拉伸特征 4。选择下拉菜单 插入(S) ➡ 设计特征(E)▶ ➡ 拉伸(E)... 命令，选取图 31.10.49 所示的平面为草图平面，绘制图 31.10.50 所示的截面草图；在 "拉伸" 对话框 限制-区域的 开始 下拉列表中选择 值 选项，并在其下的 距离 文本框中输入值 0；在 限制-区域的 结束 下拉列表中选择 值 选项，并在其下的 距离 文本框中输入值 2；在 布尔 区域的下拉列表中选择 合并 选项，系统将自动与模型中唯一一个体进行布尔合并运算。单击 < 确定 > 按钮，完成拉伸特征 4 的创建。

图 31.10.48　拉伸特征 4　　　　　　　　　　图 31.10.49　定义草图平面

此面为草图平面

放大图

图 31.10.50　截面草图

Step34. 创建图 31.10.51 所示的拉伸特征 5。选择下拉菜单 插入(S) ➡ 设计特征(E)▶ ➡ 拉伸(E)... 命令，选取 XY 基准平面为草图平面，绘制图 31.10.52 所示的截面草图；在"拉伸"对话框 限制 区域的 开始 下拉列表中选择 值 选项，并在其下的 距离 文本框中输入值 4；在 限制 区域的 结束 下拉列表中选择 直至下一个 选项；在 ✔指定矢量 下拉列表中选择 ZC↑ 选项；在 布尔 区域的下拉列表中选择 合并 选项，系统将自动与模型中唯一个体进行布尔合并运算。单击 <确定> 按钮，完成拉伸特征 5 的创建。

图 31.10.51 拉伸特征 5

图 31.10.52 截面草图

Step35. 创建拔模特征。选择下拉菜单 插入(S) ➞ 细节特征(L) ➞ 拔模(T)... 命令，系统弹出"拔模"对话框；在 类型 区域中选择 面 选项，在 ✔指定矢量 下拉列表中选取 -ZC↓ 选项，定义 Z 基准轴的反方向为拔模方向。选择图 31.10.53 所示的平面为固定平面，选取图 31.10.54 所示的面为要拔模的面，在 角度 1 文本框中输入值 1；单击"拔模"对话框中的 <确定> 按钮，完成拔模特征的创建。

图 31.10.53 定义拔模固定平面

图 31.10.54 定义拔模面

Step36. 创建图 31.10.55 所示的孔特征 1。选择下拉菜单 插入(S) ➞ 设计特征(E) ➞ 孔(H)... 命令（或单击 ⬡ 按钮），系统弹出"孔"对话框；在 类型 下拉列表中选择 常规孔 选项；单击 *指定点 (0) 区域右方的 ↟↟↟ 按钮，确认"选择条"工具条中的 ⊙ 按钮被按下，选择图 31.10.56 所示的圆弧边线，完成孔中心点位置的指定；在 成形 下拉列表中选择 简单 选项，在 直径 文本框中输入值 3，在 深度限制 下拉列表中选择 值 选项，在 深度 文本框中输入值 10，在 顶锥角 文本框中输入值 0，其余参数采用系统默认设置；单击 <确定> 按钮，完成孔特征 1 的创建。

图 31.10.55 孔特征 1

图 31.10.56 定义孔位置

Step37. 创建图 31.10.57 所示的孔特征 2。参考 Step36 创建孔特征 1 的操作步骤，选择图 31.10.58 所示的圆弧边线来完成孔中心点位置的指定，其余参数设置同孔特征 1，完成孔特征 2 的创建。

图 31.10.57　孔特征 2　　　　　　　　图 31.10.58　定义孔位置

**Step38.** 创建边倒圆特征 4。选取图 31.10.59a 所示的边线为边倒圆参照，其圆角半径值为 1。

图 31.10.59　边倒圆特征 4

**Step39.** 创建图 31.10.60 所示的拉伸特征 6。选择下拉菜单 插入(S) ➡ 设计特征(E)▶ ➡ ⫿ 拉伸(E)... 命令，选取 XY 基准平面为草图平面，绘制图 31.10.61 所示的截面草图；在"拉伸"对话框 限制 区域的 开始 下拉列表中选择 值 选项，并在其下的 距离 文本框中输入值 4；在 限制 区域的 结束 下拉列表中选择 直至下一个 选项；在 布尔 区域的下拉列表中选择 合并 选项，系统将自动与模型中唯一一个体进行布尔合并运算。单击 < 确定 > 按钮，完成拉伸特征 6 的创建。

图 31.10.60　拉伸特征 6　　　　　　图 31.10.61　截面草图

**Step40.** 创建图 31.10.62 所示的拉伸特征 7。选择下拉菜单 插入(S) ➡ 设计特征(E)▶ ➡ ⫿ 拉伸(E)... 命令，选取 YX 基准平面为草图平面，绘制图 31.10.63 所示的截面草图；在"拉伸"对话框 限制 区域的 开始 下拉列表中选择 值 选项，并在其下的 距离 文本框中输入值 4；在 限制 区域的 结束 下拉列表中选择 直至下一个 选项；在 布尔 区域的下拉列表中选择 合并 选项，系统将自动与模型中唯一一个体进行布尔合并运算。单击 < 确定 > 按钮，完成拉伸特征 7 的创建。

图 31.10.62　拉伸特征 7

图 31.10.63　截面草图

Step41. 创建图 31.10.64 所示的拉伸特征 8。选择下拉菜单 插入(S) ➡ 设计特征(E)▶

➡ Ⅲ 拉伸(E)... 命令，选取 YX 基准平面为草图平面，绘制图 31.10.65 所示的截面草

图；在"拉伸"对话框 限制 区域的 开始 下拉列表中选择 值 选项，并在其下的 距离 文本框中

输入值 18；在 限制 区域的 结束 下拉列表中选择 直至下一个 选项；在 布尔 区域的下拉列表中

选择 合并 选项，系统将自动与模型中唯一一个体进行布尔合并运算。单击 < 确定 > 按钮，

完成拉伸特征 8 的创建。

图 31.10.64　拉伸特征 8

图 31.10.65　截面草图

Step42. 创建图 31.10.66 所示的孔特征 3。选择下拉菜单 插入(S) ➡ 设计特征(E)▶ ➡

孔(H)... 命令（或单击 按钮），系统弹出"孔"对话框；在 类型 下拉列表中选择 常规孔 选

项；单击 * 指定点 (0) 区域右方的 ++ 按钮，确认"选择条"工具条中的 ◎ 按钮被按下，选择

图 31.10.67 所示的圆弧边线，完成孔中心点位置的指定；在 成形 下拉列表中选择 简单 选项，

在 直径 文本框中输入值 3，在 深度限制 下拉列表中选择 值 选项，在 深度 文本框中输入值 15，

在 顶锥角 文本框中输入值 0，其余参数采用系统默认设置；单击 确定 按钮，完成孔特征

3 的创建。

图 31.10.66　孔特征 3

图 31.10.67　定义孔放置面

Step43. 创建图 31.10.68 所示的孔特征 4。参考 Step42 创建孔特征 3 的操作步骤，选

择图 31.10.69 所示的圆弧边线来完成孔中心点位置的指定，在 深度 文本框中输入值 10，

其余参数设置同孔特征 3，完成孔特征 4 的创建。

图 31.10.68　孔特征 4

图 31.10.69　定义孔位置

Step44. 创建图 31.10.70 所示的孔特征 5。参考 Step42 创建孔特征 3 的操作步骤，选

择图 31.10.71 所示的圆弧边线来完成孔中心点位置的指定，在 深度 文本框中输入值 10，

其余参数设置同孔特征 3，完成孔特征 5 的创建。

图 31.10.70　孔特征 5　　　　　　　　　图 31.10.71　定义孔位置

Step45. 创建图 31.10.72 所示的孔特征 6。参考 Step42 创建孔特征 3 的操作步骤，选择图 31.10.73 所示的圆弧边线来完成孔中心点位置的指定，在 深度 文本框中输入值 10，其余参数设置同孔特征 3，完成孔特征 6 的创建。

图 31.10.72　孔特征 6　　　　　　　　　图 31.10.73　定义孔位置

Step46. 创建图 31.10.74 所示的孔特征 7。参考 Step42 创建孔特征 3 的操作步骤，选择图 31.10.75 所示的圆弧边线来完成孔中心点位置的指定，在 深度 文本框中输入值 10，其余参数设置同孔特征 3，完成孔特征 7 的创建。

图 31.10.74　孔特征 7　　　　　　　　　图 31.10.75　定义孔位置

Step47. 创建图 31.10.76 所示的拉伸特征 9。选择下拉菜单 插入(S) ➤ 设计特征(E)▶ ➤ 拉伸(E)... 命令，选取图 31.10.77 所示的平面为草图平面，绘制图 31.10.78 所示的截面草图；在"拉伸"对话框 限制-区域的 开始 下拉列表中选择 值 选项，并在其下的 距离 文本框中输入值 0；在 限制-区域的 结束 下拉列表中选择 贯通 选项；在 ✔ 指定矢量 下拉列表中选择 YC 选项；在 布尔 区域的下拉列表中选择 减去 选项，系统将自动与模型中唯一一个体进行布尔求差运算；单击 〈 确定 〉 按钮，完成拉伸特征 9 的创建。

图 31.10.76　拉伸特征 9　　　　　　　　图 31.10.77　定义草图平面

图 31.10.78　截面草图

Step48. 创建图 31.10.79 所示的草图 3。选择下拉菜单 插入(S) ➡ 在任务环境中绘制草图(V)... 命令，选取基准平面 3 为草图平面，单击 确定 按钮，绘制图 31.10.79 所示的草图 3；选择下拉菜单 任务(K) ➡ 完成草图(K) 命令（或单击 完成草图 按钮），退出草图环境。

图 31.10.79　草图 3

Step49. 创建图 31.10.80b 所示的扫掠特征。选择下拉菜单 插入(S) ➡ 扫掠(W)▶ ➡ 沿引导线扫掠(G)... 命令，系统弹出"沿引导线扫掠"对话框；在 截面 区域中单击 按钮，选择 Step48 所创建的草图 3 为截面线串；在 引导线 区域中单击 按钮，选择图 31.10.80a 所示的曲线为引导线串；偏置采用系统默认设置；在 布尔 区域的下拉列表中选择 合并 选项；单击 确定 按钮，完成扫掠特征的创建。

a) 扫掠前　　　　　　　　　　　　　　　　　　　b) 扫掠后

图 31.10.80　扫掠特征

注意：选取截面线串时，需要调整 选择条 工具条中的"曲线规则"为 相连曲线。

Step50. 创建图 31.10.81 所示的拉伸特征 10。选择下拉菜单 插入(S) ➡ 设计特征(E)▶ ➡ 拉伸(E)... 命令，选取图 31.10.82 所示的平面为草图平面，绘制图 31.10.83 所示的截面草图；在"拉伸"对话框 限制-区域的 开始 下拉列表中选择 值 选项，并在其下的 距离 文本框中输入值 2；在 限制-区域的 结束 下拉列表中选择 值 选项，并在其下的 距离 文本框中输入值 0；在 布尔 区域的下拉列表中选择 合并 选项，系统将自动与模型中唯一一个体进行布尔合并运算；单击 确定 按钮，完成拉伸特征 10 的创建。

图 31.10.81　拉伸特征 10

图 31.10.82　定义草图平面

图 31.10.83　截面草图

Step51. 创建边倒圆特征 5。选取图 31.10.84 所示的边线为边倒圆参照，其圆角半径值为 0.5。

Step52. 创建倒斜角特征。选择下拉菜单 插入 (S) ➡ 细节特征 (L) ▶ ➡ 倒斜角 (C)... 命令(或单击 按钮)，系统弹出"倒斜角"对话框；在 边 区域中单击 按钮，选择图 31.10.85 所示的边线为倒斜角参照，在 偏置 区域的 横截面 下拉列表中选择 对称 选项，在 距离 文本框中输入值 1；在 设置 区域的 偏置方法 下拉列表中选择 偏置面并修剪 选项；单击 < 确定 > 按钮，完成倒斜角特征的创建。

图 31.10.84　选取边倒圆参照　　　　图 31.10.85　选取倒斜角参照

Step53. 将对象移动至图层并隐藏。选择下拉菜单 编辑 (E) ➡ 显示和隐藏 (H) ➡ 全部显示 (A) 命令，所有对象将会处于显示状态；选择下拉菜单 格式 (R) ➡ 移动至图层 (M) 命令，系统弹出"类选择"对话框；在"类选择"对话框的 过滤器 区域中单击 按钮，系统弹出"根据类型选择"对话框；在此对话框中选择 曲线 选项，并按住 Ctrl 键，依次选取 草图 、片体 和 基准 选项，单击对话框中的 确定 按钮，系统再次弹出"类选择"对话框；单击"类选择"对话框 对象 区域中的 按钮，单击 确定 按钮，此时系统弹出"图层移动"对话框，在 目标图层或类别 文本框中输入值 2，单击 确定 按钮；选择下拉菜单 格式 (R) ➡ 图层设置 (S)... 命令，系统弹出"图层设置"对话框，在 显示 下拉列表中选择 所有图层 选项，在 图层 列表框中选择 ☑2 选项，然后单击 设为不可见 右边的 按钮，单击 关闭 按钮，完成对象的隐藏。

Step54. 保存零件模型。选择下拉菜单 文件 (F) ➡ 保存 (S) 命令，即可保存零件模型。

# 31.11　零件装配

本节介绍台灯的整个装配过程，使读者进一步熟悉 UG 的装配操作。读者可以从随书光盘目录 D:\ugnx11.5\work\ch31 中找到该装配体中的所有零部件。

**Stage1. 创建子装配 1——底座组件（图 31.11.1）**

图 31.11.1　底座组件（装配图）

Step1. 新建文件。选择下拉菜单 文件(F) ➡ ▣ 新建(N)... 命令，系统弹出"新建"对话框。在 模型 选项卡的 模板 区域中选取模板类型为 🔘 装配，在 名称 文本框中输入文件名称 base_asm，在 文件夹 文本框中输入文件路径 D:\ugnx11.5\work\ch31，单击 确定 按钮，进入装配环境。

Step2. 在系统弹出的"添加组件"对话框中单击 取消 按钮，选择下拉菜单 格式(R) ➡ 🔳 图层设置(S)... 命令，系统弹出"图层设置"对话框，在 显示 下拉列表中选择 所有图层，然后在 图层 列表框中选择 ☑ 2 选项，单击 设为不可见 右边的 🔳 按钮，单击 关闭 按钮，完成对象的隐藏。

说明：此步骤的目的是使后面添加的组件中的图层 2 都处于不可见的状态，也就是将组件中的一些曲面进行隐藏，以便于在装配环境中操作。

Step3. 添加图 31.11.2 所示的底座下盖并定位。选择下拉菜单 装配(A) ➡ 组件(C) ➡ 🔳 添加组件(A)... 命令，在"添加组件"对话框的 打开 区域中单击 🔳 按钮，在弹出的"部件名"对话框中选择文件 base_down_cover.prt，单击 OK 按钮，系统返回到"添加组件"对话框；在 放置 区域的 定位 下拉列表中选择 绝对原点 选项，单击 确定 按钮，此时底座下盖已被添加到装配文件中。

图 31.11.2　添加底座下盖

图 31.11.3　添加加重块

Step4. 添加图 31.11.3 所示的加重块并定位。

（1）添加组件。选择下拉菜单 装配(A) ➡ 组件(C) ➡ 🔳 添加组件(A)... 命令，系统弹出"添加组件"对话框；在"添加组件"对话框的 打开 区域中单击 🔳 按钮，在弹出的"部件名"对话框中选择文件 aggravate_block.prt，单击 OK 按钮，系统弹出"添加组件"对话框。

（2）选择定位方式。在 放置 区域的 定位 下拉列表中选择 根据约束 选项，单击 确定 按钮，系统弹出"装配约束"对话框。

（3）添加约束。

① 在 约束类型 区域中选择 [图标] 选项，在 要约束的几何体 区域的 方位 下拉列表中选择 [首选接触] 选项，在"组件预览"窗口中选取图 31.11.4 所示的面 1，然后在图形区选取图 31.11.4 所示的面 2，在 预览 区域中勾选 ☑ 在主窗口中预览组件 复选框，单击 应用 按钮，结果如图 31.11.5 所示，此时完成组件的接触约束。

图 31.11.4　定义接触对象　　　　　图 31.11.5　添加接触约束后

说明：由于鼠标选取的位置不同，加重块的位置可能与图示有所不同。

② 在 要约束的几何体 区域的 方位 下拉列表中选择 [自动判断中心/轴] 选项，在"组件预览"窗口中选取图 31.11.6 所示的圆柱面 1，在图形区选取图 31.11.6 所示的圆柱面 2，单击 应用 按钮，结果如图 31.11.7 所示。

图 31.11.6　定义第 1 对中心轴对象　　　图 31.11.7　添加第 1 次中心约束后

说明：在图形区选取时，可以先在 预览 区域中取消选中 ☐ 在主窗口中预览组件 复选框，这样便于选取模型表面。

③ 在 要约束的几何体 区域的 方位 下拉列表中选择 [自动判断中心/轴] 选项，选取图 31.11.8 所示的圆柱面 3 和圆柱面 4，单击 应用 按钮，结果如图 31.11.9 所示。

图 31.11.8　定义第 2 对中心轴对象　　　图 31.11.9　添加第 2 次中心约束后

（4）单击 取消 按钮，完成加重块的添加。

Step5. 添加图 31.11.10 所示的底座上盖并定位。

（1）添加组件。选择下拉菜单 装配(A) ➡ 组件(C) ➡ 添加组件(A)... 命令，系统弹出"添加组件"对话框；在"添加组件"对话框的 打开 区域中单击 [图标] 按钮，在弹出的"部件名"对话框中选择文件 base_top_cover.prt，单击 OK 按钮，系统返回到"添加组件"

对话框。

（2）选择定位方式。在 放置 区域的 定位 下拉列表中选择 根据约束 选项，单击 确定 按钮，系统弹出"装配约束"对话框。

（3）添加约束。

① 在 约束类型 区域中选择 选项，在 要约束的几何体 区域的 方位 下拉列表中选择 首选接触 选项，在"组件预览"窗口中选取图 31.11.11 所示的模型表面，然后在图形区选取图 31.11.12 所示的模型表面，单击 应用 按钮，完成组件的接触约束，结果如图 31.11.10 所示。

② 在 要约束的几何体 区域的 方位 下拉列表中选择 自动判断中心/轴 选项，选取图 31.11.13 所示的底座上盖圆弧面 1 以及图 31.11.14 所示底座下盖圆弧面 1，单击 应用 按钮。

图 31.11.10　添加底座上盖　　　　　　图 31.11.11　定义接触面 1

图 31.11.12　定义接触面 2　　　　　　图 31.11.13　定义第 1 个中心对象

③ 在 要约束的几何体 区域的 方位 下拉列表中选择 自动判断中心/轴 选项，在图形区选取图 31.11.15 所示的底座上盖圆弧面 2 以及图 31.11.16 所示底座下盖圆弧面 2，单击 〈确定〉 按钮，完成底座上盖的添加。

图 31.11.14　定义第 2 个中心对象　　　　图 31.11.15　定义第 3 个中心对象

Step6. 隐藏底座下盖。在图形区右击图 31.11.17 所示的底座下盖，从弹出的快捷菜单中选择 隐藏(H) 选项，即可隐藏底座下盖。

图 31.11.16 定义第 4 个中心对象

图 31.11.17 选取底座下盖

**说明：** 也可以在装配导航器的模型树中右击 ☑ 📦 base_down_cover ，从弹出的快捷菜单中选择 🔲 隐藏 选项，即可隐藏底座下盖。

Step7. 添加图 31.11.18 所示的台灯开关并定位。

（1）添加组件。选择下拉菜单 装配(A) ➡ 组件(C) ➡ ⛓ 添加组件(A)... 命令，系统弹出"添加组件"对话框；在"添加组件"对话框的 打开 区域中单击 🗁 按钮，在弹出的"部件名"对话框中选择文件 button.prt，单击 OK 按钮，系统返回到"添加组件"对话框。

（2）选择定位方式。在 放置 区域的 定位 下拉列表中选择 根据约束 选项，单击 确定 按钮，系统弹出"装配约束"对话框。

（3）添加约束。

① 在 约束类型 区域中选择 ⬛ 选项，在 要约束的几何体 区域的 方位 下拉列表中选择 ⬛ 自动判断中心/轴 选项，在"组件预览"窗口中选择图 31.11.19 所示的圆柱面 1，然后在图形区选取 30.11.20 所示的圆柱面 2，单击 应用 按钮，结果如图 31.11.21 所示。

图 31.11.18 添加台灯开关

图 31.11.19 定义中心约束对象

图 31.11.20 定义中心约束对象

图 31.11.21 添加中心约束后

② 在 约束类型 区域中选择 ⬛ 选项，在 要约束的几何体 区域的 方位 下拉列表中选择 ⚡ 首选接触 选项，在图形区中选取图 31.11.22 所示的模型表面，然后在图形区选取图 31.11.23 所示的模型表面，单击 应用 按钮。

图 31.11.22 定义接触面 3

图 31.11.23 定义接触面 4

③ 在 约束类型 区域中选择 ✗ 选项，选择图 31.11.24 所示的面，然后选择图 31.11.25 所示的面，单击 应用 按钮，结果如图 31.11.24 所示。

图 31.11.24 定义平行对象 1

图 31.11.25 定义平行对象 2

（4）在"装配约束"对话框中单击 取消 按钮，完成台灯开关的添加。

Step8. 取消底座下盖的隐藏。单击左侧资源板中的"装配导航器"按钮 ，右击 ☑ base_down_cover （底座下盖），从弹出的快捷菜单中选择 显示 选项，即可显示底座下盖。

Step9. 保存零件模型。选择下拉菜单 文件(F) → 保存(S) 命令，即可保存零件模型。

### Stage2. 创建子装配2——灯头组件（图 31.11.26）

Step1. 新建文件。选择下拉菜单 文件(F) → 新建(N)... 命令，系统弹出"新建"对话框。在 模板 选项卡中选取模板类型为 装配 ，在 名称 文本框中输入文件名称 lamp_chimney_asm，在 文件夹 文本框中输入文件路径 D:\ugnx11.5\work\ch31，单击 确定 按钮，进入装配环境。

Step2. 在系统弹出的"添加组件"对话框中单击 取消 按钮，选择下拉菜单 格式(R) → 图层设置(S)... 命令，系统弹出"图层设置"对话框，在 显示 下拉列表中选择 所有图层 选项，然后在 图层 列表框中选择 ☑2 选项，然后单击 设为不可见 右边的 按钮，单击 关闭 按钮，完成对象的隐藏。

Step3. 添加图 31.11.27 所示的灯罩上盖并定位。选择下拉菜单 装配(A) → 组件(C) → 添加组件(A)... 命令，系统弹出"添加组件"对话框；在"添加组件"对话框的 打开 区域中单击 按钮，在弹出的"部件名"对话框中选择文件 lamp_chimney_top_cover，单击 OK 按钮，系统弹出"添加组件"对话框；在 放置 区域的 定位 下拉列表中选择 绝对原点 选项，单击 确定 按钮，此时灯罩上盖已被添加到装配文件中。

图 31.11.26 装配图

图 31.11.27 添加灯罩上盖

Step4. 添加图 31.11.28 所示的灯头并定位。

（1）添加组件。选择下拉菜单 装配(A) ➡ 组件(C) ➡ 添加组件(A)... 命令，系统弹出"添加组件"对话框；在"添加组件"对话框的 打开 区域中单击 按钮，在弹出的"部件名"对话框中选择文件 light_socket.prt，单击 OK 按钮，系统弹出"添加组件"对话框。

（2）选择定位方式。在 放置 区域的 定位 下拉列表中选择 根据约束 选项，单击 确定 按钮，系统弹出"装配约束"对话框。

（3）添加约束。

① 在 约束类型 区域中选择 选项，在 要约束的几何体 区域的 方位 下拉列表中选择 首选接触 选项，在"组件预览"窗口中选取图 31.11.29 所示的模型表面，然后在图形区选取图 31.11.30 所示的模型表面，单击 应用 按钮，结果如图 31.11.31 所示，此时完成组件的平面接触约束。

图 31.11.28　添加灯头　　　　　　　　图 31.11.29　定义接触面 1

图 31.11.30　定义接触面 2　　　　　　图 31.11.31　添加接触约束后

② 在 要约束的几何体 区域的 方位 下拉列表中选择 自动判断中心/轴 选项，在图形区选取图 31.11.32b 所示的模型表面，然后选取图 31.11.32a 所示的圆柱面 1，单击 应用 按钮，完成中心约束操作。

a）选取圆柱面 1　　　　　　　　　　　b）选取面 1

图 31.11.32　定义中心约束 1

③ 在 要约束的几何体 区域的 方位 下拉列表中选择 自动判断中心/轴 选项，选取图 31.11.33a 所示的模型表面，然后选取图 31.11.33b 所示的圆柱面 2，单击 应用 按钮，完成中心约束操作。

选取此面     放大图     圆柱面2     放大图

a）选取面2        b）选取圆柱面2

图 31.11.33 定义中心约束2

（4）单击 〈 确定 〉 按钮，完成灯头的添加。

Step5. 添加图 31.11.34 所示的灯罩下盖并定位。

（1）添加组件。选择下拉菜单 装配(A) ➡ 组件(C) ➡ 添加组件(A)... 命令，系统弹出"添加组件"对话框；在"添加组件"对话框的 打开 区域中单击 按钮，在弹出的"部件名"对话框中选择文件 lamp_chimney_down_cover.prt，单击 OK 按钮，系统返回到"添加组件"对话框。

（2）选择定位方式。在 放置 区域的 定位 下拉列表中选择 根据约束 选项，单击 确定 按钮，系统弹出"装配约束"对话框。

（3）添加约束。

① 在 约束类型 区域中选择 选项，在 要约束的几何体 区域的 方位 下拉列表中选择 首选接触 选项，在"组件预览"窗口中选取图 31.11.35 所示的模型表面，然后在图形区选取图 31.11.36 所示的模型表面，单击 应用 按钮，完成组件的平面配对，结果如图 31.11.37 所示。

图 31.11.34 添加灯罩下盖     图 31.11.35 定义接触面3

放大图    选取此面

选取此面

放大图

图 31.11.36 定义接触面4     图 31.11.37 定义接触约束后

② 在 要约束的几何体 区域的 方位 下拉列表中选择 自动判断中心/轴 选项，在窗口中选取图 31.11.38b 所示的模型表面，然后选取图 31.11.38a 所示的模型表面，单击 应用 按钮，

结果如图 31.11.34 所示。

a）定义约束面　　　　　　　　　　　　b）定义约束面

图 31.11.38　定义中心约束 3

③ 在 要约束的几何体 区域的 方位 下拉列表中选择 自动判断中心/轴 选项，在图形区中选取图 31.11.39 所示的面 1，然后选取图 31.11.39 所示的面 2，单击 应用 按钮，完成中心约束操作。

图 31.11.39　定义中心约束 4

（4）单击 〈 确定 〉 按钮，完成灯罩下盖的添加。

Step6. 隐藏灯罩下盖。在图形区右击灯罩下盖特征，从弹出的快捷菜单中选择 隐藏(H) 命令，即可隐藏灯罩下盖。结果如图 31.11.40 所示。

说明：也可以在装配导航器的模型树中右击 ☑ Lamp_chimney_down_cover，从弹出的快捷菜单中选择 隐藏 命令，即可隐藏灯罩下盖。

Step7. 添加图 31.11.41 所示的灯管并定位。

图 31.11.40　隐藏灯罩下盖后　　　　　　图 31.11.41　添加灯管

（1）添加组件。选择下拉菜单 装配(A) → 组件(C) → 添加组件(A)... 命令，系统弹出"添加组件"对话框；在"添加组件"对话框的 打开 区域中单击 按钮，在弹出的"部件名"对话框中选择文件 light.prt，单击 OK 按钮，系统返回到"添加组件"对话框。

（2）选择定位方式。在 放置 区域的 定位 下拉列表中选择 根据约束 选项，单击 确定 按钮，系统弹出"装配约束"对话框。

（3）添加约束。

① 在 约束类型 区域中选择 选项，在 要约束的几何体 区域的 方位 下拉列表中选择 接触 选项，在"组件预览"窗口中选取图 31.11.42 所示的模型表面，然后在图形区选取

图 31.11.43 所示的模型表面，单击 应用 按钮，在图形区选取图 31.11.44b 所示的模型表面，然后选取图 31.11.44a 所示的模型表面，单击 应用 按钮，结果如图 31.11.45 所示。

图 31.11.42 定义接触面 5　　　　　　图 31.11.43 定义接触面 6

图 31.11.44 定义接触面 7

② 在 约束类型 区域中选择 选项，在窗口中选取图 31.11.46 所示的面 3，然后选取图 31.11.46 所示的面 4，在 距离 文本框中输入值 0，单击 〈确定〉 按钮，完成灯管的添加，结果如图 31.11.41 所示。

图 31.11.45 添加接触约束后　　　　　　图 31.11.46 定义约束面

Step8. 取消 Step6 所隐藏的灯罩下盖。单击左侧资源板中的"装配导航器"按钮 ，右击 ☑ Lamp_chimney_down_cover （灯罩下盖），从弹出的快捷菜单中选择 显示 选项，即可显示灯罩下盖。

Step9. 保存零件模型。选择下拉菜单 文件(F) ➡ 保存(S) 命令，即可保存零件模型。

### Stage3. 创建总装配（图 31.11.47）

Step1. 新建文件。选择下拉菜单 文件(F) ➡ 新建(N)... 命令，系统弹出"新建"对话框。在 模板 区域中选择 装配 选项，在 名称 文本框中输入文件名称 reading_lam_asm.prt，在 文件夹 文本框中输入文件路径 D:\ugnx11.5\work\ch31，单击 确定 按钮，进入装配环境。

Step2. 在系统弹出的"添加组件"对话框中单击 取消 按钮，选择下拉菜单 格式(R) ➡ 图层设置(S)... 命令，系统弹出"图层设置"对话框，在 显示 下拉列表中选择 所有图层 选项，然后在 图层 列表框中选择 ☑ 2 选项，单击 设为不可见 右边的 按钮，单击按钮，完成对象的隐藏。

Step3. 添加图 31.11.48 所示的台灯底座并定位。

（1）添加部件。选择下拉菜单 装配(A) ➡️ 组件(C) ➡️ 添加组件(A)... 命令，在"添加组件"对话框的 打开 区域中单击 按钮，在弹出的"部件名"对话框中选择文件 base_asm.prt，单击 OK 按钮，系统弹出"添加组件"对话框。

（2）选择定位方式。在 放置 区域的 定位 下拉列表中选择 绝对原点 选项，单击 确定 按钮，此时台灯底座已被添加到装配文件中。

Step4. 添加图 31.11.49 所示的支撑管并定位。

图 31.11.47 装配图

图 31.11.48 添加底座

图 31.11.49 添加支撑管

（1）添加组件。选择下拉菜单 装配(A) ➡️ 组件(C) ➡️ 添加组件(A)... 命令，系统弹出"添加组件"对话框；在"添加组件"对话框的 打开 区域中单击 按钮，在弹出的"部件名"对话框中选择文件 brace_pipe.prt，单击 OK 按钮，系统返回到"添加组件"对话框。

（2）选择定位方式。在 放置 区域的 定位 下拉列表中选择 根据约束 选项，单击 确定 按钮，系统弹出"装配约束"对话框。

（3）添加约束。

① 在 约束类型 区域中选择 选项，在 要约束的几何体 区域的 方位 下拉列表中选择 接触 选项，在"组件预览"窗口中选取图 31.11.50 所示的面 1，然后在图形区选取图 31.11.51 所示的面 2，单击 应用 按钮。

图 31.11.50 定义接触面 1

图 31.11.51 定义接触面 2

② 在 要约束的几何体 区域的 方位 下拉列表中选择 接触 选项，在图形区选取图 31.11.52 所示的面 3，然后选取图 31.11.52 所示的面 4，单击 应用 按钮。

③ 在 约束类型 区域中选择 选项，在图形区选取图 31.11.53 所示的面 5，然后选取图 31.11.53 所示的面 6，单击 < 确定 > 按钮，完成支撑管的添加，结果如图 31.11.49 所示。

图 31.11.52  定义接触面 3 和 4                    图 31.11.53  定义对齐面

说明：为了方便选择参考面，此处将 base_top_cover.prt 部件隐藏，装配完成后再将其显示。

Step5. 添加图 31.11.54 所示的灯头并定位。

（1）添加组件。选择下拉菜单 装配(A) ➝ 组件(C) ➝ 添加组件(A)... 命令，系统弹出"添加组件"对话框；在"添加组件"对话框的 打开 区域中单击 按钮，在弹出的"部件名"对话框中选择文件 lamp_chimney_asm.prt，单击 OK 按钮，系统返回到"添加组件"对话框。

（2）选择定位方式。在 放置 区域的 定位 下拉列表中选择 根据约束 选项，单击 确定 按钮，系统弹出"装配约束"对话框。

（3）添加约束。

① 在 约束类型 区域中选择 选项，在 要约束的几何体 区域的 方位 下拉列表中选择 接触 选项，在"组件预览"窗口中选取图 31.11.55 所示的面 7，然后在图形区选取图 31.11.56 所示的面8，单击 应用 按钮。

② 在 要约束的几何体 区域的 方位 下拉列表中选择 接触 选项，在"组件预览"窗口中选取图 31.11.57 所示的面 9，然后选取图 31.11.58 所示的面 10，单击 应用 按钮。

图 31.11.54  添加灯头                    图 31.11.55  定义接触面 5

图 31.11.56  定义接触面 6                    图 31.11.57  定义接触面 7

③ 在 约束类型 区域中选择 ⫽ 选项，在图形区选取图 31.11.59 所示的面 11，然后选取图 31.11.59 所示的面 12，单击 < 确定 > 按钮，完成灯头的添加。

图 31.11.58　定义接触面 8　　　　　　　　　　图 31.11.59　定义平行约束

Step6. 保存零件模型。选择下拉菜单 文件(F) ➡ ▢ 保存(S) 命令，即可保存零件模型。

# 实例 **32**  遥控器的自顶向下设计

## 32.1  概　　述

本实例详细讲解一款遥控器的整个设计过程，该设计过程采用了最先进的设计方法——自顶向下（Top-Down Design）的设计方法。这种自顶向下的设计方法可以提高产品更新换代的速度，极大加快新产品的上市时间，并且可以获得较好的整体造型。许多家用电器（如电脑机箱、吹风机以及电脑鼠标）都可以采用这种方法进行设计。本例设计的产品成品模型如图 32.1.1 所示。

图 32.1.1　遥控器模型

在使用自顶向下的设计方法进行设计时，要先引入一个新的概念——控件。控件即控制元件，用于控制模型的外观及尺寸等，控件在设计过程中起着承上启下的作用。最高级别的控件（通常称之为"一级控件"，是在整个设计开始时创建的原始结构模型）所承接的是整体模型与所有零件之间的位置及配合关系；一级控件之外的控件（二级控件或更低级别的控件）从上一级控件得到外形和尺寸等信息，再把这种关系传递给下一级控件或零件。在整个设计过程中，一级控件的作用非常重要，创建之初就把整个模型的外观勾勒出来，后续工作都是对一级控件的分割或细化，在整个设计过程中创建的所有控件或零件都与一级控件存在着根本的联系。本例中一级控件是一种特殊的零件模型，或者说是一个装配体的 3D 布局。

使用自顶向下的设计方法有如下两种方法。

（1）首先创建产品的整体外形，然后分割产品，从而得到各个零部件，再对零部件各个结构进行设计。

（2）首先创建产品中的重要结构，然后将装配几何关系的线与面复制到各零件，再插入新的零件并进行细节设计。

本实例采用第一种设计方法，即将创建的产品的整体外形分割而得到各个零件。在 UG NX 11.0 中，用户可以通过选择下拉菜单 工具(T) ➡ 装配导航器(A) ▶ ➡ WAVE 模式(W) 命令或者在"装配导航器"窗口中右击，在弹出的快捷菜单中选择 WAVE 模式 命令，进入 WAVE 装配环境。设置工作部件的方法是选择下拉菜单 装配(A) ➡ 关联控制(D) ▶ ➡ 🔲 设置工作部件(W) 命令，选择要设计的工作部件；也可以在"装配导航器"窗口中要设置的部件上右击，在弹出的快捷菜单中选择 🔲 设为工作部件 命令，将选择的部件设置为工作部件。

本例中遥控器的设计流程图如图 32.1.2 所示。

图 32.1.2　设计流程图

## 32.2　创建一级控件

下面讲解一级控件（CONTROLLER.PRT）的创建过程。一级控件在整个设计过程中起着十分重要的作用，它不仅为两个二级控件提供原始模型，并且确定了遥控器的整体外观形状。一级控件的零件模型及相应的模型树如图 32.2.1 所示。

图 32.2.1　一级控件的零件模型及模型树

Step1. 新建文件。选择下拉菜单 文件(F) ➡ 新建(N)... 命令，系统弹出"新建"对话框。在 模型 选项卡的 模板 区域中选取模板类型为 模型；在 名称 文本框中输入文件名称 controller，单击 确定 按钮，进入建模环境。

说明：本例所建的所有模型应存放在同一文件夹下，制作完成后，整个模型将以装配体的形式出现。本例所创建的一级控件，在所有的零件设计完成后，对其做相应的编辑，即是完成后的遥控器模型。

Step2. 创建图 32.2.2 所示的拉伸特征 1。选择下拉菜单 插入(S) ➡ 设计特征(E)▶ ➡ 拉伸(E)... 命令（或单击 按钮），系统弹出"拉伸"对话框；单击对话框中的"绘制截面"按钮 ，系统弹出"创建草图"对话框。选取 XY 基准平面为草图平面，单击 确定 按钮，进入草图环境，绘制图 32.2.3 所示的截面草图，选择下拉菜单 任务(K) ➡ 完成草图(K) 命令（或单击 完成草图 按钮），退出草图环境；在"拉伸"对话框 限制 区域的 开始 下拉列表中选择 值 选项，并在其下的 距离 文本框中输入值 0；在 限制 区域的 结束 下拉列表中选择 值 选项，并在其下的 距离 文本框中输入值 20；在 设置 区域的 体类型 下拉列表中选择 片体 选项。其他参数采用系统默认设置；单击对话框中的 < 确定 > 按钮，完成拉伸特征 1 的创建。

图 32.2.2　拉伸特征 1

图 32.2.3　截面草图

Step3. 创建图 32.2.4 所示的草图 1。选择下拉菜单插入(S) ➡️ 🔲 在任务环境中绘制草图(V)... 命令，系统弹出"创建草图"对话框；选取 YZ 基准平面为草图平面，单击 确定 按钮；进入草图环境，绘制图 32.2.4 所示的草图 1；选择下拉菜单任务(K) ➡️ 🔲 完成草图(K) 命令（或单击🔲 完成草图按钮），退出草图环境。

Step4. 创建图 32.2.5 所示的草图 2。选择下拉菜单插入(S) ➡️ 🔲 在任务环境中绘制草图(V)... 命令，系统弹出"创建草图"对话框；选取 ZX 基准平面为草图平面，单击 确定 按钮；进入草图环境，绘制图 32.2.5 所示的草图 2；选择下拉菜单任务(K) ➡️ 🔲 完成草图(K) 命令（或单击🔲 完成草图按钮），退出草图环境。

图 32.2.4　草图 1　　　　　　　　　图 32.2.5　草图 2

Step5. 创建图 32.2.6 所示的扫掠特征。选择下拉菜单插入(S) ➡️ 扫掠(W) ➡️ 扫掠(S)... 命令，系统弹出"扫掠"对话框；选取草图 1 为截面线串，单击中键确认；选取草图 2 为引导线串，单击中键确认；其他参数采用系统默认设置；单击 确定 按钮，完成扫掠特征的创建。

Step6. 创建图 32.2.7 所示的有界平面。选择下拉菜单插入(S) ➡️ 曲面(R) ➡️ 有界平面(P)... 命令，系统弹出"有界平面"对话框；选取图 32.2.8 所示的 4 条曲线；单击 确定 按钮，完成有界平面的创建。

图 32.2.6　扫掠特征　　　　　图 32.2.7　有界平面　　　　图 32.2.8　定义有界平面

Step7. 创建图 32.2.9 所示的修剪特征 1。选择下拉菜单插入(S) ➡️ 修剪(T) ➡️ 修剪片体(R)... 命令，系统弹出"修剪片体"对话框；选择图 32.2.10 所示的目标体和边界对象；在区域区域中选中 ⦿ 保留单选项；其他参数采用系统默认设置；单击 确定 按钮，完成修剪特征 1 的创建。

图 32.2.9　修剪特征 1　　　　　图 32.2.10　定义目标体和边界对象

Step8. 创建图 32.2.11 所示的修剪特征 2。选择下拉菜单 插入(S) ➡️ 修剪(T) ➡️ 🔵 修剪片体(R)... 命令，系统弹出"修剪片体"对话框；选取图 32.2.12 所示的目标体，选取修剪特征 1 为边界对象；在 区域 区域中选中 🔘 保留 单选项；其他参数采用系统默认设置；单击 确定 按钮，完成修剪特征 2 的创建。

图 32.2.11 修剪特征 2　　　　　　　图 32.2.12 定义目标体

Step9. 缝合曲面。选择下拉菜单 插入(S) ➡️ 组合(B) ➡️ 📖 缝合(W)... 命令，系统弹出"缝合"对话框；在 类型 区域的下拉列表中选择 ◆ 片体 选项；选取修剪特征 2 为目标体；选取有界平面和修剪特征 1 为工具体；其他参数采用系统默认设置；单击 确定 按钮，完成缝合曲面的操作。

Step10. 创建图 32.2.13b 所示的边倒圆特征 1。选择下拉菜单 插入(S) ➡️ 细节特征(L)▶ ➡️ 🔵 边倒圆(E)... 命令（或单击 🔵 按钮），系统弹出"边倒圆"对话框；选取图 32.2.13a 所示的两条边为边倒圆参照，并在 半径 1 文本框中输入值 8；单击 〈 确定 〉 按钮，完成边倒圆特征 1 的创建。

a）圆角前　　　　　　　　　　　　　　　　　　　b）圆角后

图 32.2.13 边倒圆特征 1

Step11. 创建图 32.2.14b 所示的边倒圆特征 2。选取图 32.2.14a 所示的两条边为边倒圆参照，圆角半径值为 5。

a）圆角前　　　　　图 32.2.14 边倒圆特征 2　　　　b）圆角后

Step12. 创建图 32.2.15b 所示的边倒圆特征 3。选取图 32.2.15a 所示的边线为边倒圆角参照，圆角半径值为 3。

a）圆角前　　　　　　　　　　　　　　　　　　　b）圆角后

图 32.2.15 边倒圆特征 3

Step13. 创建图 32.2.16b 所示的边倒圆特征 4。选取图 32.2.16a 所示的边线为边倒圆参照，圆角半径值为 6。

a) 圆角前　　　　　图 32.2.16　边倒圆特征 4　　　　　b) 圆角后

Step14. 创建图 32.2.17 所示的拉伸特征 2。选择下拉菜单 插入(S) ➙ 设计特征(E)▶ ➙ ⊞ 拉伸(E)... 命令（或单击 ⊞ 按钮），系统弹出"拉伸"对话框；单击对话框中的"绘制截面"按钮 🔲，系统弹出"创建草图"对话框。选取 YZ 基准平面为草图平面，单击 确定 按钮，进入草图环境，绘制图 32.2.18 所示的截面草图，选择下拉菜单 任务(K) ➙ ▩ 完成草图(K) 命令（或单击 ▩ 完成草图 按钮），退出草图环境；在"拉伸"对话框 限制-区域的 开始 下拉列表中选择 ⊕ 对称值 选项，并在其下的 距离 文本框中输入值 30；其他参数采用系统默认设置；单击对话框中的 〈确定〉 按钮，完成拉伸特征 2 的创建。

图 32.2.17　拉伸特征 2　　　　　　　图 32.2.18　截面草图

Step15. 创建图 32.2.19 所示的基准平面。选择下拉菜单 插入(S) ➙ 基准/点(D)▶ ➙ 🔲 基准平面(D)... 命令，系统弹出"基准平面"对话框；单击 〈确定〉 按钮，完成基准平面的创建（注：具体参数和操作参见随书光盘）。

Step16. 创建图 32.2.20 所示的旋转体。选择 插入(S) ➙ 设计特征(E)▶ ➙ ⊛ 旋转(R)... 命令（或单击 ⊛ 按钮），系统弹出"旋转"对话框；单击对话框中的"绘制截面"按钮 🔲，系统弹出"创建草图"对话框。选取基准平面为草图平面，单击 确定 按钮，进入草图环境，绘制图 32.2.21 所示的截面草图，选择下拉菜单 任务(K) ➙ ▩ 完成草图(K) 命令（或单击 ▩ 完成草图 按钮），退出草图环境；在 ✱ 指定矢量 下拉列表中选择 ➘ XC 选项，并选取椭圆长轴的一个端点为旋转点；在 布尔 区域的下拉列表中选择 ⊕ 减去 选项，选择图 32.2.22 所示的特征为布尔求差运算的对象；单击 〈确定〉 按钮，完成旋转体的创建。

Step17. 设置隐藏。选择下拉菜单 编辑(E) ➙ 显示和隐藏(H) ➙ 🔅 隐藏(H)... 命令（或单击 🔅 按钮），系统弹出"类选择"对话框；单击"类选择"对话框 过滤器 区域的 ✛ 按钮，系统弹出"根据类型选择"对话框，选择对话框列表中的 草图 选项，单击 确定 按钮。系统再次弹出"类选择"对话框，单击对话框 对象 区域的"全选"按钮 ✛；单击对话

框中的 确定 按钮，完成对设置对象的隐藏；以同样的方式隐藏所有基准面。

Step18. 保存零件模型。

图 32.2.19  基准平面　　　　　　　　图 32.2.20  旋转体

图 32.2.21  截面草图　　　　　　　　图 32.2.22  定义布尔运算

## 32.3  创建上部二级控件

下面要创建的上部二级控件（second_01）是从骨架模型中分割出来的一部分，它继承了一级控件的相应外观形状，同时又作为控件模型为三级控件和按键盖提供相应外观和对应尺寸，也保证了设计零件的可装配性。下面讲解上部二级控件的创建过程，其零件模型及相应的模型树如图 32.3.1 所示。

图 32.3.1  上部二级控件的零件模型及模型树

Step1. 创建 second_01 层。在"装配导航器"窗口中右击，在弹出的快捷菜单中选择 WAVE 模式 命令，系统进入 WAVE 模式；在"装配导航器"窗口中的 controller 选项上右击，在弹出的快捷菜单中选择 WAVE ➝ 新建层 命令，系统弹出"新建层"对话框；单

击"新建层"对话框中的 [指定部件名] 按钮，在弹出的"选择部
件名"对话框的 文件名(N): 文本框中输入文件名 second_01，单击 [OK] 按钮，系统再次弹
出"新建层"对话框；单击"新建层"对话框中的 [类选择]
按钮，系统弹出"WAVE 组件间的复制"对话框，单击"WAVE 组件间的复制"对话框 过滤器
区域的 [+] 按钮，系统弹出"根据类型选择"对话框，按住 Ctrl 键，选择对话框列表中的 实体、
片体 和 CSYS 选项，单击 [确定] 按钮。系统再次弹出"类选择"对话框，单击对话框 对象
区域的"全选"按钮 [+]。选取前面创建的整个骨架模型作为要复制的几何体，单击 [确定]
按钮。系统重新弹出"新建层"对话框；在"新建层"对话框中单击 [确定] 按钮，完成
second_01 层的创建；在"装配导航器"窗口中的 ☑⬛ second_01 选项上右击，在弹出的快捷
菜单中选择 [设为显示部件] 命令，此时在新窗口中打开 second_01 文件。

Step2. 创建图 32.3.2 所示的修剪体特征。选择下拉菜单 插入(S) ➡ [修剪(T)] ➡
[修剪体(T)...] 命令，系统弹出"修剪体"对话框；选取图 32.3.3 所示的目标体和工具体；
调整修剪方向使修剪结果如图 32.3.2 所示；单击 [< 确定 >] 按钮，完成修剪体特征的创建（完
成后隐藏工具体）。

图 32.3.2　修剪体特征

此为目标体参照

此为工具体参照

图 32.3.3　定义目标体和工具体

Step3. 创建图 32.3.4 所示的拉伸特征 1。选择下拉菜单 插入(S) ➡ [设计特征(E)▶] ➡
[拉伸(E)...] 命令（或单击 🔳 按钮），系统弹出"拉伸"对话框；单击对话框中的"绘制截
面"按钮 [图]，系统弹出"创建草图"对话框，选取 YZ 基准平面为草图平面，单击 [确定]
按钮，进入草图环境，绘制图 32.3.5 所示的截面草图，选择下拉菜单
[任务(K)] ➡ [完成草图(K)] 命令（或单击 [完成草图] 按钮），退出草图环境；在"拉伸"对话
框 限制 区域的 开始 下拉列表中选择 [对称值] 选项，并在其下的 距离 文本框中输入值 30；其他
参数采用系统默认设置；在 设置 区域的 体类型 下拉列表中选择 片体 选项；单击对话框中的
[< 确定 >] 按钮，完成拉伸特征 1 的创建。

放大图

2.5

1

1.5

R6

60

3.5

Y

X

图 32.3.4　拉伸特征 1　　　　　　　　　图 32.3.5　截面草图

Step4. 创建图 32.3.6 所示的草图 1。选择下拉菜单 插入(S) ➡ [在任务环境中绘制草图(V)...] 命

令，系统弹出"创建草图"对话框；选取 XY 基准平面为草图平面，单击 确定 按钮；进入草图环境，绘制图 32.3.6 所示的草图 1；选择下拉菜单 任务(K) ➡ 完成草图(K) 命令（或单击 完成草图 按钮），退出草图环境。

Step5. 创建图 32.3.7 所示的草图 2。选择下拉菜单 插入(S) ➡ 在任务环境中绘制草图(V)... 命令，系统弹出"创建草图"对话框；选取 YZ 基准平面为草图平面，单击 确定 按钮；进入草图环境，绘制图 32.3.7 所示的草图 2；选择下拉菜单 任务(K) ➡ 完成草图(K) 命令（或单击 完成草图 按钮），退出草图环境。

图 32.3.6 草图 1　　　　　　　　图 32.3.7 草图 2

Step6. 创建图 32.3.8 所示的扫掠特征。选择下拉菜单 插入(S) ➡ 扫掠(W)▶ ➡ 扫掠(S)... 命令，系统弹出"扫掠"对话框；选取草图 2 为截面线串，单击中键确认；选取草图 1 为引导线串，单击中键确认；其他参数采用系统默认设置；单击 < 确定 > 按钮，完成扫掠特征的创建。

Step7. 创建图 32.3.9 所示的拉伸特征 2。选择下拉菜单 插入(S) ➡ 设计特征(E)▶ ➡ 拉伸(E)... 命令（或单击 按钮），系统弹出"拉伸"对话框；单击对话框中的"绘制截面"按钮，系统弹出"创建草图"对话框。选取 YZ 基准平面为草图平面，单击 确定 按钮，进入草图环境，绘制图 32.3.10 所示的截面草图（草图左下角的端点与拉伸特征 1 的曲面边线重合），选择下拉菜单 任务(K) ➡ 完成草图(K) 命令（或单击 完成草图 按钮），退出草图环境；在"拉伸"对话框 限制 区域的 开始 下拉列表中选择 对称值 选项，并在其下的 距离 文本框中输入值 14；其他参数采用系统默认设置；在 设置 区域的 体类型 下拉列表中选择 片体 选项；单击对话框中的 < 确定 > 按钮，完成拉伸特征 2 的创建。

图 32.3.8 扫掠特征　　　　　　　　图 32.3.9 拉伸特征 2

Step8. 创建图 32.3.11 所示的有界平面 1。选择下拉菜单 插入(S) ➡ 曲面(R)▶ ➡ 有界平面(P)... 命令，系统弹出"有界平面"对话框；选取图 32.3.12 所示的曲线（拉伸特征 2 的边缘）；单击 确定 按钮，完成有界平面 1 的创建。系统重新弹出"有界平面"对话框，单击 取消 按钮退出对话框。

图 32.3.10　截面草图　　　　　　　　　　　图 32.3.11　有界平面 1

Step9. 创建图 32.3.13 所示的有界平面 2。选择下拉菜单 插入(S) ➡ 曲面(R)▶ ➡ 有界平面(P)... 命令，系统弹出"有界平面"对话框；选取拉伸特征 2 的另一侧边缘为有界平面的边界；单击 < 确定 > 按钮，完成有界平面 2 的创建。

图 32.3.12　定义有界平面界限

图 32.3.13　有界平面 2

Step10. 创建抽取体特征 1。选择下拉菜单 插入(S) ➡ 关联复制(A)▶ ➡ 抽取几何特征(E)... 命令，系统弹出"抽取几何特征"对话框；在 类型 区域的下拉列表中选择 面 选项；选取图 32.3.14 所示的面为抽取体面；在 设置 区域中取消选中 □隐藏原先的 复选框，其他参数采用系统默认设置；单击 确定 按钮，完成抽取体特征 1 的创建。

Step11. 创建抽取体特征 2。选择下拉菜单 插入(S) ➡ 关联复制(A)▶ ➡ 抽取几何特征(E)... 命令，系统弹出"抽取几何特征"对话框；在 类型 区域的下拉列表中选择 面 选项；选取图 32.3.15 所示的面为抽取体面；在 设置 区域中选中 ☑隐藏原先的 复选框，其他参数采用系统默认设置；单击 确定 按钮，完成抽取体特征 2 的创建。

图 32.3.14　抽取体特征 1

图 32.3.15　抽取体特征 2

Step12. 创建图 32.3.16 所示的修剪特征 1。选择下拉菜单 插入(S) ➡ 修剪(T) ➡ 修剪片体(R)... 命令，系统弹出"修剪片体"对话框；选择 Step3 创建的拉伸特征 1 为目标体，选取图 32.3.17 所示的边界对象（其中包括有界平面 1、有界平面 2、抽取体特征 1 和抽取体特征 2）；在 区域 区域中选中 ⊙保留 单选项；其他参数采用系统默认设置；单击 确定 按钮，完成修剪特征 1 的创建。

图 32.3.16　修剪特征 1

图 32.3.17　定义边界对象

Step13. 创建图 32.3.18 所示的修剪特征 2。选择下拉菜单 插入(S) ➡ 修剪(T) ➡

修剪片体(R)... 命令，系统弹出"修剪片体"对话框；选择 Step8 创建的有界平面 1 为目标体，选取 Step12 创建的修剪特征 1 为边界对象；在 区域 区域中选中 ⦿ 保留 单选项（图 32.3.18 加亮部分为保留部分）；其他参数采用系统默认设置；单击 确定 按钮，完成修剪特征 2 的创建。

Step14. 创建图 32.3.19 所示的修剪特征 3。选择下拉菜单 插入(S) ➙ 修剪(T) ➙ 修剪的片体(R)... 命令，系统弹出"修剪片体"对话框；选择 Step9 创建的有界平面 2 为目标体，选取 Step12 创建的修剪特征 1 为边界对象；在 区域 区域中选中 ⦿ 保留 单选项（保留的为有界平面 1）；其他参数采用系统默认设置；单击 确定 按钮，完成修剪特征 3 的创建。

图 32.3.18 修剪特征 2　　　　　　　图 32.3.19 修剪特征 3

Step15. 创建图 32.3.20b 所示的修剪和延伸特征 1。选择下拉菜单 插入(S) ➙ 修剪(T) ➙ 修剪与延伸(N)... 命令，系统弹出"修剪和延伸"对话框；在 类型 区域的下拉列表中选择 直至选定 选项。选取 Step12 创建的修剪特征 1 的靠近扫掠特征一侧的边线为目标；选取 Step6 创建的扫掠特征为刀具；其他参数采用系统默认设置；单击 〈确定〉 按钮，完成曲面的修剪和延伸特征 1 的创建。

a）修剪前　　　　　　　　　　b）修剪后

图 32.3.20 修剪和延伸特征 1

Step16. 创建图 32.3.21b 所示的修剪和延伸特征 2。选择下拉菜单 插入(S) ➙ 修剪(M)▸ ➙ 修剪与延伸(N)... 命令，系统弹出"修剪和延伸"对话框；在 类型 区域的下拉列表中选择 直至选定 选项。选取 Step6 创建的扫掠特征为目标；选取图 32.3.22 所示的平面为刀具参照，调整修剪方向为 Z 轴正方向；其他参数采用系统默认设置值；单击 〈确定〉 按钮，完成曲面的修剪和延伸特征 2 的创建。

a）修剪前　　　　　　　　b）修剪后　　　　　　　　此面为刀具参照

图 32.3.21 修剪和延伸特征 2　　　　　图 32.3.22 定义刀具

Step17. 创建拉伸特征 3。选择下拉菜单 插入(S) ➙ 设计特征(E)▸ ➙ 拉伸(E)... 命令（或单击 按钮），系统弹出"拉伸"对话框；单击对话框中的"绘制截面"按钮 ，系统弹出"创建草图"对话框。选取 Step13 创建的修剪特征 2 所在平面为草图平面，单击 确定 按钮，进入草图环境，绘制图 32.3.23 所示的截面草图，选择下拉菜单 任务(K) ➞ 完成草图(K) 命令（或单击 完成草图 按钮），退出草图环境；在"拉伸"对话框 限制-区域的 开始 下拉列表中选择 值 选项，并在其下的 距离 文本框中输入值 0；在 限制-区域的 结束 下拉列表中选择 值 选项，并在其下的 距离 文本框中输入值 3，在 方向-区域的 *指定矢量 (0) 下拉列表中选择 -XC 选项；在 设置 区域的 体类型 下拉列表中选择 片体 选项；其他参数采用系统默认设置值；单击 <确定> 按钮，完成拉伸特征 3 的创建。

Step18. 创建图 32.3.24 所示的有界平面 3。选择下拉菜单 插入(S) ➞ 曲面(R) ➞ 有界平面(P)... 命令，系统弹出"有界平面"对话框；选取拉伸特征 3 的边缘为有界平面的边界；单击 <确定> 按钮，完成有界平面 3 的创建。

图 32.3.23　截面草图　　　　　　　图 32.3.24　有界平面 3

Step19. 创建镜像特征。选择下拉菜单 插入(S) ➞ 关联复制(A) ➞ 镜像特征(M)... 命令，系统弹出"镜像特征"对话框；选取拉伸特征 3 和有界平面 3 为镜像特征对象；选取 YZ 基准平面为镜像平面；单击 <确定> 按钮，完成镜像特征的创建。

Step20. 创建修剪特征 4。选择下拉菜单 插入(S) ➞ 修剪(T) ➞ 修剪片体(R)... 命令，系统弹出"修剪片体"对话框；选择 Step14 创建的修剪特征 3 为目标体，选取图 32.3.25 所示的曲面为边界对象；在 区域 区域中选中 ⊙ 保留 单选项；其他参数采用系统默认设置值；单击 <确定> 按钮，完成修剪特征 4 的创建。

此边为边界对象参照

放大图

图 32.3.25　定义边界对象

Step21. 创建修剪特征 5。选择下拉菜单 插入(S) ➞ 修剪(T) ➞ 修剪片体(R)... 命令，系统弹出"修剪片体"对话框；选择 Step13 创建的修剪特征 2 为目标体，选取 Step17 创建的拉伸特征 3 的截面草图为边界对象；在 区域 区域中选中 ⊙ 保留 单选项；其他参数采用系统默认设置值；单击 <确定> 按钮，完成修剪特征 5 的创建。

Step22. 缝合曲面。选择下拉菜单 插入(S) ➡ 组合(B) ➡ 缝合(W)... 命令，系统弹出 "缝合" 对话框；在 类型 区域的下拉列表中选择 片体 选项；选取 Step12 创建的修剪特征 1 为目标体；选取图 32.3.26 所示的曲面为工具体（共 9 个面）；其他参数采用系统默认设置值；单击 < 确定 > 按钮，完成缝合曲面的操作。

此表面为工具体参照

图 32.3.26　定义工具体

**说明**：操作前可以将修剪体暂时隐藏，方便工具面的选取。

Step23. 设置隐藏。选择下拉菜单 编辑(E) ➡ 显示和隐藏(H) ➡ 隐藏(H)... 命令（或单击 按钮），系统弹出 "类选择" 对话框；单击 "类选择" 对话框 过滤器 区域的 按钮，系统弹出 "根据类型选择" 对话框，按住 Ctrl 键，选择对话框列表中的 曲线 和 草图 选项，单击 确定 按钮。系统再次弹出 "类选择" 对话框，单击对话框 对象 区域的 "全选" 按钮 ；单击对话框中的 确定 按钮，完成对设置对象的隐藏。

Step24. 保存零件。

# 32.4　创建下部二级控件

下部二级控件（second_02）是从一级控件中分割出来的另一部分，它继承了一级控件除上部二级控件之外的外观形状，在后面的模型设计过程中它又被分割成下盖和电池盖两个零件。下面讲解下部二级控件的创建过程，其零件模型及相应的模型树如图 32.4.1 所示。

图 32.4.1　下部二级控件的零件模型及模型树

Step1. 创建 second_02 层。在 "装配导航器" 窗口中的 ☑ second_01 选项上右击，在弹出的快捷菜单中选择 显示父项 ➡ controller 命令，系统在 "装配导航器" 中显示 controller

部件；在"装配导航器"窗口中的 ☑ controller 选项上右击，在弹出的快捷菜单中选择 WAVE ➤ 新建层 命令，系统弹出"新建层"对话框；单击"新建层"对话框中的 指定部件名 按钮，在弹出的"选择部件名"对话框的 文件名(N): 文本框中输入文件名 second_02，单击 OK 按钮，系统再次弹出"新建层"对话框；单击"新建层"对话框中的 类选择 按钮，系统弹出"WAVE 组件间的复制"对话框，单击"WAVE 组件间的复制"对话框 过滤器 区域的 ➕ 按钮，系统弹出"根据类型选择"对话框，按住 Ctrl 键，选择对话框列表中的 实体、片体 和 CSYS 选项，单击 确定 按钮。系统再次弹出"类选择"对话框，单击对话框 对象 区域的"全选"按钮 ➕。选取前面创建的整个骨架模型作为要复制的几何体，单击 确定 按钮。系统重新弹出"新建层"对话框；在"新建层"对话框中单击 确定 按钮，完成 second_02 层的创建；在"装配导航器"窗口中的 ☑ second_02 选项上右击，在系统弹出的快捷菜单中选择 设为显示部件 命令，进入模型编辑环境。

Step2. 创建图 32.4.2 所示的修剪体特征。选择下拉菜单 插入(S) ➡ 修剪(M)▸ ➡ 修剪体(T)... 命令，系统弹出"修剪体"对话框；选取图 32.4.3 所示的实体为目标体和工具体；在 工具 区域中单击 ✗ 按钮调整修剪方向（方向为 Z 轴正向）；单击 < 确定 > 按钮，完成修剪体特征的创建（完成后隐藏工具体）。

图 32.4.2　修剪体特征

图 32.4.3　定义目标体和工具体

Step3. 创建图 32.4.4 所示的拉伸特征 1。选择下拉菜单 插入(S) ➡ 设计特征(E)▸ ➡ 拉伸(E)... 命令（或单击 按钮），系统弹出"拉伸"对话框；单击对话框中的"绘制截面"按钮 ，系统弹出"创建草图"对话框。选取 XY 基准平面为草图平面，单击 确定 按钮，进入草图环境，绘制图 32.4.5 所示的截面草图，选择下拉菜单 任务(K) ➡ 完成草图(K) 命令（或单击 完成草图 按钮），退出草图环境；在"拉伸"对话框 限制 区域的 开始 下拉列表中选择 值 选项，并在其下的 距离 文本框中输入值-2；在 限制 区域的 结束 下拉列表中选择 值 选项，并在其下的 距离 文本框中输入值 15，在 方向 区域的 *指定矢量 (0) 下拉列表中选择 ᶻᶜ↑ 选项；其他参数采用系统默认设置值；在 设置 区域的 体类型 下拉列表中选择 片体 选项；单击对话框中的 < 确定 > 按钮，完成拉伸特征 1 的创建。

图 32.4.4　拉伸特征 1

图 32.4.5　截面草图

Step4. 创建图 32.4.6 所示的拉伸特征 2。选择下拉菜单 插入(S) ➡ 设计特征(E)▶ ➡ 拉伸(E)... 命令（或单击 按钮），系统弹出"拉伸"对话框；单击对话框中的"绘制截面"按钮 ，系统弹出"创建草图"对话框。选取 XZ 基准平面为草图平面，单击 确定 按钮，进入草图环境，绘制图 32.4.7 所示的截面草图，选择下拉菜单 任务(K) ➡ 完成草图(K) 命令（或单击 完成草图 按钮），退出草图环境；在"拉伸"对话框 限制-区域的 开始 下拉列表中选择 值 选项，并在其下的 距离 文本框中输入值 60；在 限制-区域的 结束 下拉列表中选择 值 选项，并在其下的 距离 文本框中输入值 80，在 方向-区域的 *指定矢量 (0) 下拉列表中选择 -YC 选项；其他参数采用系统默认设置值；在 设置 区域的 体类型 下拉列表中选择 片体 选项；单击对话框中的 < 确定 > 按钮，完成拉伸特征 2 的创建。

图 32.4.6　拉伸特征 2

图 32.4.7　截面草图

Step5. 创建图 32.4.8 所示的偏置曲面。选择下拉菜单 插入(S) ➡ 偏置/缩放 (0)▶ ➡ 偏置曲面(0)... 命令，系统弹出"偏置曲面"对话框；选择图 32.4.9 所示的 3 个面为偏置曲面；在 偏置 1 文本框中输入值 2；单击 按钮调整偏置方向（向 Z 轴正向偏置）；其他参数采用系统默认设置值；单击 < 确定 > 按钮，完成偏置曲面的创建。

这 3 个面为偏置面参照

图 32.4.8　偏置曲面

图 32.4.9　定义偏置面

Step6. 创建图 32.4.10b 所示的修剪特征 1。选择下拉菜单 插入(S) ➡ 修剪(T) ➡ 修剪片体(R)... 命令，系统弹出"修剪片体"对话框；选取 Step4 创建的拉伸特征 2 为目标体，选取 Step5 创建的偏置曲面为边界对象；在 区域 区域中选中 ⊙ 保留 单选项；其他参数采用系统默认设置；单击 确定 按钮，完成修剪特征 1 的创建。

a）修剪前                                             b）修剪后

图 32.4.10　修剪特征 1

Step7. 创建图 32.4.11b 所示的修剪和延伸特征 1。选择下拉菜单 插入(S) ➡ 修剪(M)▶ ➡ 修剪与延伸(N)... 命令，系统弹出"修剪和延伸"对话框；在 类型 区域的下拉列表中选择 直至选定 选项。选取 Step3 创建的拉伸特征 1 为目标体；选取 Step5 创建的偏置曲面为刀具体；其他参数采用系统默认设置；单击 〈确定〉 按钮，完成曲面的修剪和延伸特征 1 的创建。

a）修剪前                                             b）修剪后

图 32.4.11　修剪和延伸特征 1

Step8. 创建图 32.4.12b 所示的修剪和延伸特征 2。选择下拉菜单 插入(S) ➡ 修剪(M)▶ ➡ 修剪与延伸(N)... 命令，系统弹出"修剪和延伸"对话框；在 类型 区域的下拉列表中选择 直至选定 选项。选取 Step5 创建的偏置曲面为目标体；选取 Step7 创建的修剪和延伸特征 1 为刀具体；其他参数采用系统默认设置；单击 〈确定〉 按钮，完成曲面的修剪和延伸特征 2 的创建。

a）修剪前                                             b）修剪后

图 32.4.12　修剪和延伸特征 2

Step9. 创建图 32.4.13b 所示的修剪和延伸特征 3。选择下拉菜单 插入(S) ➡ 修剪(M)▶ ➡ 修剪与延伸(N)... 命令，系统弹出"修剪和延伸"对话框；在 类型 区域的下拉列表中选择 直至选定 选项。选择 Step7 创建的修剪和延伸特征 1 为目标体；选取 Step6 创建的修剪特征 1 为刀具体；其他参数采用系统默认设置；单击 〈确定〉 按钮，完成曲面的修剪和延伸特征 3 的创建。

a）修剪前
b）修剪后

图 32.4.13 修剪和延伸特征 3

Step10. 创建图 32.4.14b 所示的修剪特征 2。选择下拉菜单 插入(S) ➡ 修剪(T) ➡ 修剪片体(R)... 命令，系统弹出"修剪片体"对话框；选取 Step8 创建的修剪和延伸特征 2 为目标体，选取 Step6 创建的修剪特征 1 为边界对象；其他参数采用系统默认设置；单击 < 确定 > 按钮，完成修剪特征 2 的创建。

Step11. 缝合曲面。选择下拉菜单 插入(S) ➡ 组合(B) ➡ 缝合(W)... 命令，系统弹出"缝合"对话框；在 类型 区域的下拉列表中选择 片体 选项；选取 Step10 创建的修剪特征 2 为目标体；选取图 32.4.15 所示的曲面为工具体；其他参数采用系统默认设置；单击 确定 按钮，完成缝合曲面的操作。

a）修剪前
b）修剪后
此两个曲面为工具体参照

图 32.4.14 修剪特征 2
图 32.4.15 定义工具体

Step12. 保存零件模型。

# 32.5 创建三级控件

三级控件（third）是从上部二级控件上分割出来的一部分（另一部分是后面要创建的"按键盖"零件），同时为上盖和屏幕的创建提供了参考外形及尺寸。下面讲解三级控件的创建过程，其零件模型及相应的模型树如图 32.5.1 所示。

A

从 A 向查看

历史记录模式
模型视图
摄像机
模型历史记录
链接体 (0)
链接体 (1)
链接的基准坐标系 (2)
修剪体 (3)
壳 (4)
拉伸 (5)
拉伸 (6)
修剪片体 (7)
修剪片体 (8)
缝合 (9)

图 32.5.1 三级控件的零件模型及模型树

Step1. 创建 third 层。在"装配导航器"窗口中的 ☑☐second_02 选项上右击,在系统弹出的快捷菜单中选择 显示父项 ▶ ➡️ controller 命令,系统在"装配导航器"中显示 controller 部件;在"装配导航器"窗口中的 ☑☐second_01 选项上右击,在系统弹出的快捷菜单中选择 设为显示部件 命令,对模型进行编辑;在"装配导航器"窗口中的 ☑☐second_01 选项上右击,在系统弹出的快捷菜单中选择 WAVE▶ ➡️ 新建层 命令,系统弹出 "新建层"对话框;单击"新建层"对话框中的 指定部件名 按钮,在弹出的 "选择部件名"对话框的 文件名(N): 文本框中输入文件名 third,单击 OK 按钮,系统再次弹出"新建层"对话框;单击"新建层"对话框中的 类选择 按钮,系统弹出"WAVE 组件间的复制"对话框,单击"WAVE 组件间的复制"对话框 过滤器 区域的 🕂 按钮,系统弹出"根据类型选择"对话框,按住 Ctrl 键,选择对话框列表中的 实体、片体 和 CSYS 选项,单击 确定 按钮。系统再次弹出"类选择"对话框,单击对话框 对象 区域的"全选"按钮 🕂。选取前面创建的整个控件模型作为要复制的几何体,单击 确定 按钮。系统重新弹出"新建层"对话框;在"新建层"对话框中单击 确定 按钮,完成 third 层的创建;在"装配导航器"窗口中的 ☑☐third 装配部件上右击,在系统弹出的快捷菜单中选择 设为显示部件 命令,对模型进行编辑。

Step2. 创建图 32.5.2 所示的修剪体特征。选择下拉菜单 插入(S) ➡️ 修剪(T) ➡️ 修剪体(T)... 命令,系统弹出"修剪体"对话框;选取图 32.5.3 所示的实体为目标体和工具体;在 工具 区域中单击 ⤴️ 按钮,调整修剪方向(修剪方向为 Z 轴正向);单击 < 确定 > 按钮,完成修剪体特征的创建(完成后隐藏工具体)。

图 32.5.2　修剪体特征

图 32.5.3　定义目标体和工具体

Step3. 创建图 32.5.4 所示的抽壳特征。选择下拉菜单 插入(S) ➡️ 偏置/缩放(O)▶ ➡️ 抽壳(H)... 命令(或单击 按钮),系统弹出"抽壳"对话框;在"抽壳"对话框 类型 区域的下拉列表中选择 移除面,然后抽壳 选项;选取图 32.5.5 所示的面为移除面,并在 厚度 文本框中输入值 1.2,采用系统默认的抽壳方向;单击 < 确定 > 按钮,完成抽壳特征的创建。

图 32.5.4　抽壳特征

图 32.5.5　定义抽壳平面

Step4. 创建图 32.5.6 所示的拉伸特征 1。选择下拉菜单 插入(S) ➞ 设计特征(E)▶ ➞
拉伸(E)... 命令（或单击 按钮），系统弹出"拉伸"对话框；单击对话框中的"绘制截面"按钮 ，系统弹出"创建草图"对话框。选取图 32.5.7 所示的模型表面为草图平面，单击 确定 按钮，进入草图环境，绘制图 32.5.8 所示的截面草图，选择下拉菜单 任务(K) ➞ 完成草图(K) 命令（或单击 完成草图 按钮），退出草图环境；在"拉伸"对话框 限制-区域的 开始 下拉列表中选择 对称值 选项，并在其下的 距离 文本框中输入值5；在 方向-区域的 *指定矢量 (0) 下拉列表中选择 ZC↑ 选项；在 布尔 区域的下拉列表中选择 无 选项；其他参数采用系统默认设置；在 设置 区域的 体类型 下拉列表中选择 片体 选项；单击对话框中的 <确定> 按钮，完成拉伸特征 1 的创建。

图 32.5.6 拉伸特征 1

选取此面为草图平面

图 32.5.7 定义草图平面

图 32.5.8 截面草图

Step5. 创建图 32.5.9 所示的拉伸特征 2。选择下拉菜单 插入(S) ➞ 设计特征(E)▶ ➞
拉伸(E)... 命令（或单击 按钮），系统弹出"拉伸"对话框；单击对话框中的"绘制截面"按钮 ，系统弹出"创建草图"对话框。选取 YZ 基准平面为草图平面，单击 确定 按钮，进入草图环境，绘制图 32.5.10 所示的截面草图，选择下拉菜单 任务(K) ➞ 完成草图(K) 命令（或单击 完成草图 按钮），退出草图环境；在"拉伸"对话框 限制-区域的 开始 下拉列表中选择 对称值 选项，并在其下的 距离 文本框中输入值30；在 方向-区域的 *指定矢量 (0) 下拉列表中选择 -XC 选项；其他参数采用系统默认设置值；在 设置 区域的 体类型 下拉列表中选择 片体 选项；单击对话框中的 <确定> 按钮，完成拉伸特征 2 的创建。

图 32.5.9 拉伸特征 2

图 32.5.10 截面草图

Step6. 创建图 32.5.11 所示的修剪特征 1。选择下拉菜单 插入(S) ➞ 修剪(T) ➞
修剪片体(R)... 命令，系统弹出"修剪片体"对话框；选择 Step4 创建的拉伸特征 1 为目标体，选取 Step5 创建的拉伸特征 2 为边界对象；在 区域 区域中选中 ⊙ 保留 单选项；其他参数采用系统默认设置；单击 确定 按钮，完成修剪特征 1 的创建。

Step7. 创建图 32.5.12 所示的修剪特征 2。选择下拉菜单 插入(S) ➞ 修剪(T) ➞
修剪片体(R)... 命令，系统弹出"修剪片体"对话框；选择 Step5 创建的拉伸特征 2 为目标体，选取 Step6 创建的修剪特征 1 为边界对象；在 区域 区域中选中 ⊙ 放弃 单选项；其他参数采用系统默认设置；单击 确定 按钮，完成修剪特征 2 的创建。

图 32.5.11　修剪特征 1　　　　　　　　图 32.5.12　修剪特征 2

Step8. 缝合曲面。选择下拉菜单 插入(S) ➡ 组合(B) ➡ 缝合(W)... 命令，系统弹出"缝合"对话框；在 类型 区域的下拉列表中选择 片体 选项；选取 Step6 创建的修剪特征 1 为目标体；选取 Step7 创建的修剪特征 2 为工具体；其他参数采用系统默认设置；单击 确定 按钮，完成缝合曲面的操作。

　　说明：在选取修剪特征 2 时可暂时将实体隐藏，待完成缝合曲面后再将其显示。

Step9. 保存零件模型。

# 32.6　创 建 上 盖

　　上盖（top_cover）虽然是以一个单独的零件从三级控件中被分割出来的，但是它仍然为内置按键和外置按键提供必需的参考。下面讲解上盖的创建过程，其零件模型及相应的模型树如图 32.6.1 所示。

图 32.6.1　上盖的零件模型及模型树

　　Step1. 创建 top_cover 层。在图形区的右侧单击"装配导航器"按钮 ，在弹出的"装配导航器"窗口中选择 third 选项并右击，从系统弹出的快捷菜单中选择 WAVE ➡ 新建级别 命令。在弹出的子菜单中选择 新建层 命令，系统弹出"新建层"对话框；在"新建层"对话框中单击 指定部件名 按钮，系统弹出"选择部件名"对话框。在 文件名(N): 文本框中输入部件名 top_cover，单击 OK 按钮，系统再次弹出"新建层"对话框；单击"新建层"对话框中的 类选择按钮，系统弹出"WAVE 组件间的复制"对话框，单击"WAVE 组件间的复制"对话框 过滤器 区域的 ✛ 按钮，系统弹出"根据类型选择"对话框，按住 Ctrl 键，选择对话框列表中的 实体 、 片体 和 CSYS 选项，单击 确定 按钮。系统再次弹出"类选择"对话框，单击对话框 对象 区域的"全选"按钮 ✛ 。选取前面创建的整个控件模型作为要复制的几何体，单击 确定 按钮。系统重新弹出"新建层"对话框；在"新建层"对话框中单击 确定 按钮，完成 top_cover 层的创建。

Step2. 将部件上盖（top_cover）转为显示部件。在装配导航器中的 ☑ ⬜ top_cover 部件上 右击，在弹出的快捷菜单中选择 设为显示部件 命令。

Step3. 创建图 32.6.2 所示的修剪体特征 1 。选择下拉菜单 插入(S) ➡ 修剪(T) ➡ 修剪体(T)... 命令，系统弹出"修剪体"对话框；选取图 32.6.3 所示的实体特征为修剪的目标体，在绘图区域中单击鼠标中键，选取图 32.6.4 所示的曲面 为修剪的工具体，其方向与 XC 基准轴的正方向相同；单击 < 确定 > 按钮，完成修剪体特 征 1 的创建（完成后隐藏工具体）。

图 32.6.2 修剪体特征 1

图 32.6.3 定义目标体

图 32.6.4 定义工具体

Step4. 创建图 32.6.5 所示的拉伸特征 1。选择下拉菜单 插入(S) ➡ 设计特征(E)▶ ➡ 拉伸(E)... 命令（或单击 按钮），系统弹出"拉伸"对话框；单击"拉伸"对话框中的 "绘制截面"按钮，系统弹出"创建草图"对话框。选取图 32.6.6 所示的平面为草图平 面，单击 确定 按钮，进入草图环境，绘制图 32.6.7 所示的截面草图，选择下拉菜单 任务(K) ➡ 完成草图(K) 命令（或单击 完成草图 按钮），退出草图环境；在"拉伸"对话框 限制 区域的 开始 下拉列表中选择 对称值 选项，并在其下的 距离 文本框中输入值 5；在 指定矢量 下拉列表中选择 ZC↑ 选项；在 布尔 区域的下拉列表中选择 减去 选项，采用系统默 认的求差对象；单击 < 确定 > 按钮，完成拉伸特征 1 的创建。

图 32.6.5 拉伸特征 1

图 32.6.6 定义草图平面

图 32.6.7 截面草图

Step5. 创建图 32.6.8 所示的拉伸特征 2。选择下拉菜单 插入(S) ➡ 设计特征(E)▶ ➡ 拉伸(E)... 命令，系统弹出"拉伸"对话框。选取图 32.6.9 所示的平面为草图平面；绘制

图 32.6.10 所示的截面草图；在"拉伸"对话框 限制 区域的 开始 下拉列表中选择 对称值 选项，并在其下的 距离 文本框中输入值 5；在 布尔 区域的下拉列表中选择 减去 选项，系统将自动与模型中唯一一个体进行布尔求差运算；单击 < 确定 > 按钮，完成拉伸特征 2 的创建。

图 32.6.8 拉伸特征 2

图 32.6.9 定义草图平面

此面为草图平面

图 32.6.10 截面草图

Step6. 创建图 32.6.11 所示的拉伸特征 3。选择下拉菜单 插入(S) ➡ 设计特征(E)▶ ➡ 拉伸(E)... 命令，系统弹出"拉伸"对话框。选取图 32.6.12 所示的平面为草图平面，绘制图 32.6.13 所示的截面草图；在"拉伸"对话框 限制 区域的 开始 下拉列表中选择 对称值 选项，并在其下的 距离 文本框中输入值 5；在 布尔 区域的下拉列表中选择 减去 选项，系统将自动与模型中唯一一个体进行布尔求差运算；单击 < 确定 > 按钮，完成拉伸特征 3 的创建。

图 32.6.11 拉伸特征 3

图 32.6.12 定义草图平面

此面为草图平面

椭圆 1

图 32.6.13 截面草图

注意：在绘制图 32.6.13 所示的椭圆 1 时，在弹出的"椭圆"对话框的 大半径 文本框中输入值 1.5，在 小半径 文本框中输入值 4，在 角度 文本框中输入值-30，其他参数采用系统默认设置。

Step7. 创建图 32.6.14 所示的拉伸特征 4。选择下拉菜单 插入(S) ➡ 设计特征(E)▶ ➡ 拉伸(E)... 命令，系统弹出"拉伸"对话框。选取图 32.6.15 所示的平面为草图平面；绘制图 32.6.16 所示的截面草图；在 方向 区域的 * 指定矢量 (0) 下拉列表中选择 -ZC 选项；在"拉伸"对话框 限制 区域的 开始 下拉列表中选择 值 选项，并在其下的 距离 文本框中输入值 0；在 限制 区域的 结束 下拉列表中选择 值 选项，并在其下的 距离 文本框中输入值 1；在 布尔 区域的下拉列表中选择 减去 选项，系统将自动与模型中唯一一个体进行布尔求差运算；单击 < 确定 > 按钮，完成拉伸特征 4 的创建。

图 32.6.14 拉伸特征 4

图 32.6.15 定义草图平面

此面为草图平面

图 32.6.16 截面草图

放大图

**Step8.** 创建图 32.6.17 所示的拉伸特征 5。选择下拉菜单 插入(S) ➡ 设计特征(E)▶ ➡ 📖 拉伸(E)... 命令，系统弹出"拉伸"对话框。选取图 32.6.18 所示的平面为草图平面；绘制图 32.6.19 所示的截面草图；在"拉伸"对话框 限制-区域的 开始 下拉列表中选择 ⑪ 值 选项，并在其下的 距离 文本框中输入值 0；在 限制-区域的 结束 下拉列表中选择 ⑪ 值 选项，并在其下的 距离 文本框中输入值 1；在 ✔指定矢量 下拉列表中选择 ᶻᶜ↑ 选项；在 布尔区域的下拉列表中选择 ⊕ 合并 选项，系统将自动与模型中唯一个体进行布尔合并运算；单击 〈 确定 〉 按钮，完成拉伸特征 5 的创建。

图 32.6.17 拉伸特征 5

图 32.6.18 定义草图平面

图 32.6.19 截面草图

**Step9.** 创建图 32.6.20 所示的草图 1。选择下拉菜单 插入(S) ➡ 🔛 在任务环境中绘制草图(V)... 命令，系统弹出"创建草图"对话框；选取图 32.6.21 所示的平面为草图平面，单击 确定 按钮；进入草图环境，绘制图 32.6.20 所示的草图 1；选择下拉菜单 任务(K) ➡ 📎 完成草图(K) 命令（或单击 📎 完成草图 按钮），退出草图环境。

图 32.6.20 草图 1

图 32.6.21 定义草图平面

**Step10.** 创建图 32.6.22 所示的草图 2。选择下拉菜单 插入(S) ➡ 🔛 在任务环境中绘制草图(V)... 命令，系统弹出"创建草图"对话框；选取图 32.6.23 所示的面为草图平面，单击 确定 按钮；进入草图环境，绘制图 32.6.22 所示的草图 2；选择下拉菜单 任务(K) ➡ 📎 完成草图(K) 命令（或单击 📎 完成草图 按钮），退出草图环境。

图 32.6.22 草图 2

图 32.6.23 定义草图平面

Step11. 创建曲线网格特征。选择下拉菜单 插入(S) ➡ 网格曲面(M) ➡ 通过曲线组(T)... 命令（或在"曲面"工具栏中单击"通过曲线组"按钮 ），系统弹出"通过曲线组"对话框；选择 Step9 所创建的草图 1，单击中键确认后选取 Step10 所创建的草图 2，在 对齐 区域的 对齐 下拉列表中选择 根据点 选项；在 输出曲面选项 区域的 补片类型 下拉列表中选择 单个 选项；其他参数采用系统默认设置；单击 〈 确定 〉 按钮，完成曲线网格特征的创建。

注意：在定义曲线串时，所选的曲线的方向如图 32.6.24 所示。

Step12. 创建图 32.6.25 所示的修剪体特征 2。选择下拉菜单 插入(S) ➡ 修剪(T) ➡ 修剪体(T)... 命令，系统弹出"修剪体"对话框；选取整个实体为修剪的目标体，在绘图区域中单击中键确认，选取 Step11 所创建的曲线网格特征为修剪的工具体，调整修剪方向；单击 〈 确定 〉 按钮，完成修剪体特征 2 的创建。

图 32.6.24　定义曲线网格特征

图 32.6.25　修剪体特征 2

Step13. 创建图 32.6.26b 所示的镜像特征。选择下拉菜单 插入(S) ➡ 关联复制(A)▶ ➡ 镜像特征(M)... 命令（或单击 按钮），系统弹出"镜像特征"对话框；在绘图区选取图 32.6.26a 所示的特征为镜像特征；在"镜像平面"区域的 平面 区域中单击 按钮，选取 ZY 基准平面作为镜像平面；单击 确定 按钮，完成镜像特征的创建。

镜像特征

a）镜像前　　　　　　　　　　　　　　　　b）镜像后

图 32.6.26　镜像特征

Step14. 创建图 32.6.27 所示的拉伸特征 6。选择下拉菜单 插入(S) ➡ 设计特征(E)▶ ➡ 拉伸(E)... 命令，选取图 32.6.28 所示的平面为草图平面，绘制图 32.6.29 所示的截面草图；在"拉伸"对话框 限制-区域的 开始 下拉列表中选择 值 选项，并在其下的 距离 文本框中输入值 0；在 限制-区域的 结束 下拉列表中选择 值 选项，并在其下的 距离 文本框中输入值 20，在 方向 区域的 *指定矢量 (0) 下拉列表中选择 -ZC 选项，采用 Z 基准轴的反方向为拉伸方向；在 布尔 区域的下拉列表中选择 减去 选项，选取整个模型为求差对象；单击 〈 确定 〉 按钮，完成拉伸特征 6 的创建。

图 32.6.27 拉伸特征 6　　　图 32.6.28 定义草图平面　　　图 32.6.29 截面草图

注意：在绘制图 32.6.29 所示的截面草图时，在弹出的"椭圆"对话框的 大半径 文本框中输入值 1.5，在 小半径 文本框中输入值 4，在 角度 文本框中输入值 0，其他参数采用系统默认设置。

Step15. 创建图 32.6.30 所示的阵列特征。选择下拉菜单 插入(S) ➡ 关联复制(A)▸ ➡ 阵列特征(A)... 命令，系统弹出"阵列特征"对话框；在绘图区选取 Step14 所创建的拉伸特征 6；在"阵列特征"对话框的 布局 下拉列表中选择 线性 选项；在"阵列特征"对话框 方向 1 区域的 指定矢量 下拉列表中选择 XC 选项，在 间距 下拉列表中选择 数量和间隔 选项，在 数量 文本框中输入值 2，并在 节距 文本框中输入值 12，选中 ✓ 对称 复选框；在"阵列特征"对话框 方向 2 区域的 指定矢量 下拉列表中选择 YC 选项，在 间距 下拉列表中选择 数量和间隔 选项，在 数量 文本框中输入值 4，并在 节距 文本框中输入值 9；单击 确定 按钮，完成阵列特征的创建。

Step16. 创建图 32.6.31 所示的拉伸特征 7。选择下拉菜单 插入(S) ➡ 设计特征(E)▸ ➡ 拉伸(E)... 命令，系统弹出"拉伸"对话框。选取图 32.6.32 所示的平面为草图平面，绘制图 32.6.33 所示的截面草图；在"拉伸"对话框 限制-区域的 开始 下拉列表中选择 值 选项，并在其下的 距离 文本框中输入值 0；在 限制-区域的 结束 下拉列表中选择 值 选项，并在其下的 距离 文本框中输入值 20；在 方向 区域的 *指定矢量 (0) 下拉列表中选择 -ZC 选项，采用 Z 基准轴的反方向为拉伸方向；在 布尔 区域的下拉列表中选择 减去 选项，选取整个模型为求差对象；单击 〈确定〉 按钮，完成拉伸特征 7 的创建。

图 32.6.30 阵列特征　　　　　　　　　图 32.6.31 拉伸特征 7

图 32.6.32 定义草图平面　　　　　　　图 32.6.33 截面草图

Step17. 创建图 32.6.34 所示的拉伸特征 8。选择下拉菜单 插入(S) ➡ 设计特征(E)▸ ➡

命令，系统弹出"拉伸"对话框。选取图 32.6.32 所示的平面为草图平面，绘制图 32.6.35 所示的截面草图；在"拉伸"对话框 限制 区域的 开始 下拉列表中选择 值 选项，并在其下的 距离 文本框中输入值 0；在 限制 区域的 结束 下拉列表中选择 值 选项，并在其下的 距离 文本框中输入值 20；在 方向 区域的 指定矢量 (0) 下拉列表中选择 -ZC 选项，采用 ZC 基准轴的反方向为拉伸方向；在 布尔 区域的下拉列表中选择 减去 选项，选取整个模型为求差对象；单击 < 确定 > 按钮，完成拉伸特征 8 的创建。

Step18. 创建图 32.6.36 所示的拉伸特征 9。选择下拉菜单 插入(S) ➡ 设计特征(E)▶ ➡ 拉伸(E)... 命令，系统弹出"拉伸"对话框。选取图 32.6.37 所示的边线为截面草图；在"拉伸"对话框 方向 区域的 指定矢量 (0) 下拉列表中选择 -ZC 选项，在 限制 区域的 开始 下拉列表中选择 值 选项，并在其下的 距离 文本框中输入值 0；在 限制 区域的 结束 下拉列表中选择 值 选项，并在其下的 距离 文本框中输入值 0.5；在 偏置 区域的 偏置 文本框中选取 两侧 选项，在 开始 文本框中输入值 0.6，在 结束 文本框中输入值 0；在 布尔 区域的下拉列表中选择 合并 选项，系统将自动与模型中唯一个体进行布尔合并运算；单击 < 确定 > 按钮，完成拉伸特征 9 的创建。

图 32.6.34 拉伸特征 8　　　　图 32.6.35 截面草图

**说明**：在选取截面草图时，可在"选择条"工具栏的下拉列表中选择 相切曲线 选项，再选取图 32.6.37 所示的截面草图。

图 32.6.36 拉伸特征 9　　　　图 32.6.37 定义截面草图

Step19. 创建图 32.6.38 所示的拉伸特征 10。选择下拉菜单 插入(S) ➡ 设计特征(E)▶ ➡ 拉伸(E)... 命令，系统弹出"拉伸"对话框。选取 ZX 基准平面为草图平面；绘制图 32.6.39 所示的截面草图；在"拉伸"对话框 方向 区域的 指定矢量 (0) 下拉列表中选择 YC 选项；在 限制 区域的 开始 下拉列表中选择 值 选项，并在其下的 距离 文本框中输入值 55；在 限制 区域的 结束 下拉列表中选择 值 选项，并在其下的 距离 文本框中输入值 65；在 布尔 区域的下拉列表中选择 减去 选项，选取整个模型为求差对象；单击 < 确定 > 按钮，完成拉伸特征 10 的创建。

图 32.6.38 拉伸特征 10

图 32.6.39 截面草图

**Step20.** 创建图 32.6.40b 所示的边倒圆特征 1。选择下拉菜单 插入(S) ➡ 细节特征(L) ▶ ➡ 边倒圆(E) 命令（或单击 按钮），系统弹出"边倒圆"对话框；在 边 区域中单击 按钮，选取图 32.6.40a 所示的边线为边倒圆参照，并在 半径 1 文本框中输入值 0.5；单击 〈 确定 〉 按钮，完成边倒圆特征 1 的创建。

a）倒圆角前      b）倒圆角后

图 32.6.40 边倒圆特征 1

**Step21.** 创建边倒圆特征 2。选取图 32.6.41 所示的边线为边倒圆参照，其圆角半径值为 0.5。

**Step22.** 创建边倒圆特征 3。选取图 32.6.42 所示的两条边线为边倒圆参照，其圆角半径值为 0.5。

图 32.6.41 选取边倒圆参照

图 32.6.42 选取边倒圆参照

**Step23.** 创建边倒圆特征 4。选取图 32.6.43 所示的两条边线为边倒圆参照，其圆角半径值为 0.5。

图 32.6.43 选取边倒圆参照

**Step24.** 设置隐藏。选择下拉菜单 编辑(E) ➡ 显示和隐藏(H) ➡ 隐藏(H)... 命令

（或单击  按钮），系统弹出"类选择"对话框；单击"类选择"对话框中的  按钮，系统弹出"根据类型选择"对话框，按住 Ctrl 键，选择对话框列表中的 草图 和 片体 选项，单击 确定 按钮。系统再次弹出"类选择"对话框，单击对话框中的  按钮；单击对话框中的 确定 按钮，完成对设置对象的隐藏。

Step25. 保存零件模型。选择下拉菜单 文件(F) ➙ 保存(S) 命令，即可保存零件模型。

## 32.7 创建屏幕

屏幕（screen）作为上盖的同级别零件，在从三级控件中分割出来后经过细化就是最终的模型零件。下面讲解屏幕的创建过程，其零件模型及相应的模型树如图 32.7.1 所示。

图 32.7.1 屏幕的零件模型及模型树

Step1. 创建 screen 层。在图形区的右侧单击"装配导航器"按钮 ，在弹出的"装配导航器"窗口中选择 ☑ top_over 选项并右击，从系统弹出的快捷菜单中选择 显示父项 选项后的子选项 third 。选取 ☑ third 选项并右击，从系统弹出的快捷菜单中选择 WAVE 命令。在弹出的子菜单中选择 新建层 命令，系统弹出"新建层"对话框；在"新建层"对话框中单击 指定部件名 按钮，系统弹出"选择部件名"对话框。在 文件名(N): 文本框中输入部件名 screen，单击 OK 按钮，系统再次弹出"新建层"对话框；单击"新建层"对话框中的 类选择 按钮，系统弹出"WAVE 组件间的复制"对话框，单击"WAVE 组件间的复制"对话框 过滤器 区域的  按钮，系统弹出"根据类型选择"对话框，按住 Ctrl 键，选择对话框列表中的 实体 、 片体 和 CSYS 选项，单击 确定 按钮。系统再次弹出"类选择"对话框，单击对话框 对象 区域的"全选"按钮 。选取前面创建的整个控件模型作为要复制的几何体，单击 确定 按钮。系统重新弹出"新建层"对话框；在"新建层"对话框中单击 确定 按钮，完成 screen 层的创建。

注意：在选取控件中的实体时，为了不选到零件 top_cover 中的实体，可暂时将其隐藏。

Step2. 将 screen.prt 部件转为显示部件。在装配导航器中的 ☑ screen 部件名上右击，在弹出的快捷菜单中选择 设为显示部件 命令。

Step3. 创建图 32.7.2 所示的修剪体特征。选择下拉菜单 插入(S) ➙ 修剪(T) ➙

 修剪体(T)... 命令（或单击 按钮），系统弹出"修剪体"对话框；选取图 32.7.3 所示的实体特征为修剪的目标体，在绘图区域中单击鼠标中键，选取图 32.7.4 所示的曲面为修剪的工具体，调整修剪方向；单击 < 确定 > 按钮，完成修剪体特征的创建。

图 32.7.2　修剪体特征　　图 32.7.3　定义目标体　　图 32.7.4　定义工具体

Step4. 设置隐藏。选择下拉菜单 编辑(E) ➡ 显示和隐藏(H) ➡  隐藏(H)... 命令（或单击  按钮），系统弹出"类选择"对话框；单击"类选择"对话框中的 按钮，系统弹出"根据类型选择"对话框，按住 Ctrl 键，选择对话框列表中的 片体 和 基准 选项，单击 确定 按钮。系统再次弹出"类选择"对话框，单击对话框中的"全选"按钮 ；单击对话框中的 确定 按钮，完成对设置对象的隐藏。

Step5. 保存零件模型。选择下拉菜单 文件(F) ➡  保存(S) 命令，即可保存零件模型。

# 32.8　创建按键盖

按键盖（keystoke）从上部二级控件中继承外观和必要的尺寸，以此为基础进行细化即得到完整的按键盖零件。下面讲解按键盖的创建过程，其零件模型及相应的模型树如图 32.8.1 所示。

图 32.8.1　按键盖的零件模型及模型树

Step1. 创建 keystoke 层。在"装配导航器"窗口中的  screen 选项上右击，系统弹出快捷菜单，在此快捷菜单中选择 显示父项 ➡ second_01 命令，系统在"装配导航器"中显示 second_01 部件；在"装配导航器"窗口中的  second_01 选项上右击，系统弹出快捷菜单，在此快捷菜单中选择 WAVE ➡ 新建层 命令，系统弹出"新建层"对话框；单击"新建层"对话框中的 指定部件名 按钮，在弹出的"选择部件名"对话框的 文件名(N) 文本框中输入文件名 keystoke，单击 OK 按钮，系统再次弹出"新建层"对话框；单击"新建层"对话框中的 类选择 按钮，系统弹出"WAVE 组件间的复制"对话框，单击"WAVE 组件间的复制"对话框 过滤器 区域的 + 按钮，系统弹出"根据类型选择"对话框，按住 Ctrl 键，选择对话框列表中的 实体 、 片体 和 CSYS 选项，单击 确定 按钮。系统再次弹出"类选择"对话框，单击对话框 对象 区域的"全选"按钮 + 。选取前面创建的二级控件 1 中的实体、曲面以及坐标系作为要复制的几何体，单击 确定 按钮。系统重新弹出"新建层"对话框；在"新建层"对话框中单击 确定 按钮，完成 keystoke 层的创建；在"装配导航器"窗口中的 ☑ □ keystoke 选项上右击，系统弹出快捷菜单，在此快捷菜单中选择 □ 设为显示部件 命令，对模型进行编辑。

Step2. 创建图 32.8.2 所示的修剪体特征。选择下拉菜单 插入(S) ➡ 修剪(M) ➡ □ 修剪体(T)... 命令，系统弹出"修剪体"对话框；选取图 32.8.3 所示的实体为目标体和工具体；调整修剪方向，修剪后如图 32.8.2 所示；单击 < 确定 > 按钮，完成修剪体特征的创建（完成后隐藏工具体）。

图 32.8.2 修剪体特征

此为目标体参照

此面为工具体参照

图 32.8.3 定义目标体和工具体

Step3. 创建图 32.8.4 所示的拉伸特征 1。选择下拉菜单 插入(S) ➡ 设计特征(E) ➡ □ 拉伸(E)... 命令（或单击 □ 按钮），系统弹出"拉伸"对话框；单击对话框中的"绘制截面"按钮 🔲，系统弹出"创建草图"对话框。选取 YZ 基准平面为草图平面，单击 确定 按钮，进入草图环境，绘制图 32.8.5 所示的截面草图，选择下拉菜单 任务(K) ➡ 🏁 完成草图(K) 命令（或单击 🏁 完成草图 按钮），退出草图环境；在"拉伸"对话框 限制 区域的 开始 下拉列表中选择 📐 对称值 选项，并在其下的 距离 文本框中输入值 30；在 方向 区域的 * 指定矢量 (0) 下拉列表中选择 XC 选项；在 布尔 区域的下拉列表中选择 📐 减去 选项，系统将自动与模型中唯一个体进行布尔求差运算；其他参数采用系统默认设置；单击对话框中的 < 确定 > 按钮，完成拉伸特征 1 的创建。

图 32.8.4 拉伸特征 1

二级放大图

放大图

图 32.8.5 截面草图

Step4. 创建图 32.8.6b 所示的边倒圆特征 1。选择下拉菜单 插入(S) ➡ 细节特征(L) ➡

➡️ ▣ 边倒圆(E)... 命令（或单击 ▣ 按钮），系统弹出"边倒圆"对话框；选取图 32.8.6a 所示的两条边为边倒圆参照，并在 半径 1 文本框中输入值 2；单击 〈 确定 〉 按钮，完成边倒圆特征 1 的创建。

a) 圆角前　　　　　　　　　　b) 圆角后

图 32.8.6　边倒圆特征 1

Step5. 创建图 32.8.7 所示的拉伸特征 2。选择下拉菜单 插入(S) ➡️ 设计特征(E)▶ ➡️ ▣ 拉伸(E)... 命令（或单击 ▣ 按钮），系统弹出"拉伸"对话框；单击对话框中的"绘制截面"按钮 ▣，系统弹出"创建草图"对话框。选取 ZX 基准平面为草图平面，单击 确定 按钮，进入草图环境，绘制图 32.8.8 所示的截面草图，选择下拉菜单 任务(K) ➡️ ▣ 完成草图(K) 命令（或单击 ▣ 完成草图 按钮），退出草图环境；在"拉伸"对话框 限制 区域的 开始 下拉列表中选择 ▣ 值 选项，并在其下的 距离 文本框中输入值 0；在 限制 区域的 结束 下拉列表中选择 ▣ 值 选项，并在其下的 距离 文本框中输入值 62.3；在 方向 区域的 ＊指定矢量 (0) 下拉列表中选择 YC 选项；在 布尔 区域的下拉列表中选择 ▣ 减去 选项，系统将自动与模型中唯一一个体进行布尔求差运算；其他参数采用系统默认设置；单击对话框中的 〈 确定 〉 按钮，完成拉伸特征 2 的创建。

图 32.8.7　拉伸特征 2　　　　　　　　图 32.8.8　截面草图

Step6. 创建图 32.8.9b 所示的边倒圆特征 2。选择下拉菜单 插入(S) ➡️ 细节特征(L)▶ ➡️ ▣ 边倒圆(E)... 命令（或单击 ▣ 按钮），系统弹出"边倒圆"对话框；选取图 32.8.9a 所示的边为边倒圆参照，并在 半径 1 文本框中输入值 150；单击 〈 确定 〉 按钮，完成边倒圆特征 2 的创建。

a) 圆角前　　　　　　　　　　　　b) 圆角后

图 32.8.9　边倒圆特征 2

Step7. 创建图 32.8.10b 所示的边倒圆特征 3。选择下拉菜单插入(S) ➡ 细节特征(L)▶ ➡ 边倒圆(E)... 命令（或单击 按钮），系统弹出"边倒圆"对话框；选取图 32.8.10a 所示的边为边倒圆参照，并在半径 1 文本框中输入值 5；单击 < 确定 > 按钮，完成边倒圆特征 3 的创建。

放大图

此边为边倒圆参照

a）圆角前

b）圆角后

图 32.8.10　边倒圆特征 3

Step8. 创建图 32.8.11b 所示的边倒圆特征 4。选择下拉菜单插入(S) ➡ 细节特征(L)▶ ➡ 边倒圆(E)... 命令（或单击 按钮），系统弹出"边倒圆"对话框；选取图 32.8.11a 所示的边为边倒圆参照，并在半径 1 文本框中输入值 150；单击 < 确定 > 按钮，完成边倒圆特征 4 的创建。

放大图

此边为边倒圆参照

a）圆角前

b）圆角后

图 32.8.11　边倒圆特征 4

Step9. 创建图 32.8.12b 所示的边倒圆特征 5。选择下拉菜单插入(S) ➡ 细节特征(L)▶ ➡ 边倒圆(E)... 命令（或单击 按钮），系统弹出"边倒圆"对话框；选取图 32.8.12a 所示的边为边倒圆参照，并在半径 1 文本框中输入值 5；单击 < 确定 > 按钮，完成边倒圆特征 5 的创建。

放大图

此边为边倒圆参照

a）圆角前

b）圆角后

图 32.8.12　边倒圆特征 5

Step10. 创建图 32.8.13b 所示的边倒圆特征 6。选择下拉菜单插入(S) ➡ 细节特征(L)▶ ➡ 边倒圆(E)... 命令（或单击 按钮），系统弹出"边倒圆"对话框；选取图 32.8.13a 所示的边为边倒圆参照，并在半径 1 文本框中输入值 0.5；单击 < 确定 > 按钮，完成边倒圆特征 6 的创建。

a）圆角前        放大图        b）圆角后

图 32.8.13    边倒圆特征 6

**Step11.** 创建图 32.8.14b 所示的边倒圆特征 7。选择下拉菜单 插入(S) ➡️ 细节特征(L)▶

➡️ �'边倒圆(E)...命令（或单击 �' 按钮），系统弹出"边倒圆"对话框；选取图 32.8.14a

所示的边为边倒圆参照，并在 半径 1 文本框中输入值 0.5；单击 〈 确定 〉 按钮，完成边倒圆

特征 7 的创建。

a）圆角前        放大图        b）圆角后

图 32.8.14    边倒圆特征 7

**Step12.** 保存零件模型。

## 32.9  创建外置按键

外置按键（keystoke01）从上盖得到必要的基础尺寸后对其进行细化设计，同样得到完

整的外置按键零件。下面讲解外置按键的创建过程，其零件模型及相应的模型树如图 32.9.1

所示。

图 32.9.1    外置按键的零件模型及模型树

**Step1.** 创建 keystoke 01 层。在图形区的右侧单击"装配导航器"按钮 🔳，在弹出的

"装配导航器"窗口中选择 ☑🔲 keystoke 选项并右击，从系统弹出的快捷菜单中选择 显示父项

选项后的子选项 second_01。选取 ☑🔲 top_cover 选项并右击，从系统弹出的快捷菜单中选择

□ 设为显示部件 命令。选择 ☑ □ top_cover 选项并右击，从系统弹出的快捷菜单中选择 WAVE ➡ 新建层 命令，系统弹出"新建层"对话框；在"新建层"对话框中单击 指定部件名 按钮，系统弹出"选择部件名"对话框。在 文件名 (N)： 文本框中输入部件名 keystoke01，单击 OK 按钮，系统再次弹出"新建层"对话框；单击"新建层"对话框中的 类选择 按钮，系统弹出"WAVE 组件间的复制"对话框，在绘图区选取图 32.9.2 所示的面为要复制的几何体，单击 确定 按钮。系统重新弹出"新建层"对话框；在"新建层"对话框中单击 确定 按钮，完成 keystoke01 层的创建。

注意：在选取图 32.9.2 所示的面时，必须选取图中所示的 5 个按键孔的内表面。

Step2. 在图形区的右侧单击"装配导航器"按钮 🔲，在弹出的"装配导航器"窗口中右击 ☑ □ keystoke01 部件，在弹出的快捷菜单中选择 □ 设为显示部件 命令，结果如图 32.9.3 所示。

图 32.9.2　定义外置按键面　　　　　　图 32.9.3　外置按键面

Step3. 创建图 32.9.4 所示的拉伸特征 1。选择下拉菜单 插入 (S) ➡ 设计特征 (E) ▸ ➡ □ 拉伸 (E)... 命令（或单击 □ 按钮），系统弹出"拉伸"对话框；单击"拉伸"对话框中的"绘制截面"按钮 🔲，系统弹出"创建草图"对话框。选取图 32.9.5 所示的平面为草图平面，单击 确定 按钮，进入草图环境，绘制图 32.9.6 所示的截面草图，选择下拉菜单 任务 (K) ➡ 🔲 完成草图 (K) 命令（或单击 🔲 完成草图 按钮），退出草图环境；在"拉伸"对话框 限制-区域的 开始 下拉列表中选择 🔲 值 选项，并在其下的 距离 文本框中输入值 0；在 限制-区域 的 结束 下拉列表中选择 🔲 值 选项，并在其下的 距离 文本框中输入值 1；在 ☑ 指定矢量 下拉列表中选择 -ZC 选项；在 布尔 区域的下拉列表中选择 🔲 无 选项；其他参数采用系统默认设置；单击 〈 确定 〉 按钮，完成拉伸特征 1 的创建。

图 32.9.4　拉伸特征 1

图 32.9.5　截面草图

图 32.9.6　截面草图

Step4. 创建图 32.9.7 所示的拉伸特征 2。选择下拉菜单 插入 (S) ➡ 设计特征 (E) ▸ ➡ □ 拉伸 (E)... 命令，选取图 32.9.8 所示的平面为草图平面；绘制图 32.9.9 所示的截面草图（4 个椭圆和 1 个圆弧都向内偏置 0.2）；在 限制-区域的 开始 下拉列表中选择 🔲 值 选项，并在其

下的 距离 文本框中输入值 0；在 限制 区域的 结束 下拉列表中选择 ⬆️ 值 选项，并在其下的 距离 文本框中输入值 2.5；单击 ✖ 按钮，在 布尔 区域的下拉列表中选择 ⬇️合并 选项，系统将自动与模型中唯一个体进行布尔合并运算；单击 〈 确定 〉 按钮，完成拉伸特征 2 的创建。

图 32.9.7 拉伸特征 2 　　图 32.9.8 定义草图平面 　　图 32.9.9 截面草图

Step5 设置隐藏。选择下拉菜单 编辑(E) ➡️ 显示和隐藏(H) ➡️ 🔹 隐藏(H)... 命令（或单击 🔹 按钮），系统弹出"类选择"对话框；单击"类选择"对话框中的 ➕ 按钮，系统弹出"根据类型选择"对话框，选择对话框列表中的 片体 选项，单击 确定 按钮。系统再次弹出"类选择"对话框，单击对话框中的 ➕ 按钮；单击对话框中的 确定 按钮，完成对设置对象的隐藏。

Step6. 创建边倒圆特征。选择下拉菜单 插入(S) ➡️ 细节特征(L)▸ ➡️ 🔷 边倒圆(E). 命令（或单击 🔷 按钮），系统弹出"边倒圆"对话框；在 边 区域中单击 🔷 按钮，选取图 32.9.10 所示的边线为边倒圆参照，并在 半径 1 文本框中输入值 0.3；单击 〈 确定 〉 按钮，完成边倒圆特征的创建。

Step7. 创建图 32.9.11b 所示的抽壳特征。选择下拉菜单 插入(S) ➡️ 偏置/缩放(O) ➡️ 🔷 抽壳(H)... 命令（或单击 🔷 按钮），系统弹出"抽壳"对话框；在 类型 区域的下拉列表中选择 移除面，然后抽壳 选项；在 要穿透的面 区域中单击 🔷 按钮，选择图 32.9.11a 所示的面为要移除的面，并在 厚度 文本框中输入值 0.2，采用系统默认方向；单击 〈 确定 〉 按钮，完成抽壳特征的创建。

图 32.9.10 选取边倒圆参照 　　图 32.9.11 抽壳特征

Step8. 保存零件模型。选择下拉菜单 文件(F) ➡️ 🔹 保存(S) 命令，即可保存零件模型。

## 32.10　创建内置按键

下面讲解内置按键（down_cover）的创建过程。与外置按键相同，它从上盖继承相应尺寸后对其进行细化设计，即得到完整的零件模型。内置按键的零件模型及相应的模型树如图

32.10.1 所示。

图 32.10.1　内置按键的零件模型及模型树

**Step1.** 创建 keystoke02 层。在图形区的右侧单击"装配导航器"按钮 ▦，在弹出的"装配导航器"窗口中选择 ☑🗀 keystoke01 选项并右击，从系统弹出的快捷菜单中选择 显示父项 选项后的子选项 top_cover。选取 ☑🗀 top_cover 选项并右击，从系统弹出的快捷菜单中选择 WAVE▸ ➡ 新建层 命令，系统弹出"新建层"对话框；在"新建层"对话框中单击 指定部件名 按钮，系统弹出"选择部件名"对话框。在 文件名(N): 文本框中输入部件名 keystoke02，单击 OK 按钮，系统再次弹出"新建层"对话框；单击"新建层"对话框中的 类选择 按钮，系统弹出"WAVE 组件间的复制"对话框，在绘图区选取图 32.10.2 所示的 17 个面为要复制的几何体，单击 确定 按钮。系统重新弹出"新建层"对话框；在"新建层"对话框中单击 确定 按钮，完成 keystoke02 层的创建。

**Step2.** 在图形区的右侧单击"装配导航器"按钮 ▦，在弹出的"装配导航器"窗口中右击 ☑🗀 keystoke02 选项，在弹出的快捷菜单中选择 设为显示部件 命令。结果如图 32.10.3 所示。

放大图

选取孔的内表面

图 32.10.2　定义内置按键面

图 32.10.3　内置按键面

**注意:** 在选取图 32.10.2 所示的面中有 16 个是孔的内表面。

**Step3.** 创建图 32.10.4 所示的拉伸特征 1。选择下拉菜单 插入(S) ➡ 设计特征(E)▸ ➡ ▥ 拉伸(E)... 命令（或单击 ▥ 按钮），系统弹出"拉伸"对话框；单击"拉伸"对话框中的"绘制截面"按钮 ▦，系统弹出"创建草图"对话框。选取图 32.10.5 所示的平面为草图平面，单击 确定 按钮，进入草图环境，绘制图 32.10.6 所示的截面草图，选择下拉菜单 任务(K) ➡ ▨ 完成草图(K) 命令（或单击 ▨ 完成草图 按钮），退出草图环境；在"拉伸"对话

框 $\boxed{限制}$-区域的 $\boxed{开始}$ 下拉列表中选择 $\boxed{值}$ 选项，并在其下的 $\boxed{距离}$ 文本框中输入值 0；在 $\boxed{限制}$-区域的 $\boxed{结束}$ 下拉列表中选择 $\boxed{值}$ 选项，并在其下的 $\boxed{距离}$ 文本框中输入值 1；在 $\boxed{✔指定矢量}$ 下拉列表中选择 $\boxed{-zc}$ 选项；在布尔区域的下拉列表中选择 $\boxed{无}$ 选项；其他参数采用系统默认设置；单击 $\boxed{<确定>}$ 按钮，完成拉伸特征 1 的创建。

图 32.10.4　拉伸特征 1

图 32.10.5　定义草图平面

图 32.10.6　截面草图

Step4. 创建图 32.10.7 所示的拉伸特征 2。选择下拉菜单 $\boxed{插入(S)}$ ➡ $\boxed{设计特征(E)}$ ➡ $\boxed{拉伸(E)...}$ 命令，系统弹出"拉伸"对话框。选取图 32.10.8 所示的平面为草图平面；绘制图 32.10.9 所示的截面草图；在"拉伸"对话框中单击"反向"按钮 $\boxed{✕}$；在 $\boxed{限制}$-区域的 $\boxed{开始}$ 下拉列表中选择 $\boxed{值}$ 选项，并在其下的 $\boxed{距离}$ 文本框中输入值 0；在 $\boxed{限制}$-区域的 $\boxed{结束}$ 下拉列表中选择 $\boxed{值}$ 选项，并在其下的 $\boxed{距离}$ 文本框中输入值 2.5；在布尔区域的下拉列表中选择 $\boxed{合并}$ 选项，系统将自动与模型中唯一一个体进行布尔合并运算；单击 $\boxed{<确定>}$ 按钮，完成拉伸特征 2 的创建。

图 32.10.7　拉伸特征 2　　　图 32.10.8　定义草图平面　　　图 32.10.9　截面草图

Step5. 创建图 32.10.10 所示的拉伸特征 3。选择下拉菜单 $\boxed{插入(S)}$ ➡ $\boxed{设计特征(E)}$ ➡ $\boxed{拉伸(E)...}$ 命令，系统弹出"拉伸"对话框。选取图 32.10.11 所示的平面为草图平面；绘制图 32.10.12 所示的截面草图；在"拉伸"对话框 $\boxed{限制}$-区域的 $\boxed{开始}$ 下拉列表中选择 $\boxed{值}$ 选项，并在其下的 $\boxed{距离}$ 文本框中输入值 0；在 $\boxed{限制}$-区域的 $\boxed{结束}$ 下拉列表中选择 $\boxed{值}$ 选项，并在其下的 $\boxed{距离}$ 文本框中输入值 0.5；在布尔区域的下拉列表中选择 $\boxed{合并}$ 选项，系统将自动与模型中唯一一个体进行布尔合并运算；单击 $\boxed{<确定>}$ 按钮，完成拉伸特征 3 的创建。

图 32.10.10　拉伸特征 3　　　图 32.10.11　定义草图平面　　　图 32.10.12　截面草图

Step6. 创建边倒圆特征。选择下拉菜单 $\boxed{插入(S)}$ ➡ $\boxed{细节特征(L)}$ ➡ $\boxed{边倒圆(E)...}$ 命令（或单击 $\boxed{}$ 按钮），系统弹出"边倒圆"对话框；在 $\boxed{边}$ 区域中单击 $\boxed{}$ 按钮，选取图

32.10.13 所示的边线为边倒圆参照,并在 半径 1 文本框中输入值 0.1;单击 < 确定 > 按钮,完成边倒圆特征的创建。

Step7. 创建图 32.10.14b 所示的抽壳特征。选择下拉菜单 插入(S) ➡ 偏置/缩放(O) ➡ 抽壳(H)... 命令(或单击 按钮),系统弹出"抽壳"对话框;在 类型 区域的下拉列表中选择 移除面,然后抽壳 选项;在 要穿透的面 区域中单击 按钮,选择图 32.10.14a 所示的面为要移除的面,并在 厚度 文本框中输入值 0.2,采用系统默认方向;单击 < 确定 > 按钮,完成抽壳特征的创建。

这16条边为边倒圆参照

选取这5个面为移除面

a)抽壳前

b)抽壳后

图 32.10.13  选取边倒圆参照

图 32.10.14  抽壳特征

Step8. 设置隐藏。选择下拉菜单 编辑(E) ➡ 显示和隐藏(H) ➡ 隐藏(H)... 命令(或单击 按钮),系统弹出"类选择"对话框;单击"类选择"对话框中的 按钮,系统弹出"根据类型选择"对话框,选择对话框列表中的 片体 选项,单击 确定 按钮。系统再次弹出"类选择"对话框,单击对话框中的 按钮;单击对话框中的 确定 按钮,完成对设置对象的隐藏。

Step9. 保存零件模型。选择下拉菜单 文件 (F) ➡ 保存(S) 命令,即可保存零件模型。

# 32.11  创 建 下 盖

下面讲解下盖(down_cover)的创建过程。下盖是从下部二级控件中分割出来的一部分,从而也继承了一级控件的相应外观形状,只要对其进行细化结构设计即可。下盖的零件模型及相应的模型树如图 32.11.1 所示。

从A向查看

图 32.11.1  下盖的零件模型及模型树

Step1. 创建 down_cover 层。在"装配导航器"窗口中的 ☑ ⬡ keystoke02 选项上右击，系统弹出快捷菜单，在此快捷菜单中选择 显示父项 ➡ controller 命令，系统在"装配导航器"中显示 controller 部件；在"装配导航器"窗口中的 ☑ ⬡ second_02 选项上右击，系统弹出快捷菜单，在此快捷菜单中选择 ⬚ 设为显示部件 命令，对模型进行编辑；在"装配导航器"窗口中的 ☑ ⬡ second_02 选项上右击，系统弹出快捷菜单，在此快捷菜单中选择 WAVE▶ ➡ 新建层 命令，系统弹出"新建层"对话框；单击"新建层"对话框中的 指定部件名 按钮，在弹出的"选择部件名"对话框中的 文件名(N): 文本框中输入文件名 down_cover，单击 OK 按钮，系统再次弹出"新建层"对话框；单击"新建层"对话框中的 类选择 按钮，系统弹出"WAVE 组件间的复制"对话框，单击"WAVE 组件间的复制"对话框 全选 后的 ➕ 按钮，系统弹出"根据类型选择"对话框，按住 Ctrl 键，选择对话框列表中的 实体、片体 和 CSYS 选项，单击 确定 按钮。系统再次弹出"类选择"对话框，单击对话框 对象 区域的"全选"按钮 ➕。选取前面创建的二级控件 2 中的实体、曲面以及坐标系作为要复制的几何体，单击 确定 按钮。系统重新弹出"新建层"对话框；在"新建层"对话框中单击 确定 按钮，完成 down_cover 层的创建；在"装配导航器"窗口中的 ☑ ⬡ down_cover 选项上右击，在弹出的快捷菜单中选择 ⬚ 设为显示部件 命令，对模型进行编辑。

Step2. 创建图 32.11.2 所示的修剪体特征。选择下拉菜单 插入(S) ➡ 修剪(M)▶ ➡ ⬚ 修剪体(T)... 命令，系统弹出"修剪体"对话框；选取图 32.11.3 所示的实体为目标体和工具体；调整修剪方向，修剪后如图 32.11.2 所示；单击 ＜ 确定 ＞ 按钮，完成修剪体特征的创建（完成后隐藏工具体）。

图 32.11.2 修剪体特征

此为目标体参照
此面为工具体参照
图 32.11.3 定义目标体和工具体

Step3. 创建图 32.11.4 所示的抽壳特征。选择下拉菜单 插入(S) ➡ 偏置/缩放(O)▶ ➡ ⬚ 抽壳(H)... 命令（或单击 ⬚ 按钮），系统弹出"抽壳"对话框；在"抽壳"对话框 类型 区域的下拉列表中选择 ⬚ 移除面,然后抽壳 选项；选取图 32.11.5 所示的面为移除面，并在 厚度 文本框中输入值 1.2，采用系统默认抽壳方向；单击 ＜ 确定 ＞ 按钮，完成抽壳特征的创建。

图 32.11.4 抽壳特征

此平面为移除面
图 32.11.5 定义移除面

Step4. 创建图 32.11.6 所示的拉伸特征 1。选择下拉菜单 插入(S) ➡ 设计特征(E)▶ ➡ 拉伸(E)... 命令（或单击 按钮），系统弹出"拉伸"对话框；单击对话框中的"绘制截面"按钮 ，系统弹出"创建草图"对话框。选取 XY 基准平面为草图平面，单击 确定 按钮，进入草图环境，绘制图 32.11.7 所示的截面草图，选择下拉菜单 任务(K) ➡ 完成草图(K)命令（或单击 完成草图 按钮），退出草图环境；在 指定矢量 下拉列表中选择 ZC 选项；在"拉伸"对话框 限制-区域的 开始 下拉列表中选择 直至选定对象 选项，并选取图 32.11.8 所示的平面；在 限制-区域的 结束 下拉列表中选择 值 选项，并在其下的 距离 文本框中输入值 12；在 布尔 区域的下拉列表中选择 合并 选项，系统将自动与模型中唯一个体进行布尔合并运算；其他参数采用系统默认设置值；单击对话框中的 < 确定 > 按钮，完成拉伸特征 1 的创建。

| 图 32.11.6 拉伸特征 1 | 图 32.11.7 截面草图 | 图 32.11.8 定义选定对象 |

Step5. 创建图 32.11.9b 所示的边倒圆特征。选择下拉菜单 插入(S) ➡ 细节特征(L)▶ ➡ 边倒圆(E)... 命令（或单击 按钮），系统弹出"边倒圆"对话框；选取图 32.11.9a 所示的两条边为边倒圆参照，并在 半径 1 文本框中输入值 6；单击 < 确定 > 按钮，完成边倒圆特征的创建。

a）圆角前        b）圆角后

图 32.11.9 边倒圆特征

Step6. 创建图 32.11.10 所示的拉伸特征 2。选择下拉菜单 插入(S) ➡ 设计特征(E)▶ ➡ 拉伸(E)... 命令（或单击 按钮），系统弹出"拉伸"对话框；单击对话框中的"绘制截面"按钮 ，系统弹出"创建草图"对话框。选取图 32.11.11 所示的模型表面为草图平面，单击 确定 按钮，进入草图环境，绘制图 32.11.12 所示的截面草图，选择下拉菜单 任务(K) ➡ 完成草图(K)命令（或单击 完成草图 按钮），退出草图环境；在"拉伸"对话框 限制-区域的 开始 下拉列表中选择 值 选项，并在其下的 距离 文本框中输入值 2；在 限制-区域的 终点 下拉列表中选择 值 选项，并在其下的 距离 文本框中输入值 43；在 方向-区域的 * 指定矢量 (0) 下拉列表中选择 YC 选项；在 布尔 区域的下拉列表中选择 减去 选项，系统将自

动与模型中唯一个体进行布尔求差运算；其他参数采用系统默认设置；单击对话框中的
〈确定〉按钮，完成拉伸特征 2 的创建。

图 32.11.10 拉伸特征 2

图 32.11.11 定义草图平面

图 32.11.12 截面草图

Step7. 创建图 32.11.13 所示的拉伸特征 3。选择下拉菜单 插入(S) ➡ 设计特征(E)▶ ➡ 拉伸(E)... 命令（或单击 按钮），系统弹出"拉伸"对话框；单击对话框中的"绘制截面"按钮 ，系统弹出"创建草图"对话框。选取图 32.11.14 所示的模型表面为草图平面，单击 确定 按钮，进入草图环境，绘制图 32.11.15 所示的截面草图，选择下拉菜单 任务(K) ➡ 完成草图(K) 命令（或单击 完成草图 按钮），退出草图环境；在"拉伸"对话框 限制-区域的 开始 下拉列表中选择 值 选项，并在其下的 距离 文本框中输入值 0；在 限制-区域的 结束 下拉列表中选择 直至选定 选项，并选取图 32.11.16 所示的面为选定对象；在 方向-区域的 *指定矢量 (0) 下拉列表中选择 YC 选项；在 布尔 区域的下拉列表中选择 减去 选项，系统将自动与模型中唯一个体进行布尔求差运算；其他参数采用系统默认设置；单击对话框中的 〈确定〉按钮，完成拉伸特征 3 的创建。

图 32.11.13 拉伸特征 3

图 32.11.14 定义草图平面

图 32.11.15 截面草图

图 32.11.16 定义选定对象

Step8. 创建图 32.11.17 所示的拉伸特征 4。选择下拉菜单 插入(S) ➡ 设计特征(E)▶ ➡ 拉伸(E)... 命令（或单击 按钮），系统弹出"拉伸"对话框；单击对话框中的"绘制截面"按钮 ，系统弹出"创建草图"对话框。选取 XY 基准平面为草图平面，单击 确定 按钮，进入草图环境，绘制图 32.11.18 所示的截面草图，选择下拉菜单 任务(K) ➡ 完成草图(K) 命令（或单击 完成草图 按钮），退出草图环境；在"拉伸"对话框 限制-区域的 开始 下拉列表中选择 值 选项，并在其下的 距离 文本框中输入值 8；在 限制-区域的 结束 下拉列表中选择 贯通 选项；在 方向-区域的 *指定矢量 (0) 下拉列表中选择 ZC 选项；

在 布尔 区域的下拉列表中选择 减去 选项，系统将自动与模型中唯一个体进行布尔求差运算；其他参数采用系统默认设置；单击对话框中的 〈确定〉 按钮，完成拉伸特征 4 的创建。

图 32.11.17  拉伸特征 4

图 32.11.18  截面草图

Step9. 创建图 32.11.19 所示的拉伸特征 5。选择下拉菜单 插入(S) ➡ 设计特征(E)▶ ➡ 拉伸(E)... 命令（或单击 按钮），系统弹出"拉伸"对话框；单击对话框中的"绘制截面"按钮 ，系统弹出"创建草图"对话框。选取图 32.11.20 所示的模型表面为草图平面，单击 确定 按钮，进入草图环境，绘制图 32.11.21 所示的截面草图，选择下拉菜单 任务(K) ➡ 完成草图(K) 命令（或单击 完成草图 按钮），退出草图环境；在"拉伸"对话框 限制 区域的 开始 下拉列表中选择 值 选项，并在其下的 距离 文本框中输入值 0；在 限制 区域的 结束 下拉列表中选择 值 选项，并在其下的 距离 文本框中输入值 5；在 方向 区域的 *指定矢量 (0) 下拉列表中选择 -YC 选项；在 布尔 区域的下拉列表中选择 减去 选项，系统将自动与模型中唯一个体进行布尔求差运算；其他参数采用系统默认设置；单击对话框中的 〈确定〉 按钮，完成拉伸特征 5 的创建。

图 32.11.19  拉伸特征 5

图 32.11.20  定义草图平面

图 32.11.21  截面草图

Step10. 创建图 32.11.22 所示的拉伸特征 6。选择下拉菜单 插入(S) ➡ 设计特征(E)▶ ➡ 拉伸(E)... 命令（或单击 按钮），系统弹出"拉伸"对话框；单击对话框中的"绘制截面"按钮 ，系统弹出"创建草图"对话框。选取 XY 基准平面为草图平面，单击 确定 按钮，进入草图环境，绘制图 32.11.23 所示的截面草图，选择下拉菜单 任务(K) ➡ 完成草图(K) 命令（或单击 完成草图 按钮），退出草图环境；在"拉伸"对话框 限制 区域的 开始 下拉列表中选择 值 选项，并在其下的 距离 文本框中输入值 0；在 限制 区域的 结束 下拉列表中选择 值 选项，并在其下的 距离 文本框中输入值 14；在 方向 区域的 *指定矢量 (0) 下拉列表中选择 ZC 选项；在 布尔 区域的下拉列表中选择 减去 选项，系统将自动与模型中唯一个体进行布尔求差运算；其他参数采用系统默认设置；单击对话框中的 〈确定〉 按钮，完成拉伸特征 6 的创建。

图 32.11.22　拉伸特征 6

图 32.11.23　截面草图

Step11. 创建图 32.11.24 所示的拉伸特征 7。选择下拉菜单 插入(S) ➡ 设计特征(E)▶ ➡ 拉伸(E)... 命令（或单击 按钮），系统弹出"拉伸"对话框；单击对话框中的"绘制截面"按钮 ，系统弹出"创建草图"对话框。选取图 32.11.25 所示的模型表面为草图平面，单击 确定 按钮，进入草图环境，绘制图 32.11.26 所示的截面草图，选择下拉菜单 任务(K) ➡ 完成草图(K) 命令（或单击 完成草图 按钮），退出草图环境；在"拉伸"对话框 限制 区域的 开始 下拉列表中选择 值 选项，并在其下的 距离 文本框中输入值 0；在 限制 区域的 结束 下拉列表中选择 值 选项，并在其下的 距离 文本框中输入值 5；在 方向 区域的 *指定矢量 (0) 下拉列表中选择 YC 选项；在 布尔 区域的下拉列表中选择 减去 选项，系统将自动与模型中唯一一个体进行布尔求差运算；其他参数采用系统默认设置；单击对话框中的 〈 确定 〉 按钮，完成拉伸特征 7 的创建。

图 32.11.24　拉伸特征 7

此面为草图平面参照

图 32.11.25　定义草图平面

图 32.11.26　截面草图

Step12. 创建图 32.11.27 所示的拉伸特征 8。选择下拉菜单 插入(S) ➡ 设计特征(E)▶ ➡ 拉伸(E)... 命令（或单击 按钮），系统弹出"拉伸"对话框；单击对话框中的"绘制截面"按钮 ，系统弹出"创建草图"对话框。选取 XY 基准平面为草图平面，单击 确定 按钮，进入草图环境，绘制图 32.11.28 所示的截面草图，选择下拉菜单 任务(K) ➡ 完成草图(K) 命令（或单击 完成草图 按钮），退出草图环境；在"拉伸"对话框 限制 区域的 开始 下拉列表中选择 值 选项，并在其下的 距离 文本框中输入值 0；在 限制 区域的 结束 下拉列表中选择 值 选项，并在其下的 距离 文本框中输入值 12；在 方向 区域的 *指定矢量 (0) 下拉列表中选择 ZC 选项；在 布尔 区域的下拉列表中选择 减去 选项，系统将自动与模型中唯一一个体进行布尔求差运算；其他参数采用系统默认设置；单击对话框中的 〈 确定 〉 按钮，完成拉伸特征 8 的创建。

图 32.11.27　拉伸特征 8

图 32.11.28　截面草图

Step13. 创建图 32.11.29 所示的拉伸特征 9。选择下拉菜单 插入(S) ➡ 设计特征(E)▶ ➡ 🔲 拉伸(E)... 命令（或单击 🔲 按钮），系统弹出"拉伸"对话框；单击对话框中的"绘制截面"按钮 🔛，系统弹出"创建草图"对话框。选取 XY 基准平面为草图平面，单击 确定 按钮，进入草图环境，绘制图 32.11.30 所示的截面草图，选择下拉菜单 任务(K) ➡ 🏁 完成草图(K) 命令（或单击 🏁 完成草图 按钮），退出草图环境；在"拉伸"对话框 限制 区域的 开始 下拉列表中选择 值 选项，并在其下的 距离 文本框中输入值 0；在 限制 区域的 结束 下拉列表中选择 值 选项，并在其下的 距离 文本框中输入值 12；在 方向 区域的 * 指定矢量 (0) 下拉列表中选择 ᶻᶜ↑ 选项；在 布尔 区域中选择 无 选项；其他参数采用系统默认设置；单击对话框中的 < 确定 > 按钮，完成拉伸特征 9 的创建。

图 32.11.29　拉伸特征 9

图 32.11.30　截面草图

Step14. 创建图 32.11.31 所示的实例几何体特征。选择下拉菜单 插入(S) ➡ 关联复制(A)▶ ➡ 📌 生成实例几何特征(G)... 命令，系统弹出"实例几何体"对话框；在 类型 下拉列表中选取 平移 选项，选取 Step13 所创建的拉伸特征 9；单击 指定矢量 右边的"矢量构造器"按钮 ↳↓，系统弹出"矢量"对话框。在 类型 下拉列表中选取 两点 选项；单击 * 指定出发点 右边的 ＋ 按钮，系统弹出"点"对话框，在 X 、 Y 、 Z 文本框中均输入值 0，其余参数采用系统默认设置值，单击 确定 按钮，完成出发点的指定；单击 * 指定终止点 右边的 ＋ 按钮，系统弹出"点"对话框，在 X 文本框中输入值-2.8，在 Y 文本框中输入值 1，在 Z 文本框中输入值 0，其余参数采用系统默认设置，单击 确定 按钮，完成终止点的指定，然后在"矢量"对话框中单击 确定 按钮；在 距离和副本数 区域的 距离 文本框中输入值 2.8，在 副本数 文本框中输入值 2；单击 < 确定 > 按钮，完成实例几何体特征的创建。

图 32.11.31　实例几何体特征

Step15. 创建图 32.11.32 所示的求差特征。选择下拉菜单 插入(S) ➝ 组合(B) ➝ 减去(S)... 命令，系统弹出"减去"对话框；选取图 32.11.33 所示的目标体，选取 Step13 创建的拉伸特征 9 和 Step14 创建的实例几何体特征为工具体；单击 确定 按钮，完成布尔求差特征的创建，并隐藏工具体。

此实体为求差对象参照

图 32.11.32 求差特征　　　　　　　　图 32.11.33 定义目标体

Step16. 创建图 32.11.34 所示的拉伸特征 10。选择下拉菜单 插入(S) ➝ 设计特征(E)▶ ➝ 拉伸(E)... 命令（或单击 按钮），系统弹出"拉伸"对话框；选择图 32.11.35 所示的截面曲线（截面曲线为实体的内边缘）；在"拉伸"对话框 限制-区域的 开始 下拉列表中选择 值 选项，并在其下的 距离 文本框中输入值 0；在 限制-区域的 结束 下拉列表中选择 值 选项，并在其下的 距离 文本框中输入值 0.5；在 方向-区域的 * 指定矢量 (0) 下拉列表中选择 -zc↓ 选项；在 布尔 区域的下拉列表中选择 减去 选项，系统将自动与模型中唯一个体进行布尔求差运算；其他参数采用系统默认设置；在 偏置 下拉列表中选择 两侧 选项，并在其下的 开始 文本框中输入值 0，在 结束 文本框中输入值-0.6；单击对话框中的 < 确定 > 按钮，完成拉伸特征 10 的创建。

放大图

此边线为截面曲线

图 32.11.34 拉伸特征 10　　　　　　　图 32.11.35 定义截面曲线

Step17. 创建图 32.11.36 所示的拉伸特征 11。选择下拉菜单 插入(S) ➝ 设计特征(E)▶ ➝ 拉伸(E)... 命令（或单击 按钮），系统弹出"拉伸"对话框；单击对话框中的"绘制截面"按钮 ，系统弹出"创建草图"对话框。选取 Step3 中抽壳时所选取的面所在的模型表面为草图平面，单击 确定 按钮，进入草图环境，绘制图 32.11.37 所示的截面草图（该圆的圆心约束在壳体的边线上和 Z 轴上），选择下拉菜单 任务(K) ➝ 完成草图(K) 命令（或单击 完成草图 按钮），退出草图环境；在"拉伸"对话框 限制-区域的 开始 下拉列表中选择 值 选项，并在其下的 距离 文本框中输入值 0；在 限制-区域的 结束 下拉列表中选择 值 选项，并在其下的 距离 文本框中输入值 0.5；在 方向 区域的 * 指定矢量 (0) 下拉列表中选择 YC 选项；在 布尔 区域的下拉列表中选择 减去 选项，系统将自动与模型中唯一个体进行布尔求差运算；其他参数采用系统默认设置；单击对话框中的 < 确定 > 按钮，完成拉伸特征 11 的创建。

图 32.11.36　拉伸特征 11　　　　　图 32.11.37　截面草图

Step18. 创建图 32.11.38 所示的拉伸特征 12。选择下拉菜单 插入(S) → 设计特征(E)▶ → 拉伸(E)... 命令（或单击 按钮），系统弹出"拉伸"对话框；单击对话框中的"绘制截面"按钮，系统弹出"创建草图"对话框。选取 ZX 基准平面为草图平面，单击 确定 按钮，进入草图环境，绘制图 32.11.39 所示的截面草图（该圆的圆心约束在壳体的边线和 Z 轴上），选择下拉菜单 任务(K) → 完成草图(K) 命令（或单击 完成草图 按钮），退出草图环境；在"拉伸"对话框 限制 区域的 开始 下拉列表中选择 值 选项，并在其下的 距离 文本框中输入值 50；在 限制 区域的 结束 下拉列表中选择 值 选项，并在其下的 距离 文本框中输入值 65；在 方向 区域的 *指定矢量 (0) 下拉列表中选择 YC 选项；在 布尔 区域的下拉列表中选择 减去 选项，系统将自动与模型中唯一一个体进行布尔求差运算；其他参数采用系统默认设置；单击对话框中的 〈确定〉 按钮，完成拉伸特征 12 的创建。

图 32.11.38　拉伸特征 12　　　　　图 32.11.39　截面草图

Step19. 设置隐藏。选择下拉菜单 编辑(E) → 显示和隐藏(H) → 隐藏(H)... 命令（或单击 按钮），系统弹出"类选择"对话框；单击"类选择"对话框 过滤器 区域的 按钮，系统弹出"根据类型选择"对话框，选择对话框列表中的 基准 选项，单击 确定 按钮。系统再次弹出"类选择"对话框，单击对话框 对象 区域的"全选"按钮 ；单击对话框中的 确定 按钮，完成对设置对象的隐藏。

Step20. 保存零件模型。

## 32.12　创建电池盖

下面讲解电池盖（cell_cover）的创建过程。电池盖作为下部二级控件的另一部分，同样继承了相应的外观形状，同时获得本身的外形尺寸，这些都是对此进行设计的依据。电池盖的零件模型及相应的模型树如图 32.12.1 所示。

图 32.12.1　电池盖的零件模型及模型树

Step1. 创建 cell_cover 层。在"装配导航器"窗口中的 ☑▦ down_cover 选项上右击，在弹出的快捷菜单中选择 显示父项 ➡ second_02 命令，系统在"装配导航器"中显示 second_02 部件；在"装配导航器"窗口中的 ☑▧ second_02 选项上右击，系统弹出快捷菜单，在此快捷菜单中选择 WAVE ➡ 新建层 命令，系统弹出"新建层"对话框；单击"新建层"对话框中的 指定部件名 按钮，在弹出的"选择部件名"对话框的 文件名(N): 文本框中输入文件名 cell_cover，单击 OK 按钮，系统再次弹出"新建层"对话框；单击"新建层"对话框中的 类选择 按钮，系统弹出"WAVE 组件间的复制"对话框，单击"WAVE 组件间的复制"对话框 过滤器 区域的 ✚ 按钮，系统弹出"根据类型选择"对话框，按住 Ctrl 键，选择对话框列表中的 实体 、 片体 和 CSYS 选项，单击 确定 按钮。系统再次弹出"类选择"对话框，单击对话框 对象 区域的"全选"按钮 ✚ 。选取前面创建的二级控件 2 中的实体、曲面以及坐标系作为要复制的几何体，单击 确定 按钮。系统重新弹出"新建层"对话框；在"新建层"对话框中单击 确定 按钮，完成 cell_cover 层的创建；在"装配导航器"窗口中的 ☑▤ cell_cover 选项上右击，系统弹出快捷菜单，在此快捷菜单中选择 ▤ 设为显示部件 命令，对模型进行编辑。

Step2. 创建图 32.12.2 所示的修剪体特征。选择下拉菜单 插入(S) ➡ 修剪(M)▸ ➡ ▤ 修剪体(T)... 命令，系统弹出"修剪体"对话框；选取图 32.12.3 所示的实体为目标体和工具体；调整修剪方向，修剪后如图 32.12.2 所示；单击 ＜确定＞ 按钮，完成修剪体特征的创建（完成后隐藏工具体）。

图 32.12.2　修剪体特征

此为目标体参照

此面为工具体参照

图 32.12.3　定义目标体和工具体

Step3. 创建图 32.12.4 所示的拉伸特征 1。选择下拉菜单 插入(S) ➡ 设计特征(E)▸ ➡ ▤ 拉伸(E)... 命令（或单击 ▤ 按钮），系统弹出"拉伸"对话框；单击对话框中的"绘制截面"按钮 🖹，系统弹出"创建草图"对话框。选取 YZ 基准平面为草图平面，单击 确定 按钮，进入草图环境，绘制图 32.12.5 所示的截面草图，选择下拉菜单 任务(K) ➡️ 完成草图(K) 命令（或单击 完成草图 按钮），退出草图环境；在 ✔指定矢量 下拉列表中选择 XC 选项，在"拉伸"对话框 限制 区域的 开始 下拉列表中选择 对称值 选项，并在其下的 距离 文本框中输入值 2.25；在 布尔 区域的下拉列表中选择 合并 选项，系统将自动与模型中唯一个体进行布尔合并运算；其他参数采用系统默认设置；单击对话框中的 〈确定〉 按钮，完成拉伸特征 1 的创建。

图 32.12.4　拉伸特征 1　　　　　　　图 32.12.5　截面草图

Step4. 创建图 32.12.6b 所示的倒斜角特征。选择下拉菜单 插入(S) ➡️ 细节特征(L)▶ ➡️ 倒斜角(C)... 命令，系统弹出"倒斜角"对话框；选择图 32.12.6a 所示的边为倒斜角参照，并在 偏置 区域的 横截面 文本框中选择 对称 选项，在 距离 文本框中输入值 1.5；单击 〈确定〉 按钮，完成倒斜角特征的创建。

此边为倒斜角参照

放大图

a）倒斜角前　　　　　　　　　　　　　　　　　　　b）倒斜角后

图 32.12.6　倒斜角特征

Step5. 创建图 32.12.7 所示的拉伸特征 2。选择下拉菜单 插入(S) ➡️ 设计特征(E)▶ ➡️ 拉伸(E)... 命令（或单击 🖹 按钮），系统弹出"拉伸"对话框；单击对话框中的"绘制截面"按钮 🖹，系统弹出"创建草图"对话框。选取 YZ 基准平面为草图平面，单击 确定 按钮，进入草图环境，绘制图 32.12.8 所示的截面草图，选择下拉菜单 任务(K) ➡️ 完成草图(K) 命令（或单击 完成草图 按钮），退出草图环境；在"拉伸"对话框的 ✔指定矢量 下拉列表中选择 XC 选项，在 限制 区域的 开始 下拉列表中选择 对称值 选项，并在其下的 距离 文本框中输入值 2.5；在 布尔 区域的下拉列表中选择 合并 选项，系统将自动与模型中唯一个体进行布尔合并运算；其他参数采用系统默认设置；单击对话框中的 〈确定〉 按钮，完成拉伸特征 2 的创建。

图 32.12.7　拉伸特征 2

图 32.12.8　截面草图

**Step6.** 创建图 32.12.9 所示的拉伸特征 3。选择下拉菜单 插入(S) ➡ 设计特征(E)▶ ➡ 拉伸(E)... 命令（或单击 按钮），系统弹出"拉伸"对话框；单击对话框中的"绘制截面"按钮 ，系统弹出"创建草图"对话框。选取 XY 基准平面为草图平面，单击 < 确定 > 按钮，进入草图环境，绘制图 32.12.10 所示的截面草图，选择下拉菜单 任务(K) ➡ 完成草图(K) 命令（或单击 完成草图 按钮），退出草图环境；在"拉伸"对话框的 ✓ 指定矢量 下拉列表中选择 ZC↑ 选项，在 限制-区域的 开始 下拉列表中选择 值 选项，并在其下的 距离 文本框中输入值 0；在 限制-区域的 结束 下拉列表中选择 值 选项，并在其下的 距离 文本框中输入值 0.5；在 布尔区域的下拉列表中选择 减去 选项，系统将自动与模型中唯一个体进行布尔求差运算；在 拔模 区域的 拔模 下拉列表中选择 从截面 选项，在 角度 文本框中输入值 20；其他参数采用系统默认设置；单击对话框中的 < 确定 > 按钮，完成拉伸特征 3 的创建。

**Step7.** 创建图 32.12.11 所示的拉伸特征 4。选择下拉菜单 插入(S) ➡ 设计特征(E)▶ ➡ 拉伸(E)... 命令（或单击 按钮），系统弹出"拉伸"对话框；单击对话框中的"绘制截面"按钮 ，系统弹出"创建草图"对话框。选取 XY 基准平面为草图平面，单击 确定 按钮，进入草图环境，绘制图 32.12.12 所示的截面草图（曲线横向尺寸递增 1.5，纵向间距为 1.5，并且图形关于 Y 轴对称分布），选择下拉菜单 任务(K) ➡ 完成草图(K) 命令（或单击 完成草图 按钮），退出草图环境；在"拉伸"对话框 限制-区域 开始 下拉列表中选择 值 选项，并在其下的 距离 文本框中输入值 0；在 限制-区域的 结束 下拉列表中选择 直至选定 选项，并选取图 32.12.13 所示的面为选定对象；在 布尔区域的下拉列表中选择 合并 选项，系统将自动与模型中唯一个体进行布尔合并运算；其他参数采用系统默认设置；单击对话框中的 < 确定 > 按钮，完成拉伸特征 4 的创建。

图 32.12.9　拉伸特征 3

图 32.12.10　截面草图

图 32.12.11 拉伸特征 4

图 32.12.12 截面草图

图 32.12.13 定义选定对象

**Step8.** 创建边倒圆特征 1。选择下拉菜单 插入 (S) ➡️ 细节特征 (L) ➡️ 边倒圆 (E)... 命令（或单击 按钮），系统弹出"边倒圆"对话框；选取图 32.12.14 所示的两条边为边倒圆参照，并在 半径 1 文本框中输入值 0.1；单击 < 确定 > 按钮，完成边倒圆特征 1 的创建。

图 32.12.14 定义边倒圆参照

**Step9.** 创建边倒圆特征 2。选择下拉菜单 插入 (S) ➡️ 细节特征 (L) ➡️ 边倒圆 (E)... 命令（或单击 按钮），系统弹出"边倒圆"对话框；选取 Step7 创建的拉伸特征 4 的上下端边缘为边倒圆参照，并在 半径 1 文本框中输入值 0.1；单击 < 确定 > 按钮，完成边倒圆特征 2 的创建。

**Step10.** 设置隐藏。选择下拉菜单 编辑 (E) ➡️ 显示和隐藏 (H) ➡️ 隐藏 (H)... 命令（或单击 按钮），系统弹出"类选择"对话框；单击"类选择"对话框 过滤器 区域的 按钮，系统弹出"根据类型选择"对话框，选择对话框列表中的 基准 选项，单击 确定 按钮。系统再次弹出"类选择"对话框，单击对话框 对象 区域的 ⊕ 按钮；单击对话框中的 确定 按钮，完成对设置对象的隐藏。

Step11. 保存零件模型。

# 32.13  编辑模型显示

以上对模型的各个部件已创建完成，但还不能得到清晰的装配体模型，要想得到比较清晰的装配体部件，还要进行下面的简单编辑。

Step1. 在"装配导航器"窗口中的 ☑ cell_cover 选项上右击，在弹出的快捷菜单中选择 显示父项 ➡ controller 命令，系统在"装配导航器"中显示 controller 部件。

Step2. 在"装配导航器"窗口中的 ☑ controller 选项上右击，系统弹出快捷菜单，在此快捷菜单中选择 设为工作部件 命令，对模型进行编辑。

Step3. 在"模型树"窗口中的第一个拉伸特征上右击，系统弹出快捷菜单，在此快捷菜单中选择 隐藏(H) 命令。

Step4. 在"装配导航器"窗口中取消选中 ☑ controller 、 ☑ second_02 、 ☑ second_01 和 ☑ third 选项，选中 ☑ cell_cover 、 ☑ down_cover 、 ☑ keystoke 、 ☑ screen 、 ☑ top_over 、 ☑ keystoke02 和 ☑ keystoke01 选项。

Step5. 选择下拉菜单 编辑(E) ➡ 显示和隐藏(H) ➡ 隐藏(H)... 命令（或单击 按钮），系统弹出"类选择"对话框；单击"类选择"对话框 过滤器 区域中的 ⊕ 按钮，系统弹出"根据类型选择"对话框，选择对话框列表中的 曲线 、 草图 、 片体 、 基准 和点选项，单击 确定 按钮。系统再次弹出"类选择"对话框，单击对话框 对象 区域中的"全选"按钮 ⊕ ；单击对话框中的 确定 按钮，完成对设置对象的隐藏。

Step6. 至此，完整的遥控器模型已完成，可以对整个部件进行保存。

# 读者意见反馈卡

尊敬的读者：

感谢您购买机械工业出版社出版的图书！

我们一直致力于 CAD、CAPP、PDM、CAM 和 CAE 等相关技术的跟踪，希望能将更多优秀作者的宝贵经验与技巧介绍给您。当然，我们的工作离不开您的支持。如果您在看完本书之后，有什么好的意见和建议，或是有一些感兴趣的技术话题，都可以直接与我联系。

策划编辑：丁锋

---

**读者购书回馈活动：**

活动一：本书"随书光盘"中含有该"读者意见反馈卡"的电子文档，请认真填写本反馈卡，并 E-mail 给我们。E-mail: 兆迪科技 zhanygjames@163.com，丁锋 fengfener@qq.com。

活动二：扫一扫右侧二维码，关注兆迪科技官方公众微信（或搜索公众号 zhaodikeji），参与互动，也可进行答疑。

凡参加以上活动，即可获得兆迪科技免费奉送的价值 48 元的在线课程一门，同时有机会获得价值 780 元的精品在线课程。

书名：　《UG NX 11.0 产品设计实例精解》

1. 读者个人资料：

姓名：_____ 性别：___ 年龄：____ 职业：_____ 职务：_____ 学历：_____

专业：_____ 单位名称：_____ 电话：_____ 手机：_____

邮寄地址：_____ 邮编：_____ E-mail：_____

2. 影响您购买本书的因素（可以选择多项）：

☐内容　　　　　　　　　　☐作者　　　　　　　　　　☐价格

☐朋友推荐　　　　　　　　☐出版社品牌　　　　　　　☐书评广告

☐工作单位（就读学校）指定　☐内容提要、前言或目录　　☐封面封底

☐购买了本书所属丛书中的其他图书　　　　　　　　　　☐其他_____

3. 您对本书的总体感觉：

☐很好　　　　　　　　　　☐一般　　　　　　　　　　☐不好

4. 您认为本书的语言文字水平：

☐很好　　　　　　　　　　☐一般　　　　　　　　　　☐不好

5. 您认为本书的版式编排：

☐很好　　　　　　　　　　☐一般　　　　　　　　　　☐不好

6. 您认为 UG 其他哪些方面的内容是您所迫切需要的？

_____

7. 其他哪些 CAD/CAM/CAE 方面的图书是您所需要的？

_____

8. 您认为我们的图书在叙述方式、内容选择等方面还有哪些需要改进？

_____